MasterCAM 应用操作

主　编　殷安全　黄　丹

副主编　田　方　高　攀　邓红梅

编　委　秦　程　任亚明　龙中江

　　　　席　霞　张　涛　向小红

重庆大学出版社

内 容 提 要

本书以工作任务驱动 MasterCAM 汉化版 Mill 模块应用操作教学内容,分 CAD 应用操作篇、CAM 应用操作篇、综合应用篇和应用操作拓展篇。主要内容有:CAD 应用操作篇包括 MasterCAM 软件入门、二维图形的绘制和三维 CAD 造型;CAM 应用操作篇包括实体的制作加工;综合应用篇包括数控车、数控铣技能鉴定试题解析;应用操作拓展篇包括技能大赛试题解析和 CAXA 制造工程师 2013r2 应用简介。

本书以实例讲解为主,条理清晰、图文并茂,应用性强,便于组织理实一体化教学。

本书可以作为中等职业学校机械类专业 MasterCAM 软件课程的教学用书,也可以作为自学者参考用书。

图书在版编目(CIP)数据

MasterCAM 应用操作/殷安全,黄丹主编.—重庆:重庆大学出版社,2014.6
国家中等职业教育改革发展示范学校教材
ISBN 978-7-5624-8143-0

Ⅰ.①M… Ⅱ.①殷…②黄… Ⅲ.①数控机床—加工—计算机辅助设计—应用软件—中等专业学校—教材 Ⅳ.①TG659-39

中国版本图书馆 CIP 数据核字(2014)第 074727 号

MasterCAM 应用操作
主 编 殷安全 黄 丹
策划编辑:周 立
责任编辑:李定群 高鸿宽 版式设计:周 立
责任校对:秦巴达 责任印制:赵 晟
*
重庆大学出版社出版发行
出版人:易树平
社址:重庆市沙坪坝区大学城西路 21 号
邮编:401331
电话:(023) 88617190 88617185(中小学)
传真:(023) 88617186 88617166
网址:http://www.cqup.com.cn
邮箱:fxk@cqup.com.cn (营销中心)
全国新华书店经销
POD:重庆书源排校有限公司
*
开本:787mm×1092mm 1/16 印张:15 字数:374千
2014 年 6 月第 1 版 2014 年 6 月第 1 次印刷
ISBN 978-7-5624-8143-0 定价:27.00元

序 言 Preface

加快发展现代职业教育，事关国家全局和民族未来。近年来，涪陵区乘着党和国家大力发展职业教育的春风，认真贯彻重庆市委、市政府《关于大力发展职业技术教育的决定》，按照"面向市场、量质并举、多元发展"的工作思路，推动职业教育随着经济增长方式转变而"动"，跟着产业结构调整升级而"走"，适应社会和市场需求而"变"，学生职业道德、知识技能不断增强，职教服务能力不断提升，着力构建适应发展、彰显特色、辐射周边的职业教育，实现由弱到强、由好到优的嬗变，迈出了建设重庆市职业教育区域中心的坚实步伐。

作为涪陵中职教育排头兵的涪陵区职业教育中心，在中共涪陵区委、区政府的高度重视和各级教育行政主管部门的大力支持下，以昂扬奋进的姿态，主动作为，砥砺奋进，全面推进国家中职教育改革发展示范学校建设，在人才培养模式改革、师资队伍建设、校企合作、工学结合机制建设、管理制度创新、信息化建设等方面大胆探索实践，着力促进知识传授与生产实践的紧密衔接，取得了显著成效，毕业生就业率保持在97%以上，参加重庆市、国家中职技能大赛屡创佳绩，成为全区中等职业学校改革创新、提高质量和办出特色的示范，并成为区域产业建设、改善民生的重要力量。

为了构建体现专业特色的课程体系，打造精品课程和教材，涪陵区职业教育中心对创建国家中职教育改革发展示范学校的实践成果进行总结梳理，并在重庆大学出版社等单位的支持帮助下，将成果汇编成册，结集出版。此举既是学校创建成果的总结和展示，又是对该校教研教改成效和校园文化的提炼与传承。这些成果云水相关、相映生辉，在客观记录涪陵职教中心干部职工献身职教奋斗历程的同时，也必将成为涪陵区职业教育内涵发展的一个亮点。因此，无论是对该校还是对涪陵职业教育，都具有十分重要的意义。

党的"十八大"提出"加快发展现代职业教育"，赋予了职业教育改革发展新的目标和内涵。最近，国务院召开常务会，部署了加快发展现代职业教育的任务措施。今后，我们必须坚持以面向市场、面向就业、面向社会为目标，整合资源、优化结构，高端引领、多元办学，内涵发展、提升质量，努力构建开放灵活、发展协调、特色鲜明的现代职业教育，更好适应地方经济社会发展对技能人才和高素质劳动者的迫切需要。

衷心希望涪陵区职业教育中心抓住国家中职示范学校建设契机，以提升质量为重点，以促进就业为导向，以服务发展为宗旨，努力创建库区领先、重庆一流、全国知名的中等职业学校。

是为序。

项显文

2014 年 2 月

前言

本书是根据中等职业学校机械类专业的特点,适应国家中等职业学校改革发展的要求,采用现代职业技术教育理念,努力实现教学过程与生产过程的深度对接,以任务驱动 MasterCAM 应用操作教学内容。

本书的主要内容有:

①CAD 应用操作篇:主要介绍 CAD/CAM 技术及 MasterCAM 入门基础、MasterCAM 二维图形的绘制、三维 CAD 造型。

②CAM 应用操作篇:主要介绍实体的制作加工及参数设置。

③综合应用篇:主要介绍历年数控车、数控铣技能鉴定试题解析。

④应用操作拓展篇:主要介绍历年技能大赛试题解析和 CAXA 制造工程师 2013r2 应用简介。

本书编者均为中职学校机械数控专业双师型教师,长期从事 CAD/CAM 软件和数控技术专业课程教学,具有扎实的专业理论基础和丰富的专业实践经验。在现代专业教育理念的指导下,本书的特色主要体现在以下几个方面:

①采用基于工作过程,任务驱动的教学体系。

②教学内容符合中职学生学习范畴,分散难易程度,循序渐进,适合不同层次的学生对教学内容的学习。

③适应学生等级鉴定的要求,在综合应用篇中包括了数控车、数控铣技能鉴定试题解析。

④图文并茂,多以图形说明展示教材内容,便于初学者自学。

本书由重庆市涪陵区职业教育中心殷安全、黄丹任主编;重庆市涪陵区职业教育中心田方、重庆工贸职业技术学院高攀和重庆教育管理学校邓红梅任副主编;重庆涪陵区职业教育中心秦程、任亚明、向小红,重庆市酉阳职教中心龙中江,黔江区民族职业教育中心席霞,重庆三爱海陵有限公司张涛参加编写。

由于编写时间仓促,加之作者水平有限,书中难免有错误和不妥之处,敬请读者批评指正。

编　者

2014 年 2 月

目　录

第1篇　CAD应用操作

第 2 篇　CAM 应用操作

第 3 篇　综合应用

第 4 篇　应用操作拓展

第 1 篇

CAD 应用操作

项目 1

CAD/CAM 技术及 MasterCAM入门基础

●项目描述

1. 了解 CAD/CAM 的基本概念。

2. MasterCAM 9.0 安装、启动。

3. MasterCAM 9.0 的软件介绍和基本操作。

●项目目标

知识目标：

1. 了解 CAD/CAM 的基本概念。

2. 熟知 MasterCAM 9.0 的界面和文件操作。

技能目标：

1. 能独立安装、启动 MasterCAM 9.0。

2. 能独立进行 MasterCAM 9.0 的文件操作。

情感目标：

1. 学生通过本项目的学习，能够对该课程有一个初步的认识。

2. 激发学生对本课程的兴趣。

●项目实施过程

任务 1.1　CAD/CAM 技术及相关软件介绍

计算机从一出现就进入一个发展的快车道，被运用于各种行业。早在 30 ~ 40 年前，计算机就已作为重要的工具，辅助人类完成一些单调、重复的劳动，如辅助数控编程、工程图样的绘制等。在此基础上，逐渐出现了计算机辅助设计(CAD)、计算机辅助工艺规程设计(CAPP)以及计算机辅助制造(CAM)的概念。

从传统的制造过程来看，产品是从市场分析开始，经过产品设计、工艺设计、加工装配等环节，最终形成用户所需要的产品，如图 1.1 所示。

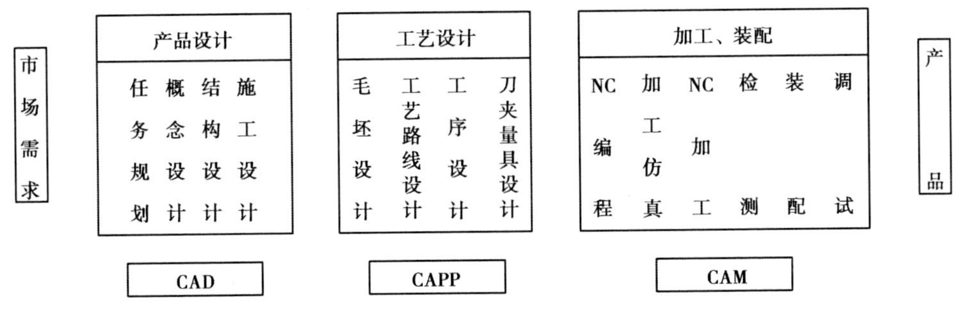

图 1.1

(1)CAD/CAM 技术概述及软件

在产品设计阶段，主要完成概念设计、总体设计、结构设计、详细设计等。在这个阶段中，可利用 AutoCAD，CAXA，CATIA，UG 等软件来完成这些任务，该阶段称为计算机辅助设计(Computer Aided Design，CAD)。

在工艺设计阶段，需要完成毛坯设计、工艺规程设计、工装夹具等设计。在这个阶段，可利用 AutoCAD，CAXA，UG 等软件来完成这些任务，该阶段称为计算机辅助工艺过程设计(Computer Aided Process Planning，CAPP)。

然后进入生产加工阶段，要完成数控编程、加工过程仿真、产品装配、调试等。在这个产品最终成型的阶段，可利用 MasterCAM，CATIA 等软件来完成这些任务，该阶段称为计算机辅助制造(Computer Aided Manufacturing，CAM)。

以前用计算机来完成这些工作都是孤立的，彼此之间是分开的，常常是 CAD 完成后的信息不能被 CAM 直接使用，这样就造成了信息资源上的成本。为此，20 世纪 50 年代末至 60 年代初，人们通过计算机信息集成技术，将 CAD，CAPP，CAM 集成在一个工作环境中，称为 CAD/CAM 集成技术。

(2)MasterCAM 软件概述

计算机应用到机械行业之后，得到了极大的发展，出现了很多优秀的 CAD/CAM 软件。

如 AutoCAD,UG,MasterCAM,CAXA 等优秀的国内外行业软件,在各自的领域都有各自的特点。本书主要介绍 MasterCAM 软件,目前已经发展到 X10 版本。鉴于版本的成熟度和应用的广泛度考虑,本书重点介绍 MasterCAM 9.0 版本。

MasterCAM 是美国 CNC Software Inc. 公司开发的基于 PC 平台的 CAD/CAM 软件。它集二维绘图、三维实体造型、曲面设计、体素拼合、数控编程、刀具路径模拟以及真实感模拟等多种功能于一身。它具有方便直观的几何造型。MasterCAM 不仅具有强大稳定的造型功能,可设计出复杂的曲线、曲面零件,而且具有强大的曲面粗加工及灵活的曲面精加工功能。其可靠刀具路径效验功能使 MasterCAM 可模拟零件加工的整个过程,模拟中不仅能显示刀具和夹具,还能检查出刀具和夹具与被加工零件的干涉、碰撞情况,真实反映加工过程中的实际情况,是一款非常优秀的 CAD/CAM 软件。同时 MasterCAM 对系统运行环境要求较低,使用户无论是在造型设计、CNC 铣削、CNC 车削或 CNC 线切割等加工操作中,都能获得最佳效果。

MasterCAM 9.0 软件包含 4 大模块,如图 1.2 所示。

MasterCAM Design
(设计模块)

MasterCAM Mill
(铣削加工模块)

MasterCAM Lathe
(车削加工模块)

MasterCAM Wire
(线切割加工模块)

图 1.2

MasterCAM 软件已被广泛地应用于通用机械、航空、船舶、军工等行业的设计与 NC 加工,从 20 世纪 80 年代末起,我国就引进了这一款著名的 CAD/CAM 软件,为我国的制造业迅速崛起作出了巨大贡献。

任务 1.2　MasterCAM 9.0 安装与启动

(1)安装环境

安装 MasterCAM 9.0 的环境要求:

Pentium 200 Hz 以上的处理器,建议 Pentium 400 Hz 及以上。

800 MB 以上可用硬盘空间。

最低配置 64 MB 的 RAM。

软件环境:

可运行于 32 位的 Windows 98/ME/XP 或 Windows 2000/NT 4.0 等环境。

其他要求:

至少支持 800 × 600 分辨率与 256 色的显示器与显示卡。

鼠标或其他输入设备。

(2)MasterCAM 9.0 的安装

大家可以从 MasterCAM 的官方网站 http://www.mastercam.com 或者网上其他资源站点

获取 MasterCAM 9.0 的安装包。

下载的安装包为“. zip”或“. rar”格式，先解压到 MasterCAM 目录。进入 MasterCAM 目录中，双击“Setup. exe”文件，MasterCAM 会开始自动收集你的计算机信息，做一些安装之前的准备工作，如图 1.3 所示。

图 1.3

信息收集完成之后，会弹出安装对话框，如图 1.4 所示。

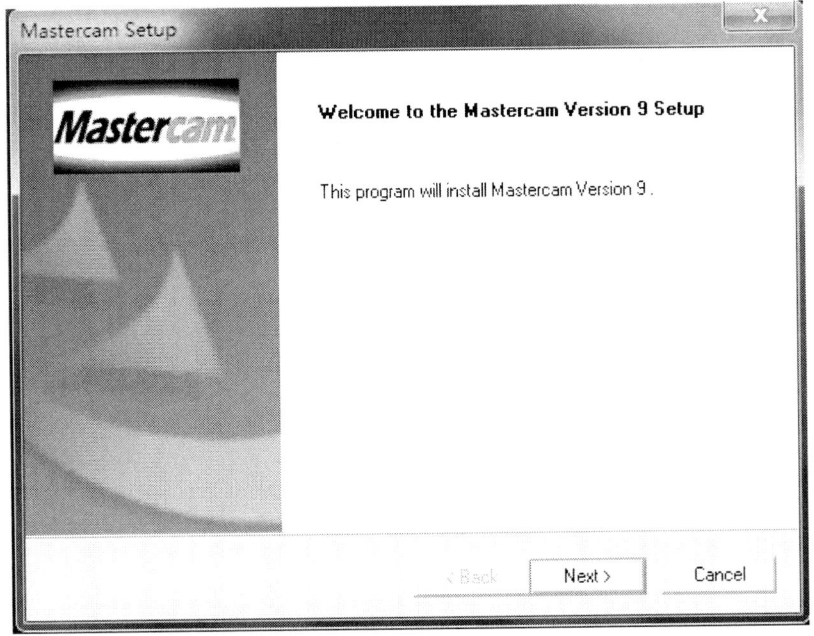

图 1.4

鼠标左键单击“Next”按钮，会出现许可协议对话框，如图 1.5 所示。

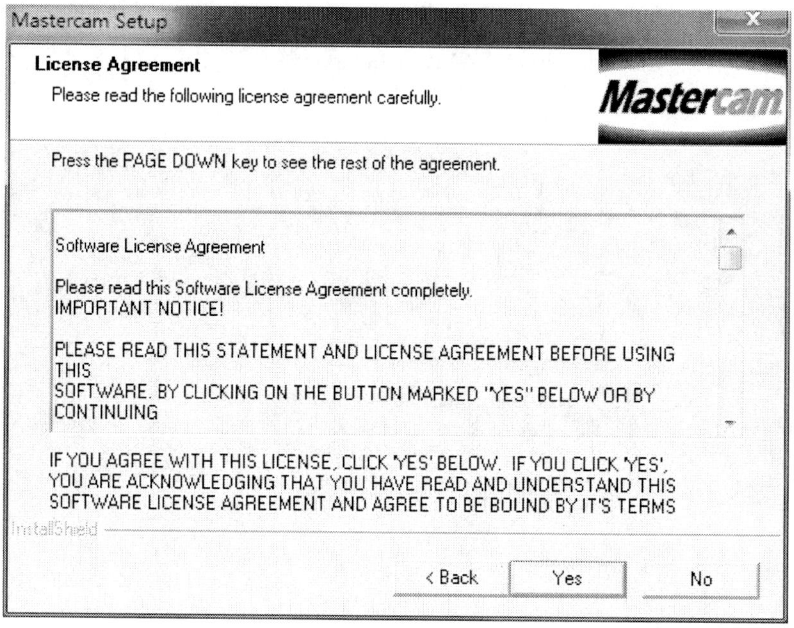

Mastercam Setup

License Agreement

Please read the following license agreement carefully.

Mastercam

Press the PAGE DOWN key to see the rest of the agreement.

Software License Agreement

Please read this Software License Agreement completely.
IMPORTANT NOTICE!

PLEASE READ THIS STATEMENT AND LICENSE AGREEMENT BEFORE USING THIS
SOFTWARE. BY CLICKING ON THE BUTTON MARKED "YES" BELOW OR BY CONTINUING

IF YOU AGREE WITH THIS LICENSE, CLICK 'YES' BELOW. IF YOU CLICK 'YES', YOU ARE ACKNOWLEDGING THAT YOU HAVE READ AND UNDERSTAND THIS SOFTWARE LICENSE AGREEMENT AND AGREE TO BE BOUND BY IT'S TERMS

InstallShield

< Back | Yes | No

图 1.5

鼠标左键单击“Yes”按钮，出现用户信息对话框，如图 1.6 所示。

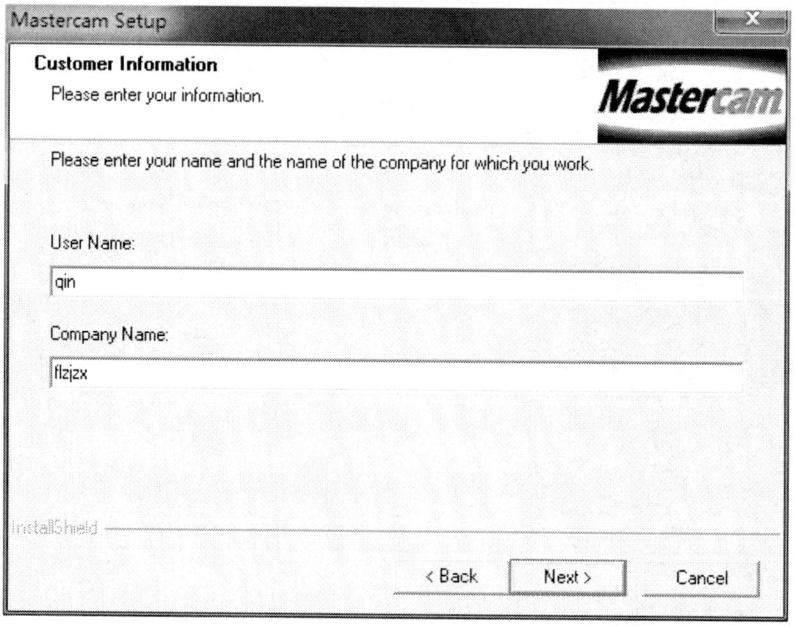

Mastercam Setup

Customer Information

Please enter your information.

Mastercam

Please enter your name and the name of the company for which you work.

User Name:

qin

Company Name:

flzjzx

InstallShield

< Back | Next > | Cancel

图 1.6

在对话框中输入相应信息，然后鼠标左键单击“Next”按钮，弹出安装选项，如图 1.7 所示。

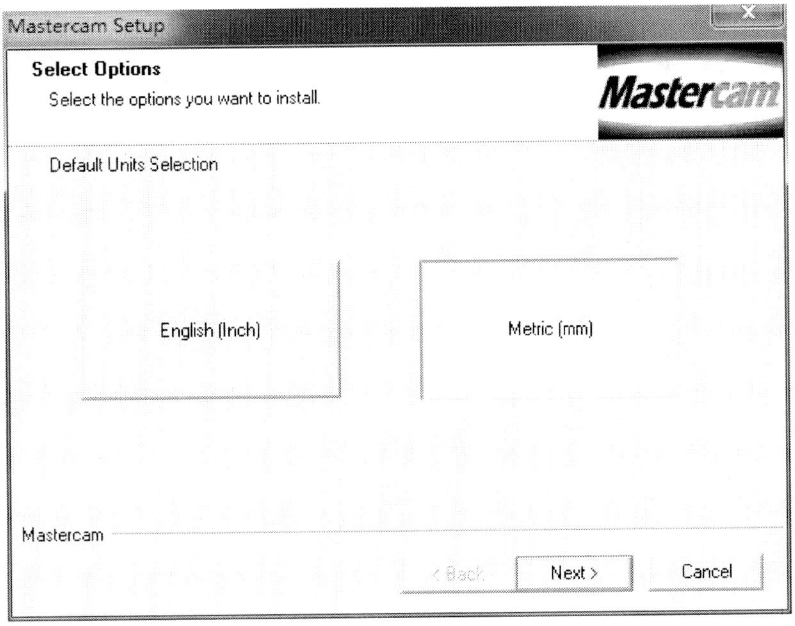

图 1.7

English(Inch)是以英寸、Metric(mm)是以毫米作为设计单位,在这里选择"Metric"选项,然后鼠标单击"Next"按钮,弹出安装位置对话框,如图 1.8 所示。

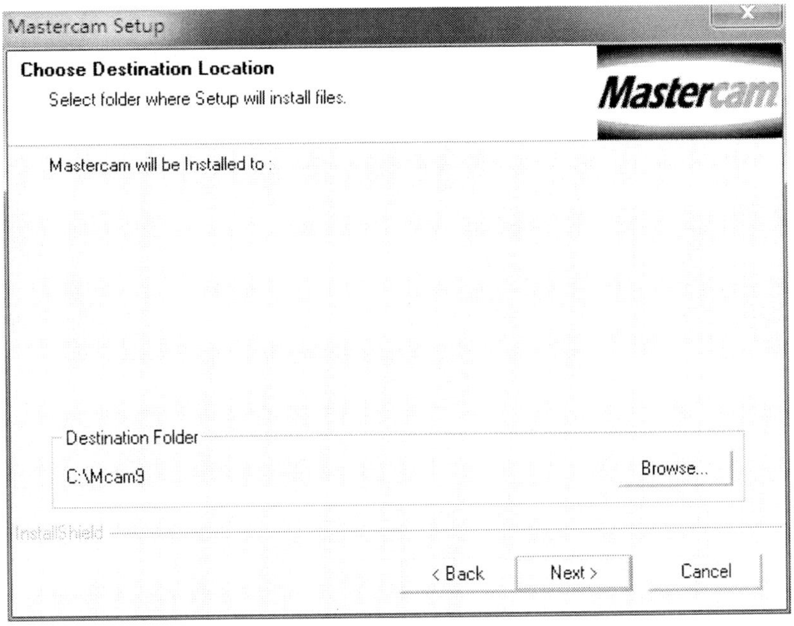

图 1.8

鼠标单击"Next"按钮,弹出程序选项对话框,如图 1.9 所示。

Mastercam Setup
Program Selection:
Mastercam
Please Choose from the Available Products:
Mill
Sample Files (English Units)
Sample Files (Metric Units)
Design
Sample Files (English Units)
Sample Files (Metric Units)
Lathe
Sample Files (English Units)
Sample Files (Metric Units)
Wire
Description
This includes all files for Mill Version 9
Space Required on C: 429340 K
Space Available on C: 5406856 K
Mastercam
< Back
Next >
Cancel

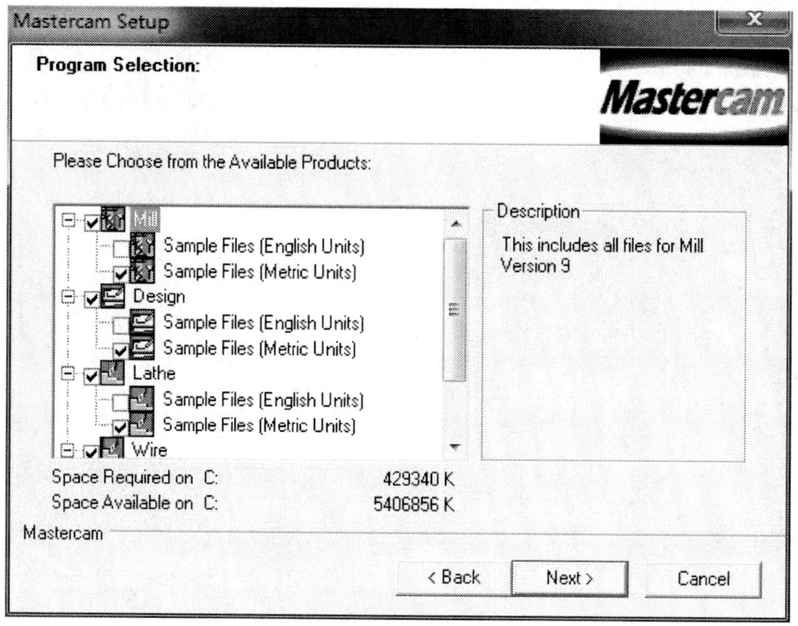

图 1.9

在程序选项对话框中根据需要选择安装程序，在这里默认选择，直接单击"Next"按钮，弹出默认文件打开对话框，如图 1.10 所示。

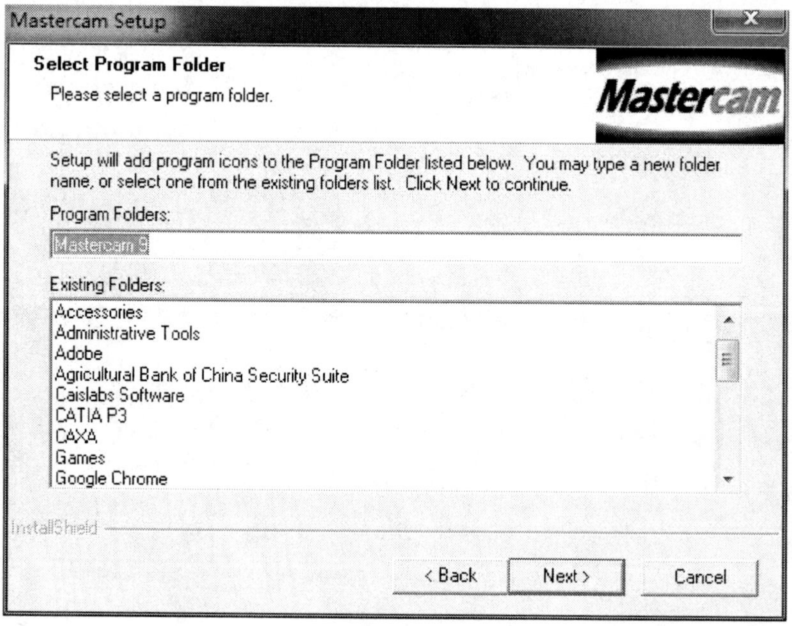

Mastercam Setup
Select Program Folder
Please select a program folder.
Mastercam
Setup will add program icons to the Program Folder listed below. You may type a new folder name, or select one from the existing folders list. Click Next to continue.
Program Folders:
Mastercam 9
Existing Folders:
Accessories
Administrative Tools
Adobe
Agricultural Bank of China Security Suite
Caislabs Software
CATIA P3
CAXA
Games
Google Chrome
InstallShield
< Back
Next >
Cancel

图 1.10

在这里默认设置，直接单击"Next"按钮，即开始安装。安装过程中会弹出安装进度条，如图 1.11 所示。

当安装进度条显示"100%"，安装程序会自动进入关联文件对话框，如图 1.12 所示。

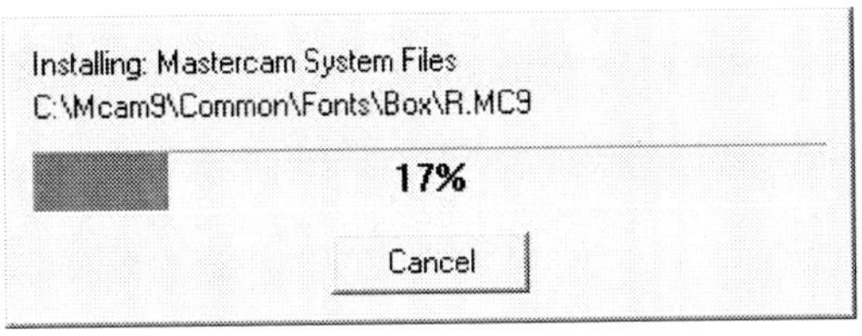

Installing: Mastercam System Files
C:\Mcam9\Common\Fonts\Box\R.MC9
17%
Cancel

图1.11

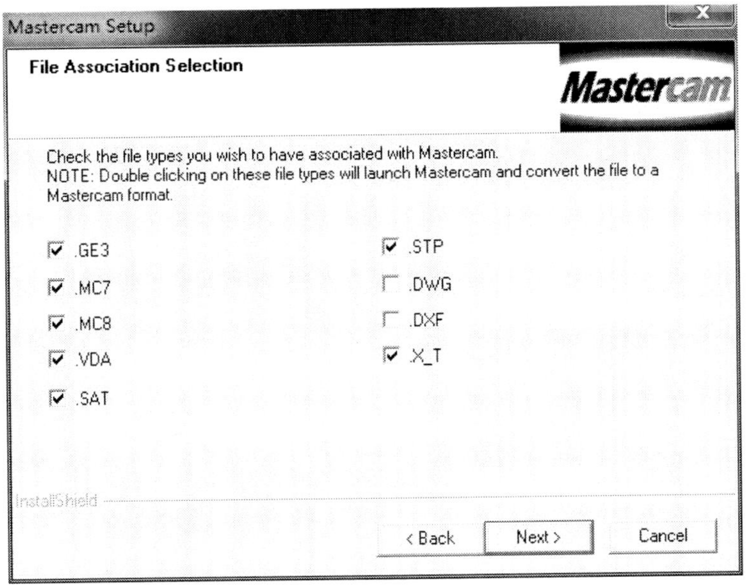

Mastercam Setup
File Association Selection
Mastercam
Check the file types you wish to have associated with Mastercam.
NOTE: Double clicking on these file types will launch Mastercam and convert the file to a Mastercam format.
.GE3 .STP
.MC7 .DWG
.MC8 .DXF
.VDA .X_T
.SAT
InstallShield
< Back Next > Cancel

图1.12

直接单击“Next”按钮,弹出完成安装对话框,如图1.13所示。

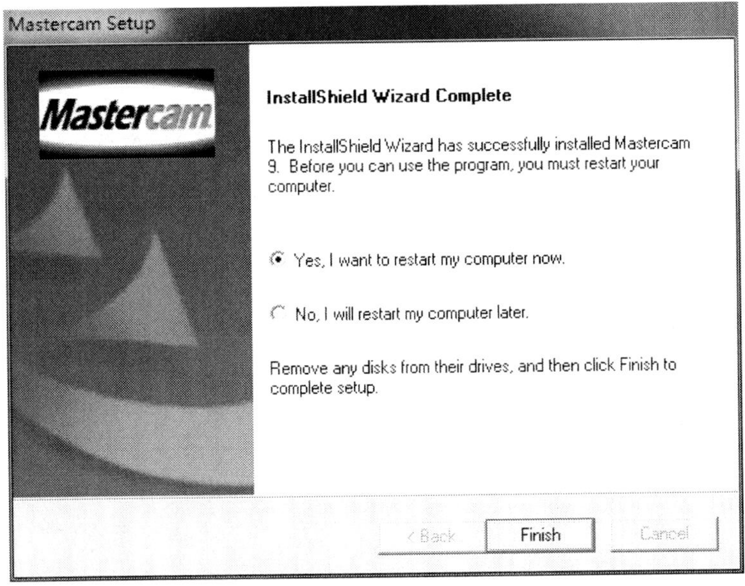

图1.13

单击“Finish”按钮,重启计算机,完成安装。

任务 1.3 MasterCAM 基本操作

(1)MasterCAM 9.0 工作界面介绍

MasterCAM 9.0 启动后,屏幕上出现如图 1.14 所示的工作界面。

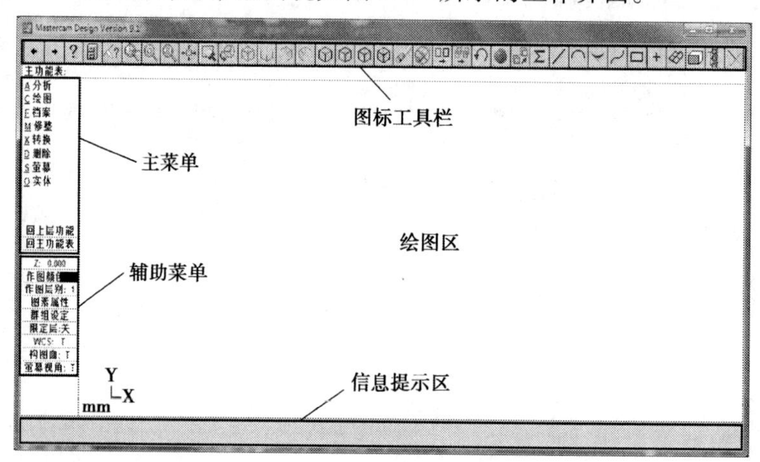

图 1.14

1)图标工具栏

图标工具栏的按钮是用于快速执行系统的某个指令的,执行时单击相应的按钮即可,系统提供了很多功能指令,它们被安排在图标工具栏的多个功能列表里面,通过单击图标工具栏最左边的按钮[←]和[→]可切换到上一页或下一页功能表。

2)主菜单区

系统工作界面左边的菜单区域,可分为两半部分,上半部分是主菜单区。主菜单提供了系统所有的基本功能,所有的 MasterCAM 命令都是在这个主菜单区内执行的。

3)辅助菜单区

辅助菜单区位于系统工作界面左边主菜单区的正下方,主要是用于改变绘图的设置,如工作深度、颜色、层别、群组等设置。

4)绘图工作区

绘图工作区是用户进行绘图、编程等主要的工作区,它用于显示绘制的图形或者选取图形对象等。

5)信息提示区

信息提示区是指屏幕下方一个空白区域,用于数据的输入或显示操作向导、用户操作的反馈信息等。

(2)MasterCAM 的文件操作

选择主菜单栏中的“档案”命令,提供了所有 MasterCAM 9.0 所支持的对文档的所有操

作,如图 1.15 所示。

W 开启新档
E 编辑
G 取档
M 合并档案
L 列出
S 存档
A 部分存档
B 浏览
V 档案转换
N 下一页
回上层功能
回主功能表

图 1.15

1)开启新档

开启新档会清除屏幕上的图形、所有 MasterCAM 操作指令以及图形的数据,返回到所有的缺省设置。

2)编辑

编辑用于打开 NC,NCI 等类型的 ASCII 文字文件,并直接进行编辑。

3)取档

取档用于读取制订的 MasterCAM 图形文件,选择该命令之后,将显示文件浏览对话框,可指定文件的路径、文件的类型和文件名,之后单击"打开"按钮执行。

4)存档

选择该命令将当前屏幕上的所有图形存储至指定的目录下,系统默认的文件扩展名为".MC9"。

项目 2

MasterCAM 二维图形的绘制

●项目描述

1. 直线、圆弧、点、多边形等绘图命令的绘制方法。

2. 修剪、删除、补正等图形编辑命令的应用。

3. 相关属性的设置。

●项目目标

知识目标：

1. 能掌握 MasterCAM 二维图形的各种指令绘制方法。

2. 能掌握图形修剪功能的操作方法。

技能目标：

1. 会正确选择绘图功能中的各种指令绘制图形。

2. 会灵活地利用修剪功能。

情感目标：

1. 学生通过完成本项目学习任务的体验过程，增强学生对完成本课程学习的热情。

2. 学会独立完成任务，学会思考。

● **项目实施过程**

任务 2.1 基础二维图形的绘制

课题 2.1.1 T 形螺钉半成品图形的绘制

(1)实例概述

本实例通过如图 2.1 所示 T 形螺钉半成品图形的绘制，介绍 MasterCAM 通过输入坐标绘制水平线、垂直线、连续线的方法，同时也介绍点半径画圆、倒角等绘图指令以及修剪单一物体等编辑指令的应用。读者通过对本实例的学习，能对 MasterCAM 二维绘图功能有基本的认识和了解。

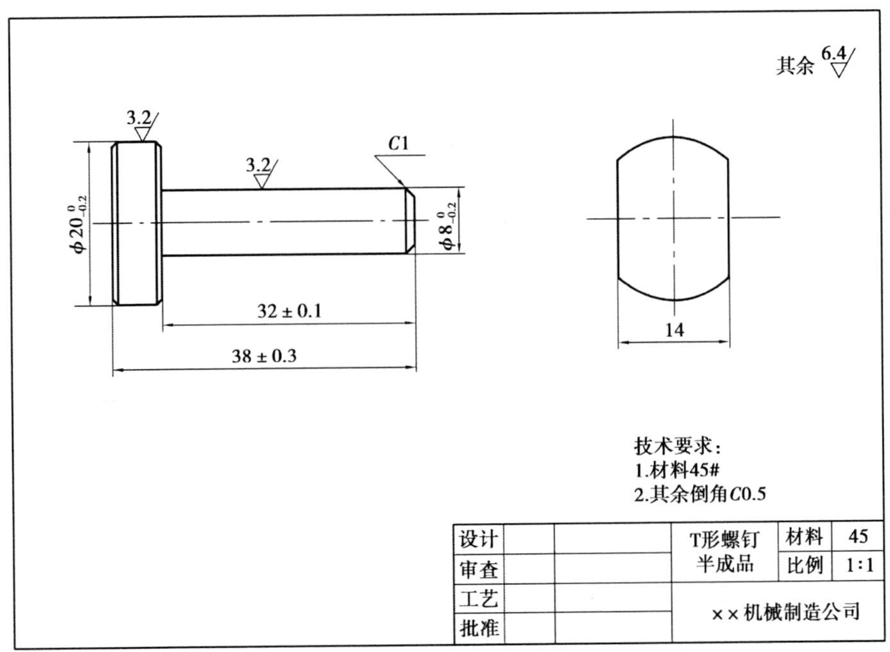

图 2.1 T 形螺钉半成品

(2)操作步骤

1)图形分析

T 形螺钉半成品图从主视图看主要由 $\phi20$ 和 $\phi8$ 的轴构成，轴两端分别有 $C1$ 和 $C0.5$ 的倒角。左视图圆弧尺寸为 $R10$，水平线方向截取圆弧长度尺寸为 14。

2)图层设置

为了把不同类型的图形元素放在不同图层上，方便图形管理，如分别为不同图层上的图素设置不同的线型和颜色等。其操作方法如下：

选择次菜单中“层别”选项，系统弹出“层别管理员”对话框，如图 2.2 所示。双击“层别名字”栏，分别将图层名改为“实线”“中心线”；选择“2”号图层选项，将其设定为限定层别，便于下一步画中心线，单击“确定”按钮退出菜单。

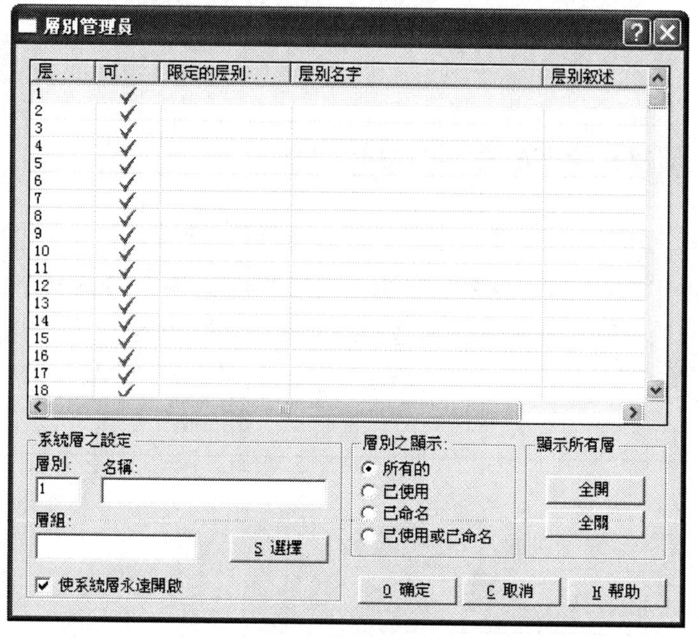

图 2.2　图层管理员

选择次菜单中“图素/属性”选项，弹出“更改属性”对话框，如图 2.3 所示。在“线型”栏选择“中心线”选项，单击“确定”按钮，将当前线型改为中心线。

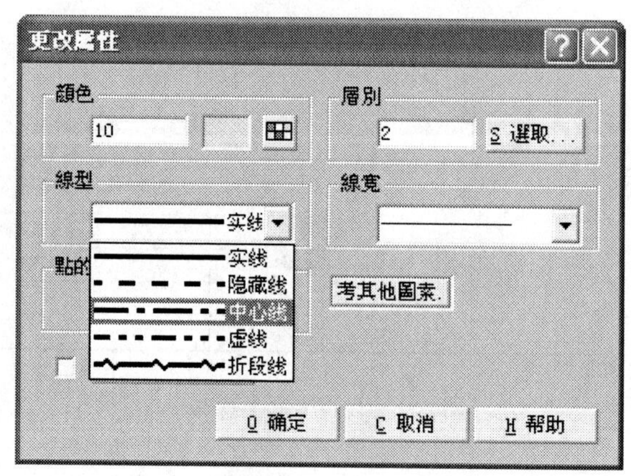

图 2.3　更改属性

3）确定绘图基准点，绘制中心线

基准点以主视图左端中心点作为原点绘图。

①水平中心线

如图2.4所示,选择主菜单中“绘图”→“直线”→“水平线”选项,输入坐标(-8,0),按“Enter”键;输入坐标“(45,0)”,按“Enter”键,得到主视图水平线;输入坐标“(70,0)”,按“Enter”键;输入坐标“(100,0)”,按“Enter”键得到左视图水平线。单击工具栏适度化按钮如图2.5所示,中心线全屏显示。

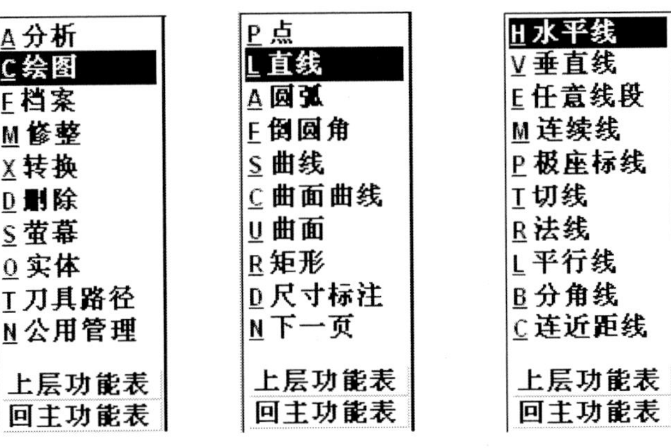

图2.4 水平线绘制

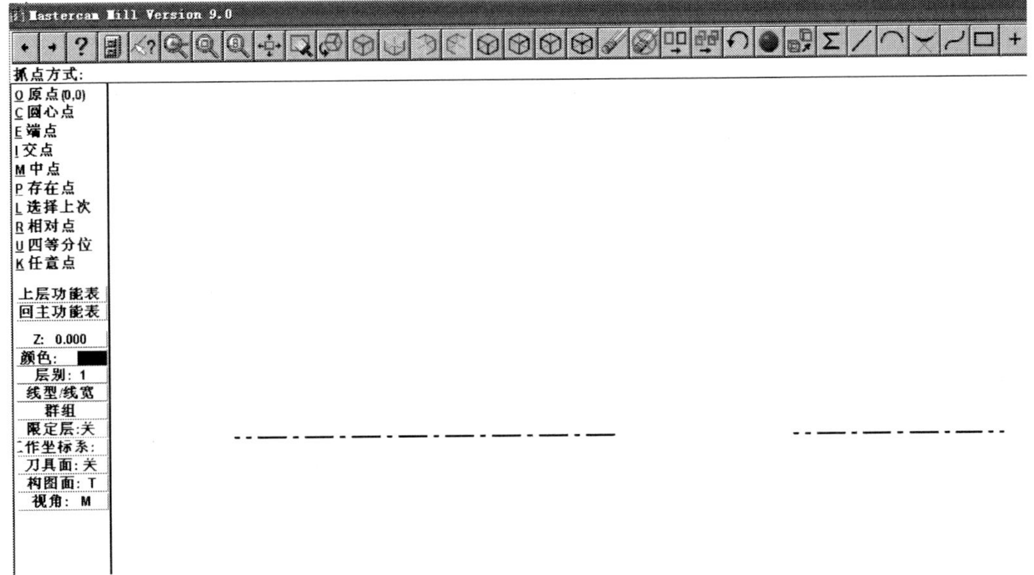

图2.5 水平中心线

②垂直中心线

选择主菜单中“绘图”→“直线”→“垂直线”选项,输入坐标“(85,15)”,按“Enter”键;输入坐标“(85,-15)”,按“Enter”键,得到左视图垂直线,如图2.6所示。

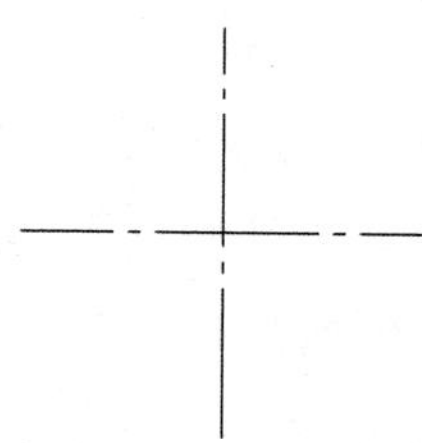

图 2.6　垂直中心线

4)绘制 T 形螺钉半成品主视图轮廓线

①图层设置

将当前层设置为 1 图层。

②轮廓线绘制

选择"绘图"→"直线"→"连续线"选项,输入坐标"(0, -10)",按"Enter"键;输入坐标"(0,10)",按"Enter"键;输入坐标"(6,10)",按"Enter"键;输入坐标"(6, -10)",按"Enter"键;输入坐标"(0, -10)",按"Enter"键。选择"上层功能表"→"连续线"选项,输入坐标"(6,4)",按"Enter"键;输入坐标"(38,4)",按"Enter"键;输入坐标"(38, -4)",按"Enter"键;输入坐标"(6, -4)",按"Enter"键。选择"回主功能表"选项,完成后如图 2.7 所示。

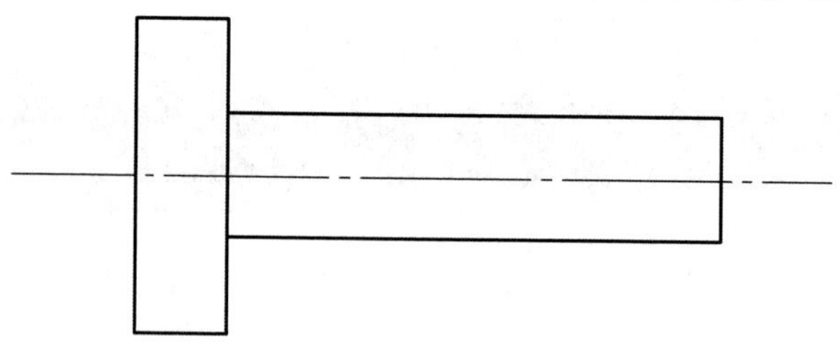

图 2.7　左视图轮廓线

③倒角

选择"绘图"→"下一页"→"倒角"选项,如图 2.8 所示设置倒角参数。方式选择"单一距离"命令,距离设置为"0.5",单击"确定"按钮。分别单击 L1 和 L2,L1 和 L3,L2 和 L4,L3 和 L4 这 4 组线进行倒角。再设置倒角距离为"1",分别单击 L6 和 L7,L5 和 L7 两组线进行倒角。选择完成后如图 2.9 所示。

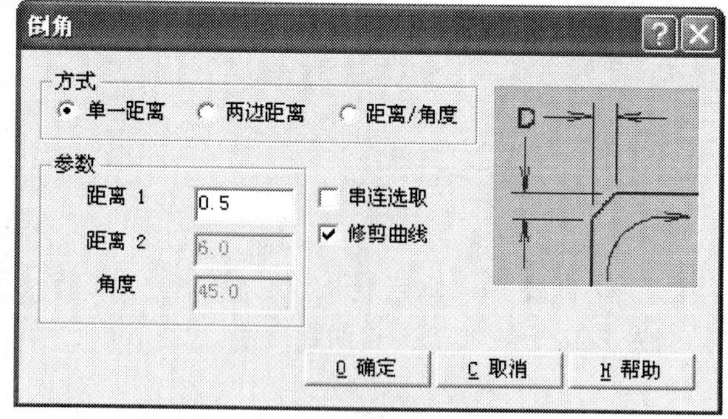

图 2.8　倒角参数

④其他垂直线的绘制

选择“绘图”→“直线”→“垂直线”选项,分别选择垂直方向倒角后形成的交点连接成垂直线。完成后如图 2.10 所示。

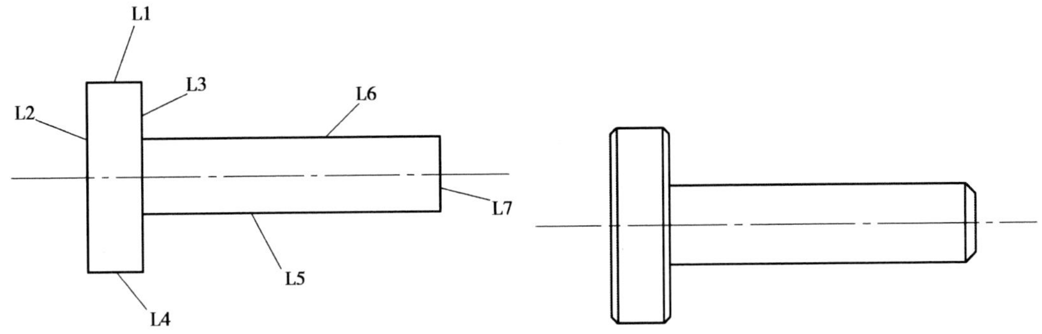

图 2.9 倒角

图 2.10 T 形螺钉半成品主视图

5)T 形螺钉半成品左视图轮廓线

①轮廓线绘制

选择“绘图”→“圆弧”→“绘图”→“点半径圆”选项,输入半径“10”,选择交点作为圆心。选择“绘图”→“直线”→“垂直线”选项,输入坐标“(78, -10)”,按“Enter”键;输入坐标“(78,10)”,按“Enter”键;输入坐标“(92, -10)”,按“Enter”键;输入坐标“(92,10)”,按“Enter”键。完成后如图 2.11 所示。

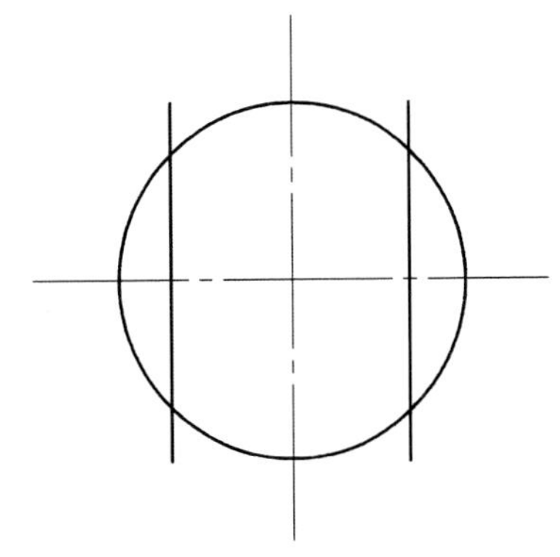

图 2.11 T 形螺钉半成品左视图轮廓线

②线条修剪

选择“修整”→“修剪延伸”→“单一物体”选项,将 L8 和 L9 多余部分删除。修剪后如图 2.12 所示。选择“修整”→“修剪延伸”→“分割物体”选项,将圆弧两边修剪掉。完成后如图2.13所示。

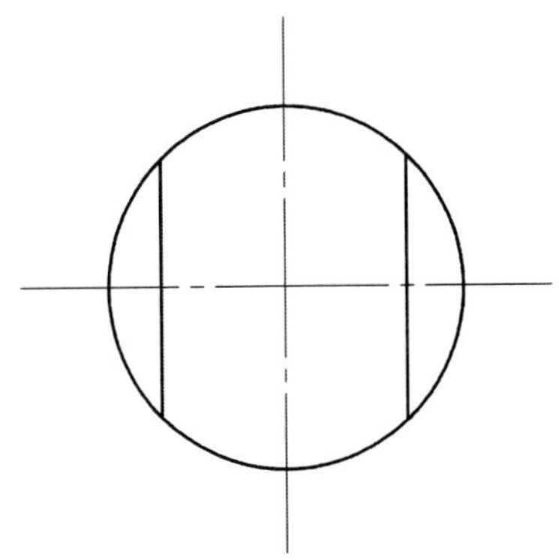

图 2.12 L8,L9 线条修剪效果图

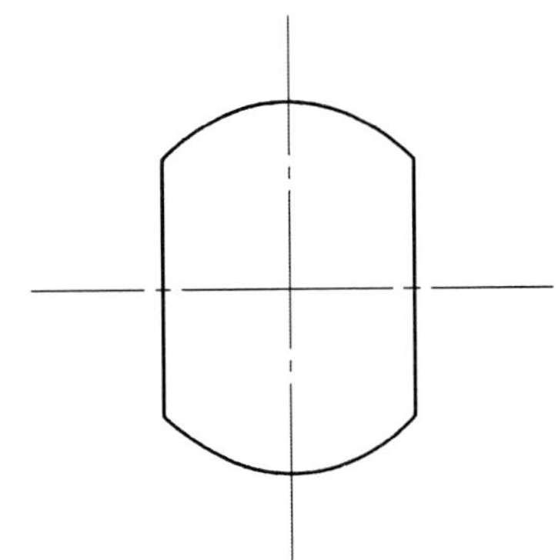

图 2.13 圆弧多余部分修剪

知识链接

修剪:MasteCAM 软件提供了多种线与线的修剪方式。在使用过程中,一定注意选择的先后顺序和保留部分。以下介绍常用修剪方式:

(1)单一物体

选择"修整"→"修剪延伸"→"单一物体"选项,选取 P1 部分作为保留部分,L1 线作为边界。修整后如图 2.14 所示。

图 2.14 单一物体

图 2.15 两个物体

(2)两个物体

选择"修整"→"修剪延伸"→"两个物体"选项,选取 P1,P2 部分作为保留部分。修整后如图 2.15 所示。

(3)3 个物体

选择"修整"→"修剪延伸"→"三个物体"选项,选取 P1,P2,P3 部分作为保留部分(注意:先选两边线 P1,P2,再选中间线 P3)。修整后如图 2.16 所示。

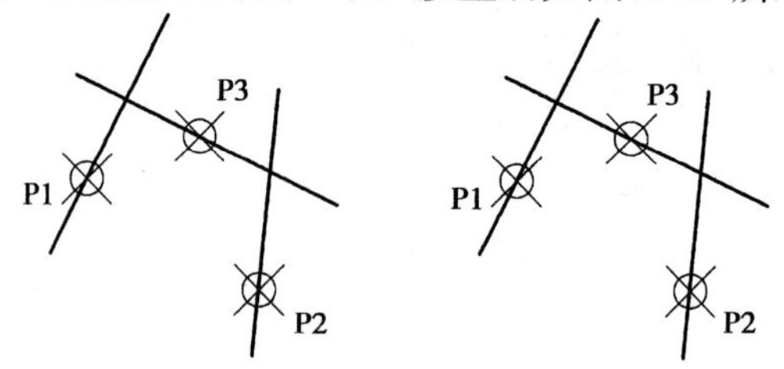

图 2.16 三个物体

(4)分割物体

选择"修整"→"修剪延伸"→"分割物体"选项,选取 P1 部分作为删除部分,P2,P3 部分作为边界。修整后如图 2.17 所示。

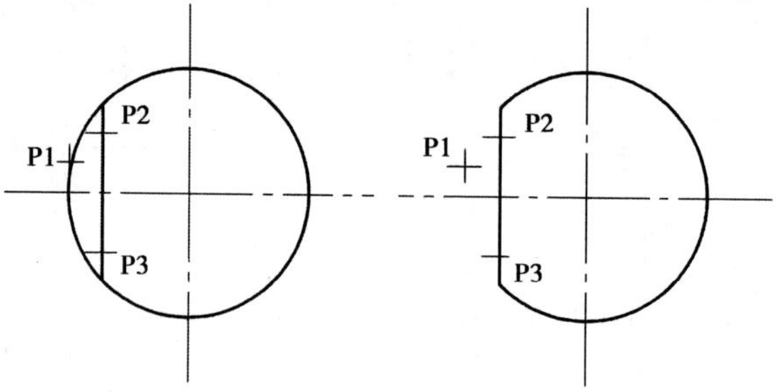

图 2.17 分割物体

6）文件保存

选择“档案”→“存档”选项，弹出“存档”对话框。选择保存位置，输入文件名称，单击“存档”按钮。

（3）评分标准

检测评分标准见表2.1。

表2.1　评分标准

序　号	考核内容	配　分	评分标准	学生自评		教师评价	
				考核结果	得　分	考核结果	得　分
1	启动及退出程序	5	不会启动及退出程序扣全分				
2	工具栏的使用	6	正确使用工具栏，不正确酌情扣分				
3	主菜单的合理运用	8	理解及合理使用主菜单各选项，一项不会使用扣1分直至扣除全分				
4	辅助菜单的合理运用	5	理解及合理使用辅助菜单各选项，一项不会使用扣1分直至扣除全分				
5	文件的正确编辑	4	打开和关闭文件1分，新建、保存和浏览文件1分				
6	坐标系的设定	4	工件坐标系设定不正确扣全分				
7	提示区和绘图区的理解和使用	6	不理解提示区和绘图区扣1分				
8	获得帮助信息的方法	6	不会利用帮助对话框获得帮助信息扣1分				
9	图形的绘制	40	绘图指令的正确选用，绘制过程中相关参数的设置，绘制不合理处酌情扣分				
10	图形的编辑方法	16	图形编辑不合理处酌情扣分				
合　计		100					

课题 2.1.2　定位块的绘制

(1)实例概述

本实例通过如图 2.18 所示定位块图形的绘制，复习水平线、垂直线等的绘制，同时介绍圆弧的绘制，镜像、倒圆角等指令的运用。读者通过对本实例的学习，能对 MasterCAM 二维绘图功能有更深的了解。

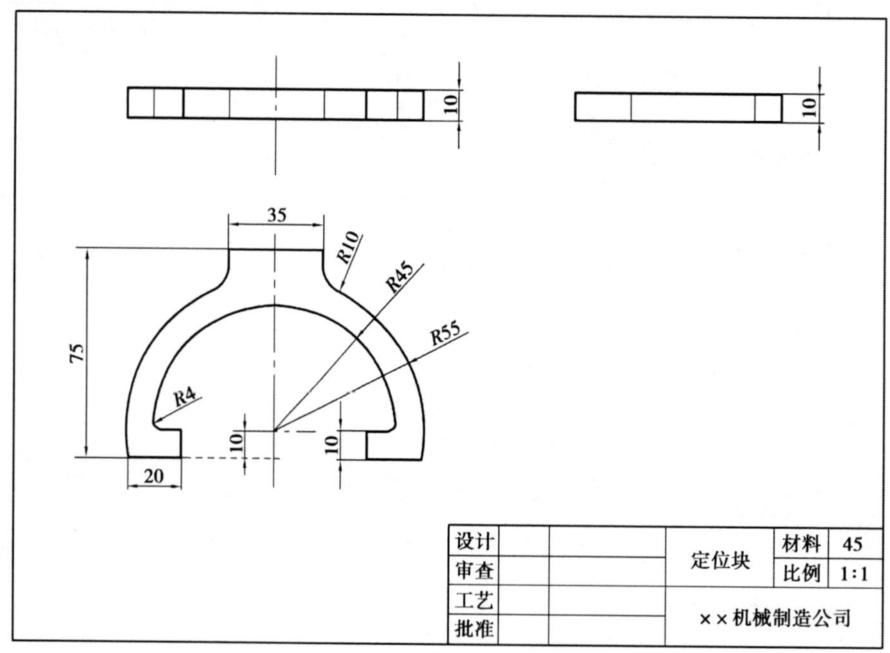

图 2.18

(2)操作步骤

1)图形分析

定位块零件主视图和俯视图呈现左右对称特性，俯视图中由两段直径不同的同心圆弧组成。

2)图层设置

根据该图形的特点，方便图形管理，按照如图 2.19 所示设置图层。

选择辅助菜单栏的“图素/属性”选项，分别将中心线层的线型更改为中心线，虚线层改为虚线，如图 2.20 所示。

3)确定绘图基准点，绘制中心线

基准点以俯视图上端中心点作为原点绘图。

单击工具栏上的 ╱ 图标，主菜单栏会弹出如图 2.21(a)所示的菜单。选择“垂直线”选项，会弹出如图 2.21(b)所示的菜单。

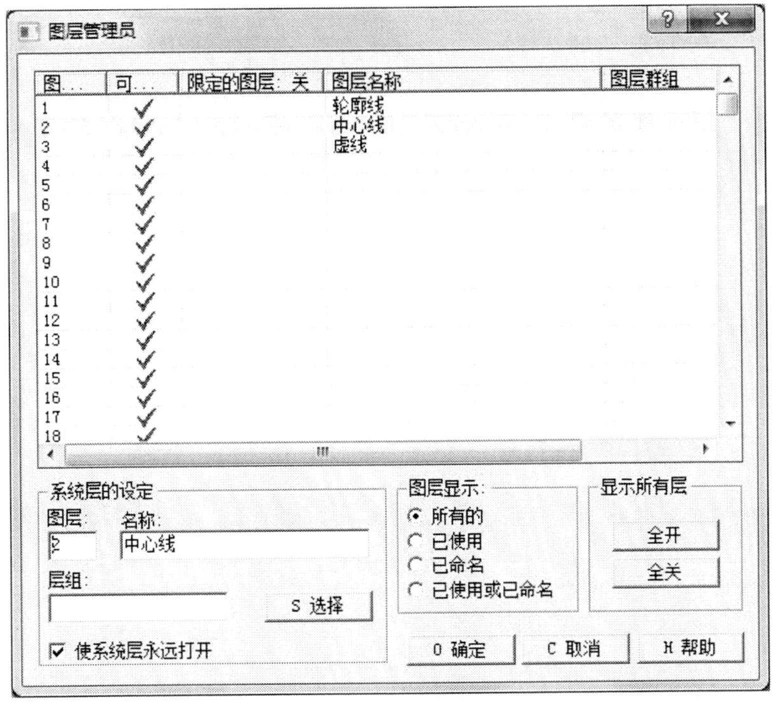

图 2.19

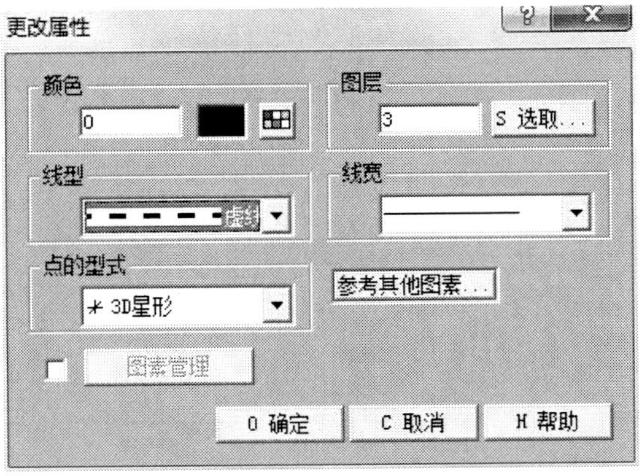

图 2.20

选择“原点”选项，根据信息提示框的信息，在键盘上输入第二点坐标“(0, -80)”，按“Enter”键。同时，单击工具栏中的图标，效果如图 2.22 所示。

绘制主视图中心线，依照上述方法，单击工具栏上的直线图标。选择主菜单中的“垂直线”选项，输入坐标“(0,7.5)”，按“Enter”键；输入坐标“(0,20)”，按“Enter”键；单击工具栏图标。

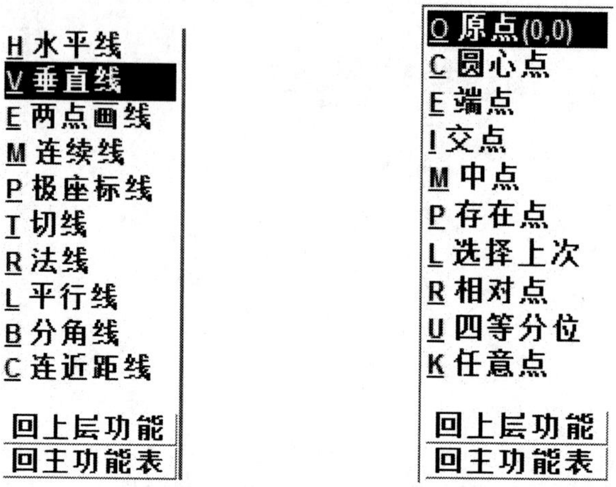

H 水平线
V 垂直线
E 两点画线
M 连续线
P 极座标线
T 切线
R 法线
L 平行线
B 分角线
C 连近距线
回上层功能
回主功能表
O 原点(0,0)
C 圆心点
E 端点
I 交点
M 中点
P 存在点
L 选择上次
R 相对点
U 四等分位
K 任意点
回上层功能
回主功能表

(a)　　　　(b)

图 2.21

Mastercam Design Version 9.1
抓点方式:
O 原点(0,0)
C 圆心点
E 端点
I 交点
M 中点
P 存在点
L 选择上次
R 相对点
U 四等分位
K 任意点
回上层功能
回主功能表
Z: 0.000
作图层别: 3
图素属性
群组设定
限定层:关
WCS: T
构图面: T
萤幕视角: T
X -17.924 Y -28.152
画垂直线: 请指定第一个端点

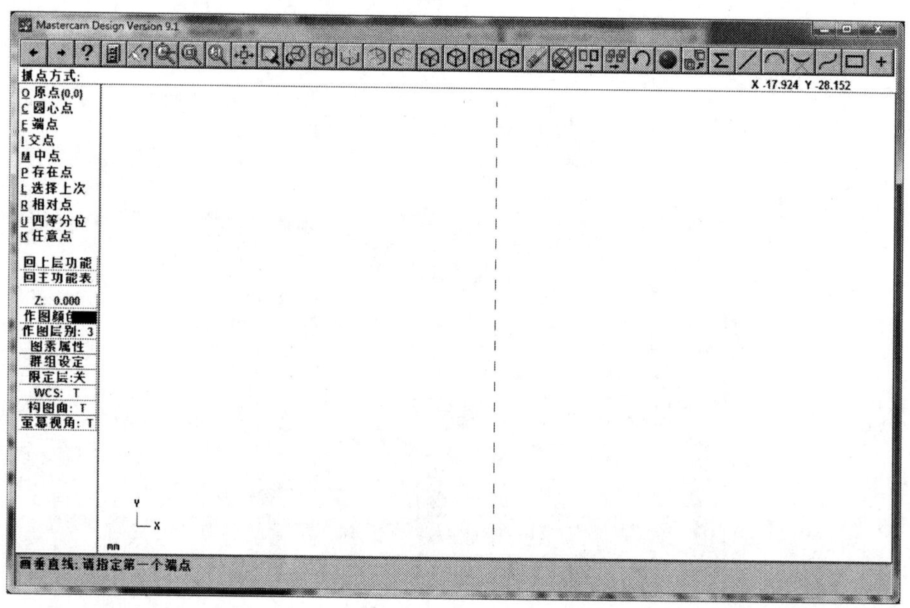

图 2.22

4)绘制定位块俯视图轮廓线

①图层设置

将当前图层设置为 1 图层。

②圆弧轮廓线绘制

A. 创建圆心点

选择"绘图"→"点"→"指定位置"选项,输入坐标"(0, -65)",按"Enter"键。

B. 画圆弧

选择"绘图"→"圆弧"→"极坐标"选项,此时主菜单栏如图 2. 23 所示。选择"已知圆心"选项,然后鼠标移动到上一步中创建的圆心点上,会出现一个小方框。此时,单击鼠标左

图 2.23

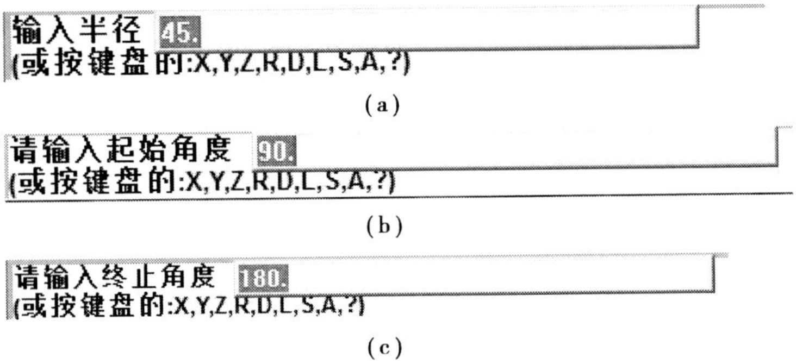

(a)

(b)

(c)

图 2.24

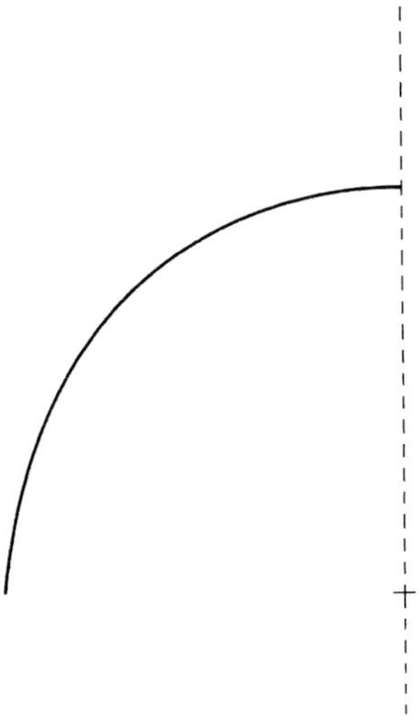

图 2.25

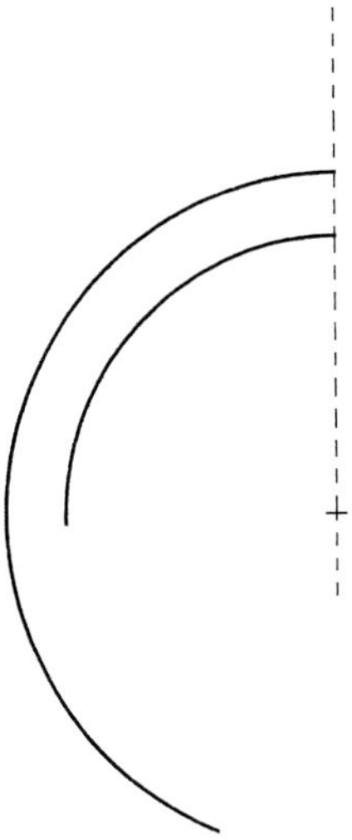

图 2.26

键,接着如图 2.24 所示。在信息提示框中,输入半径"45",按"Enter"键;输入起始角度"90°",按"Enter"键;输入终止角度"180°",按"Enter"键。所得的圆弧如图 2.25 所示。

绘制大圆弧,在工具栏图标上单击图标。在主菜单栏中选择"极坐标"→"已知圆心"选项,鼠标选择步骤一中创建的点。键盘输入半径"55",起始角度"90°",终止角度"250°",按"Enter"键。此时,得到的图形如图 2.26 所示。

③绘制其他轮廓线

以(0,-75)坐标为起点,绘制水平直线与大圆弧相交,如图 2.27 所示。单击工具栏中的图标,依次用鼠标单击直线在圆弧内的一端,再单击圆弧。剪切直线,如图 2.28 所示。

单击工具栏中的图标,在主菜单栏中依次选择"指定长度"选项,鼠标单击直线靠近圆弧的那一端。在提示栏中输入长度"20",按"Enter"键。此时,直线被打断成为两段。在主菜单中选择"删除"→"仅某图素"→"直线"选项,鼠标选择被打断的直线的右边那条直线、鼠标左键单击。按照图 2.29 所示,依次绘制水平线和垂直线。

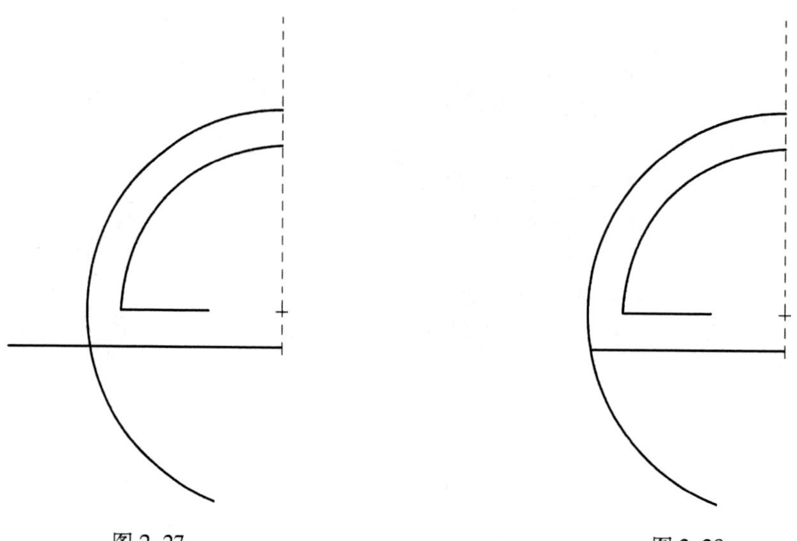

图 2.27　　　　图 2.28

选择“绘图”→“直线”→“极坐标线”选项，输入起始点坐标“(0,0)”，按“Enter”键；输入角度“180°”，按“Enter”键；输入长度“17.5”，按“Enter”键，如图 2.30 所示；然后绘制水平线和垂直线，如图 2.31 所示。单击工具栏上的图标，依次选择直线和圆弧需要保存的那一端。得到的图形如图 2.32 所示。

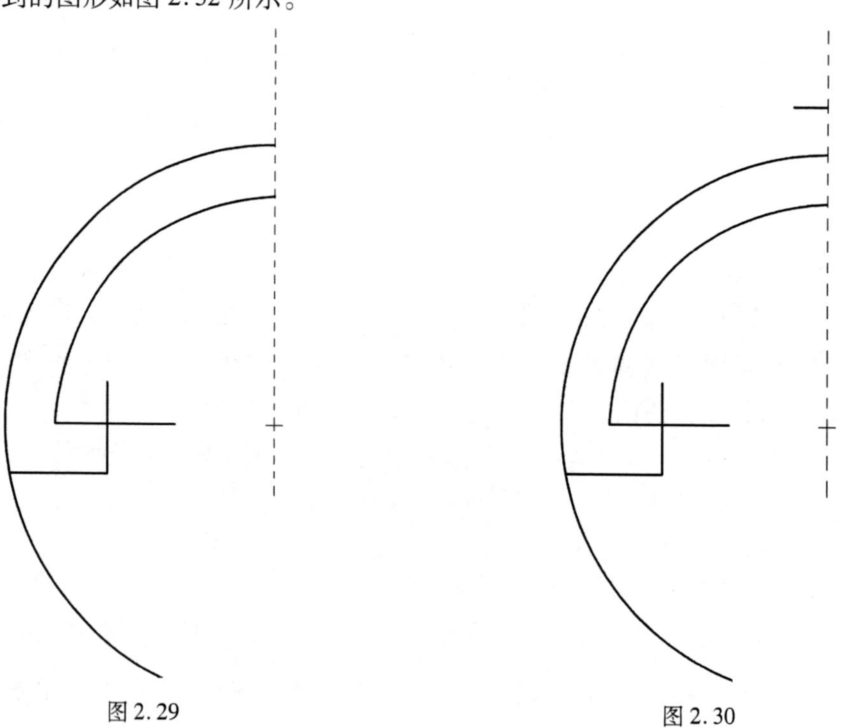

图 2.29　　　　图 2.30

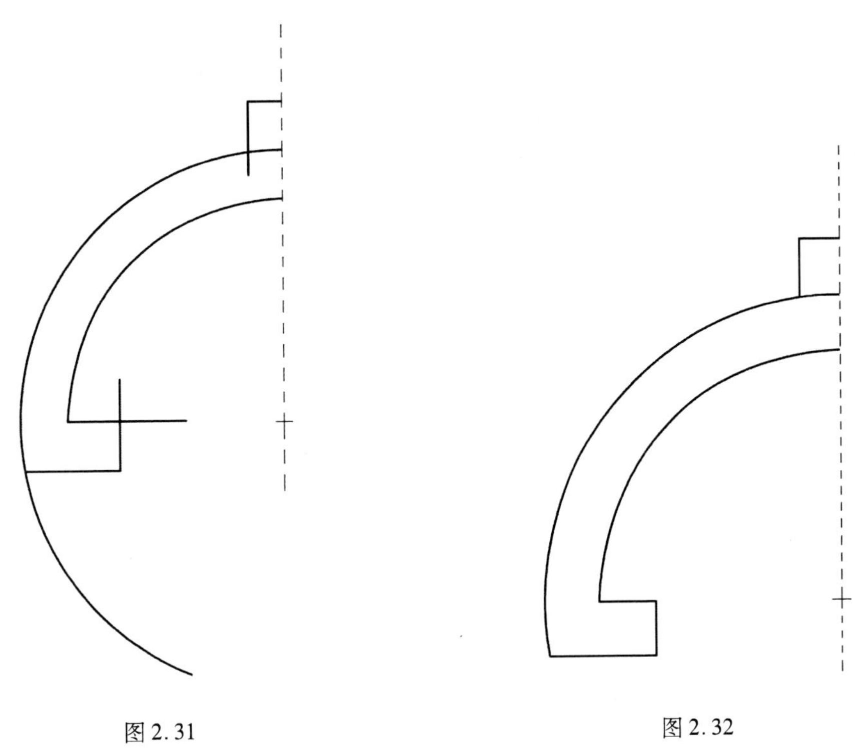

图 2.31　　　　图 2.32

④倒圆角

选择"修整"→"倒圆角"选项，此时主菜单栏如图 2.33 所示。选择"圆角半径"选项，键盘输入半径"10"，按"Enter"键；鼠标左键依次选择垂直直线 1 和圆弧 2，效果如图 2.34 所示。再次倒圆角，圆角半径为"4"，效果如图 2.35 所示。

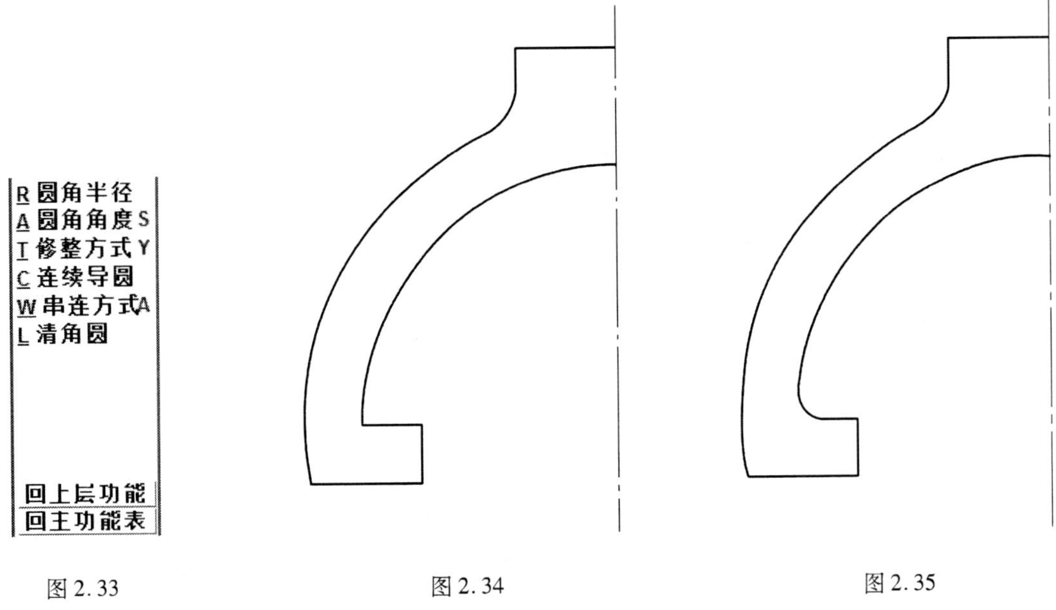

图 2.33　　　　图 2.34　　　　图 2.35

⑤镜像

选择主菜单中的“转换”→“镜像”→“串联”选项，鼠标左键单击直线和圆弧，选择“执行”→“执行”→“任意线”选项，鼠标选择俯视图中心线，弹出如图 2.36 对话框。选择“复制”选项，然后单击“确定”按钮。其效果图如图 2.37 所示。

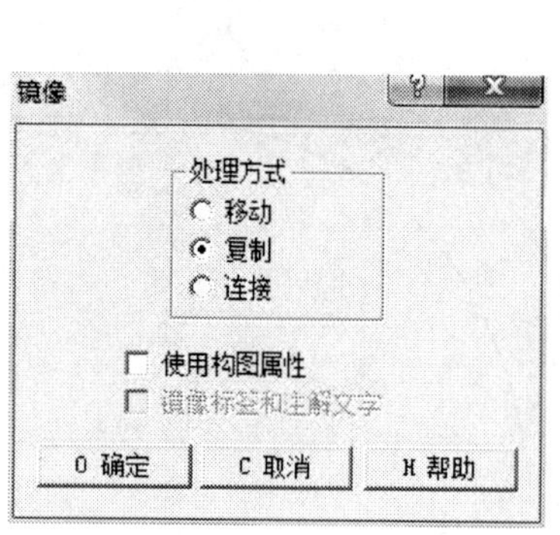

图 2.36

图 2.37

5）绘制主视图和左视图轮廓线

依据零件图中的尺寸，绘制水平和垂直直线，同时切换到虚线层，绘制不可见轮廓线，如图 2.38 所示。单击工具栏中的图标，剪切后的图形如图 2.39 所示。

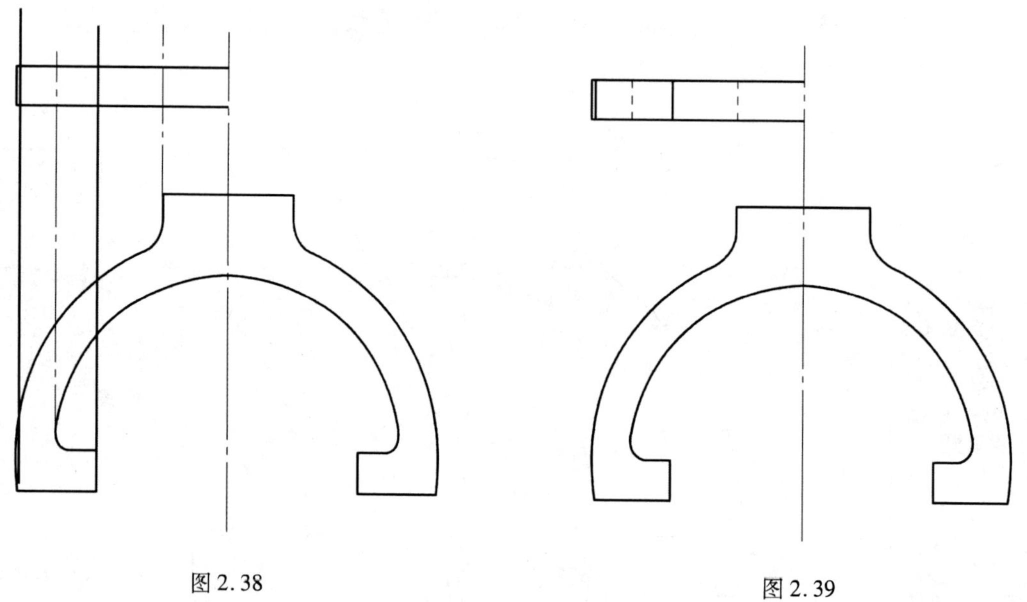

图 2.38

图 2.39

单击工具栏上按钮，依次在主菜单栏中选择“串联”选项，鼠标左键选择主视图左边全部图素。选择“执行”→“执行”→“Y 轴”选项，弹出对话框选择“复制”选项；然后鼠标左键单击“确定”按钮，如图 2.40 所示。

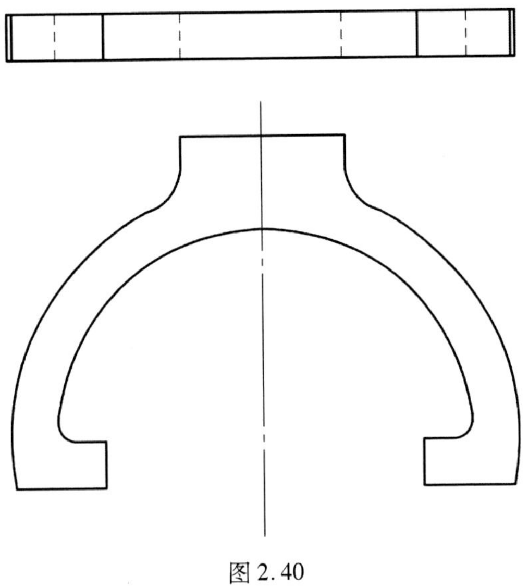

图 2.40

6)绘制定位块左视图

绘制水平和垂直直线如图 2.41 所示。切换到虚线层,单击工具栏的图标;选择“仅某图素”→“直线”选项,鼠标单击左视图左边的垂直线;选择“执行”“直角坐标”选项,在提示栏中输入平移之向量“x20”,按“Enter”键。弹出“平移”对话框如图 2.42 所示。

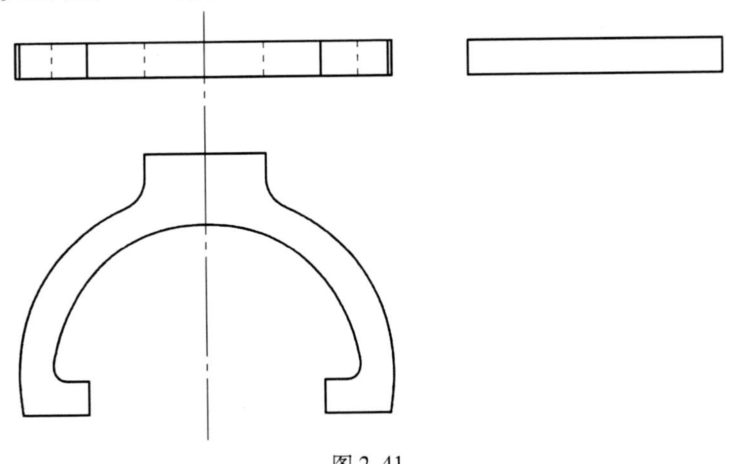

图 2.41

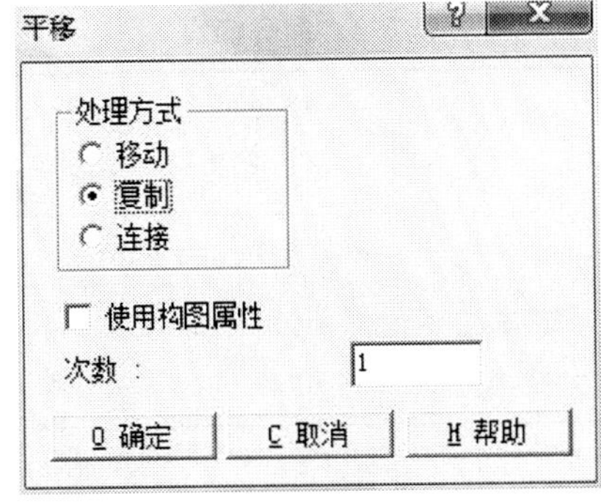

图 2.42

选择“复制”选项,并单击“确定”按钮。其效果图如图 2.43 所示。

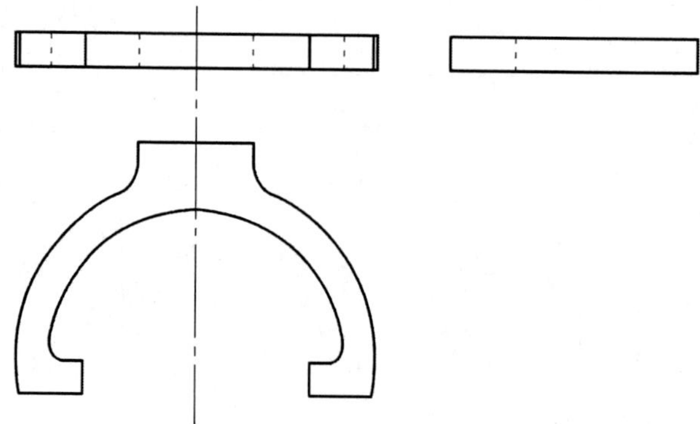

图 2.43

选择“转换”→“平移”→“仅某图素”→“直线”选项,鼠标选取左视图左边垂直线。选择“执行”→“直角坐标”选项,键盘输入向量“x－10”,按“Enter”键,如图 2.44 所示。

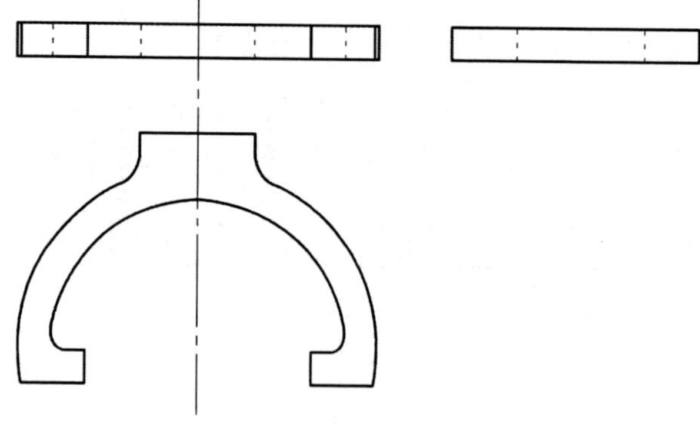

图 2.44

7)保存文件

选择“档案”→“存档”选项,弹出“存档”对话框。选择保存位置,输入文件名称,单击“存档”按钮。

(3)评分标准

检测评分标准见表 2.2。

表 2.2　评分标准

序　号	考核内容	配　分	评分标准	学生自评		教师评价	
				考核结果	得　分	考核结果	得　分
1	启动及退出程序	5	不会启动及退出程序扣全分				
2	工具栏的使用	6	正确使用工具栏,不正确酌情扣分				

续表

序　号	考核内容	配　分	评分标准	学生自评		教师评价	
				考核结果	得　分	考核结果	得　分
3	主菜单的合理运用	8	理解及合理使用主菜单各选项,一项不会使用扣1分直至扣除全分				
4	辅助菜单的合理运用	5	理解及合理使用辅助菜单各选项,一项不会使用扣1分直至扣除全分				
5	文件的正确编辑	4	打开和关闭文件1分,新建、保存和浏览文件1分				
6	坐标系的设定	4	工件坐标系设定不正确扣全分				
7	提示区和绘图区的理解和使用	6	不理解提示区和绘图区扣1分				
8	获得帮助信息的方法	6	不会利用帮助对话框获得帮助信息扣1分				
9	图形的绘制	40	绘图指令的正确选用,绘制过程中相关参数的设置,绘制不合理处酌情扣分				
10	图形的编辑方法	16	图形编辑不合理处酌情扣分				
合　计		100					

课题2.1.3　压板的制作

(1)实例概述

本实例通过如图2.45所示压板图形的绘制,综合图层设置、直线、圆弧的绘制技巧,同时加深对修剪、偏移、镜像的理解。

(2)操作步骤

1)图形分析

该零件图一共有3种线型,分别建立3个图层。该压板形状左右对称,对此可以采用镜像功能。

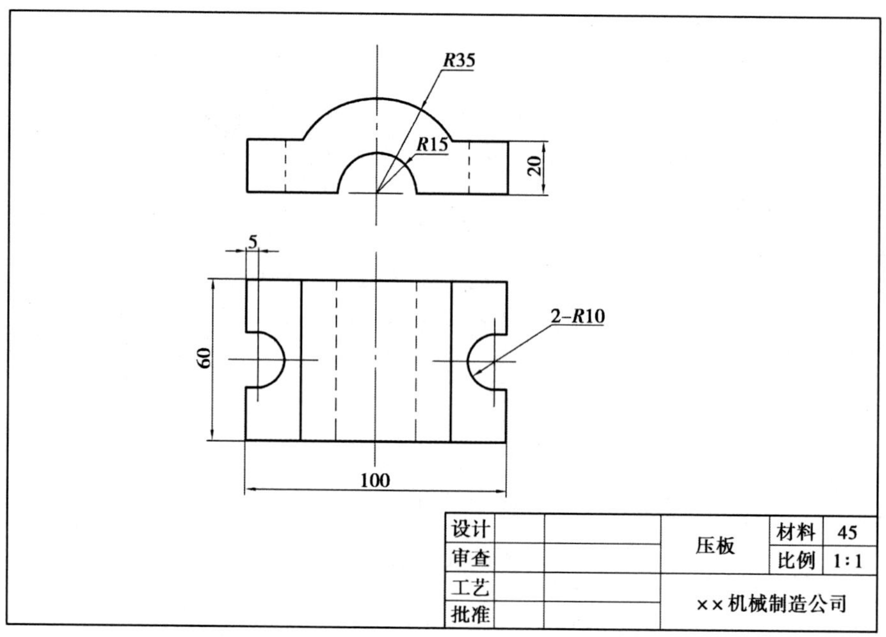

图 2.45

2)图层设置

选择辅助菜单栏“层别”选项,分别设置轮廓线层、中心线层、虚线层,如图 2.46 所示。设置好图层之后,单击“确定”按钮;再次选择辅助菜单栏的“图素属性”选项,分别设置中心线层的线型为中心线,虚线层的线型为虚线。

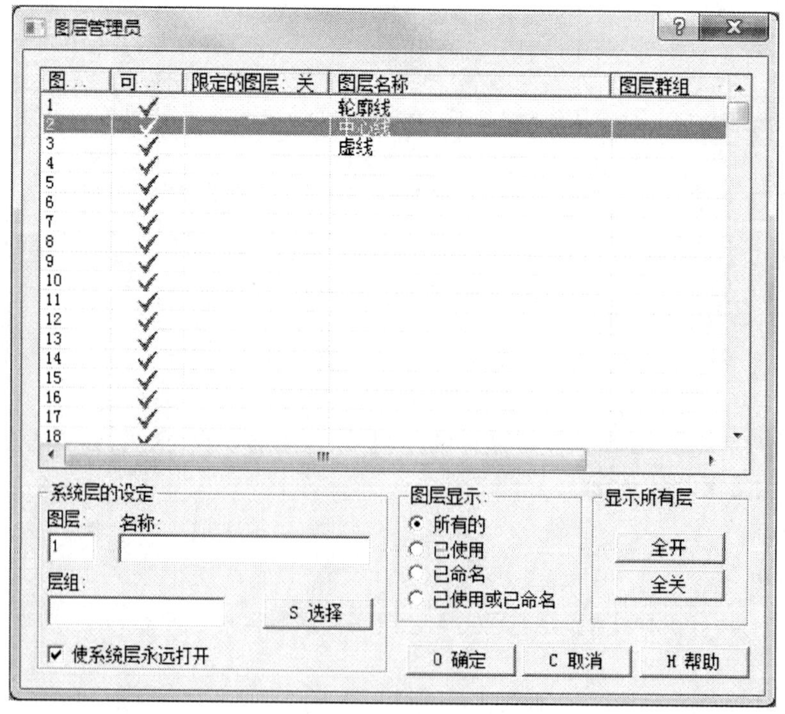

图 2.46

3)确定绘图基点,绘制中心线

选择中心线图层为当前图层,单击工具栏的图标,在主菜单中选择"垂直线"选项,键盘输入坐标"(0, -5)",按"Enter"键;键盘输入坐标"(0, -75)",按"Enter"键;键盘输入坐标"(0,0)",按"Enter"键;键盘输入坐标"(0,45)",按"Enter"键;单击工具栏的图标,此时绘图区显示如图2.47所示。

图2.47

4)绘制压板主视图可见轮廓线

①图层设置

将当前图层设置为轮廓线层。

②直线轮廓线绘制

单击工具栏图标,主菜单中选择"水平线"选项,键盘输入坐标"(-50,2.5)",按"Enter"键;键盘输入坐标"(50,2.5)",按"Enter"键。单击工具栏图标,主菜单中选择"仅某图素"→"直线"选项,鼠标选取上一步绘制的水平直线。选择"执行"→"极坐标"选项,键盘输入平移距离"20",按"Enter"键;键盘输入平移角度"90°",按"Enter"键;弹出"平移"对话框选择"复制"选项,单击"确定"按钮;选择"执行"选项,如图2.48所示。

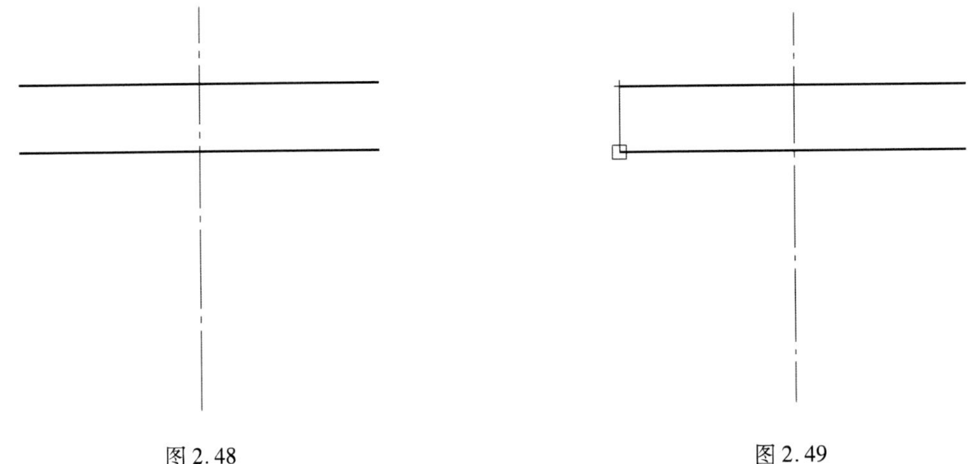

图2.48　　图2.49

单击工具栏中图标,鼠标移动到线段的一边,会出现一个小方框。此时,单击鼠标左键,如图2.49所示,依此绘制左右两条垂直线。

③圆弧轮廓的绘制

单击工具栏图标,主菜单栏中选择"极坐标"→"已知圆心"选项,鼠标移到中心线与直线1的交点,出现方框单击鼠标左键、键盘输入半径"15",按"Enter"键;输入起始角度"0°",按"Enter"键;输入终止角度"180°",按"Enter"键。此时,绘制了直径为15的半圆,采用相同方法该圆弧的圆心为圆心,绘制半径为35的圆弧,如图2.50所示。

单击工具栏图标，选择 *R*35 的圆弧，再选择直线 2，如图 2.51 所示。依照上述方法，依次剪切多余线条。其结果如图 2.52 所示。

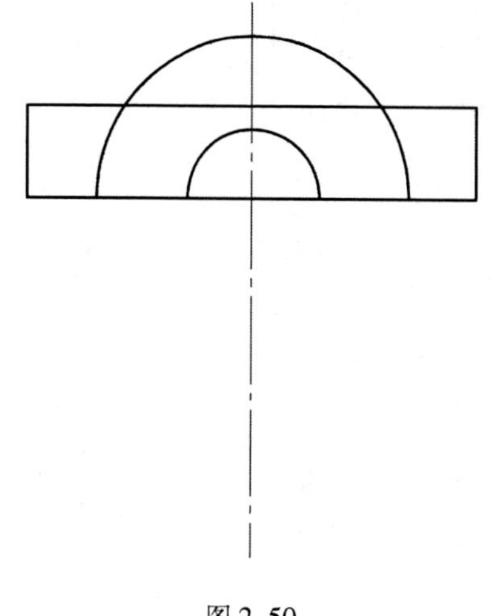

图 2.50

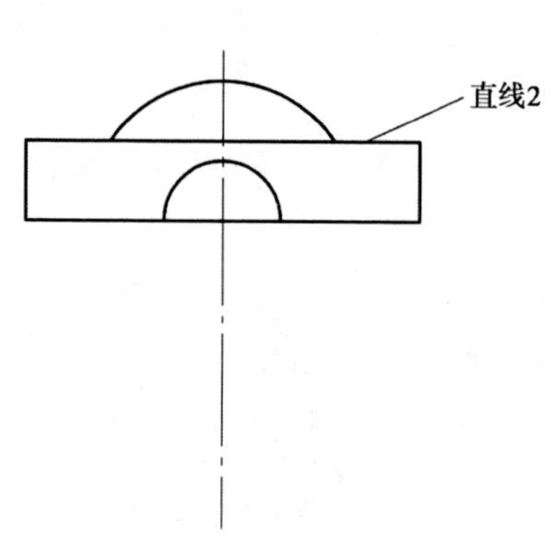

图 2.51

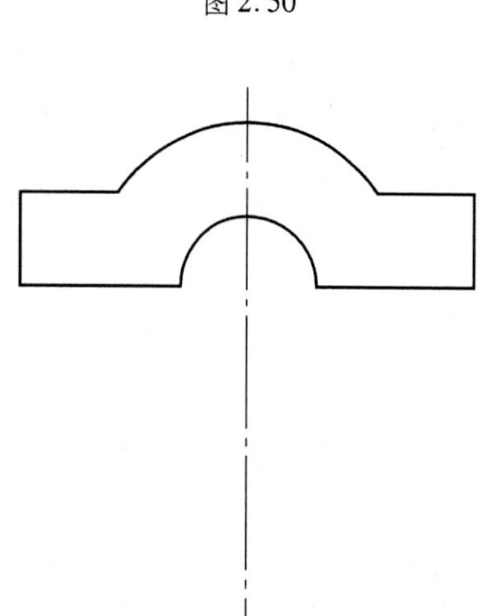

图 2.52

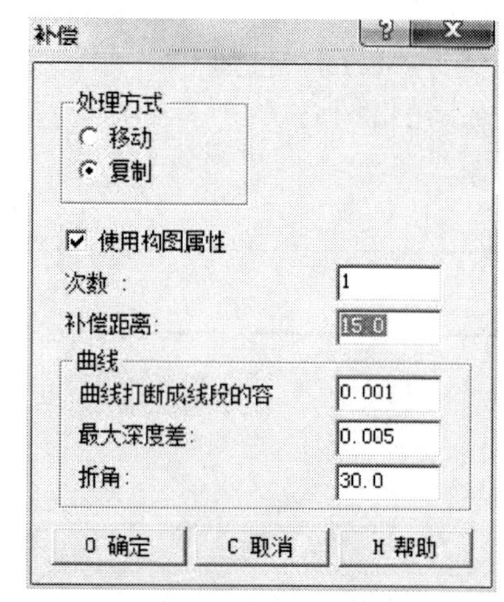

图 2.53

设置当前图层为虚线层，并选择线型为虚线。单击工具栏图标，弹出如图 2.53 所示的“补偿”对话框，选择“复制”选项，并修改补偿距离为“15”，如图 2.53 所示。单击“确定”按钮，鼠标选择直线 3，鼠标在直线 3 的右侧单击一下，则直线 3 往右平移 15 mm。以此方法把直线 4 向左平移 15 mm，如图 2.54 所示。

5）绘制俯视图

①图层设置

设置图层为轮廓线层。

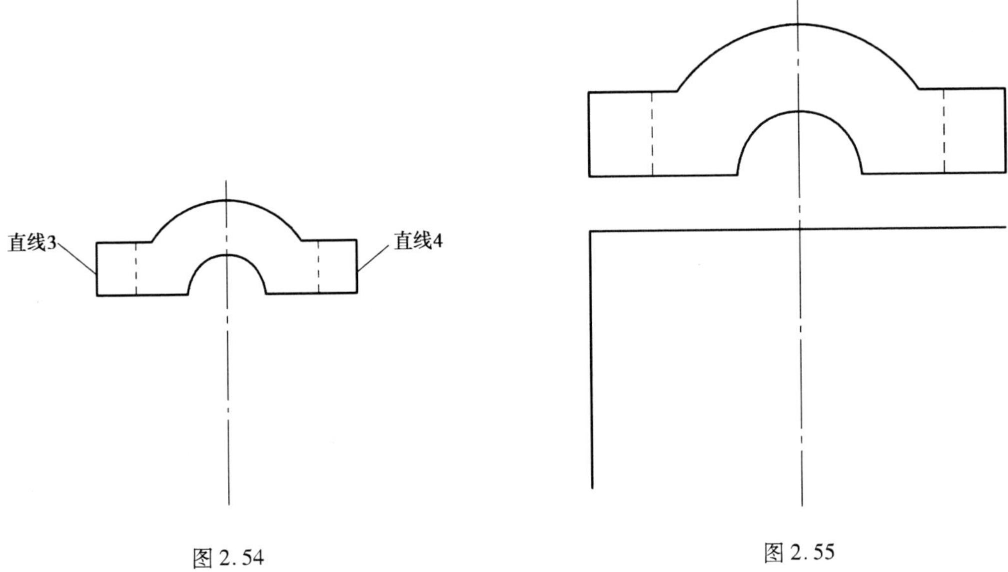

图 2.54　　　　图 2.55

②绘制俯视图轮廓线

单击工具栏图标,选择"水平线"选项,输入坐标"(－50,－10)",按"Enter"键;输入坐标"(50,－10)",按"Enter"键,绘制出一条水平直线。选择主菜单"返回上层功能"→"垂直线"选项,鼠标移动到直线左边端点,出现小方框时单击鼠标左键,输入坐标"(－50,－70)",按"Enter"键,如图 2.55 所示。绘制水平线 7 和垂直线 8,如图 2.56 所示。

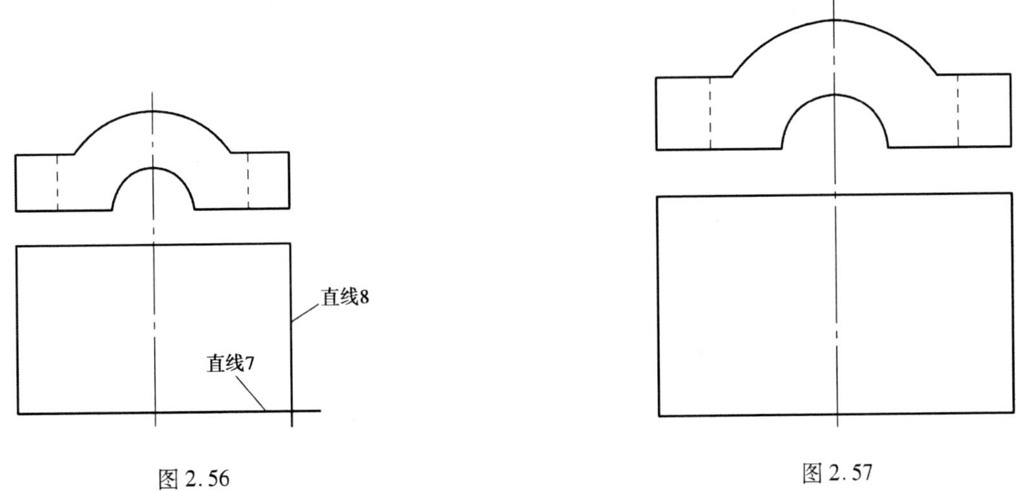

图 2.56　　　　图 2.57

单击工具栏图标,然后单击直线 7,8 需要保留的那一端。其结果如图 2.57 所示。

以直线 6 的中点为起点,作水平直线,然后单击工具栏图标,弹出的"补偿"对话框中选择"复制"选项,距离为"5";然后单击直线 6、在直线 6 的右边单击一下,单击直线 8、在直线 8 的左边单击一下。其效果图如图 2.58 所示。以交点 1,2 分别绘制半径为 10 的圆弧,并分别以圆弧的端点引出水平直线与直线 6、直线 8 相交,如图 2.59 所示。

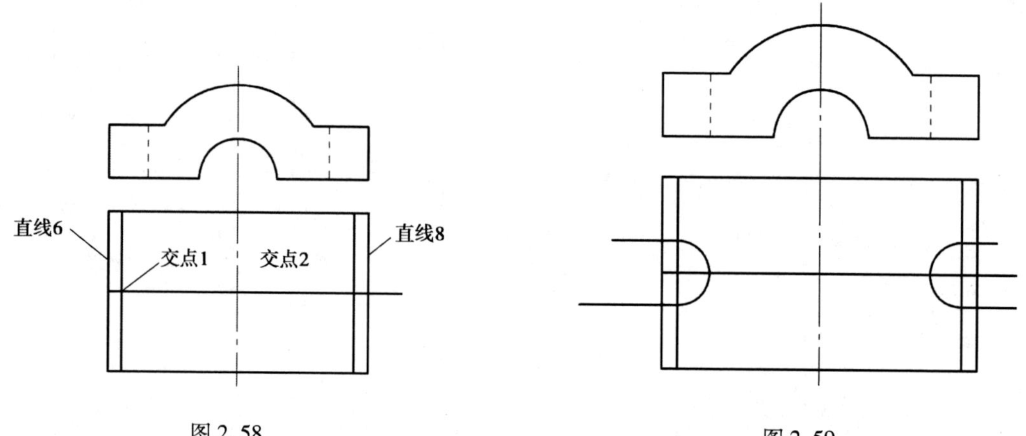

图 2.58

图 2.59

以俯视图上的交点为界,把直线打断为两段,同时删除多余线段,如图 2.60 所示。绘制图形如图 2.61 所示。

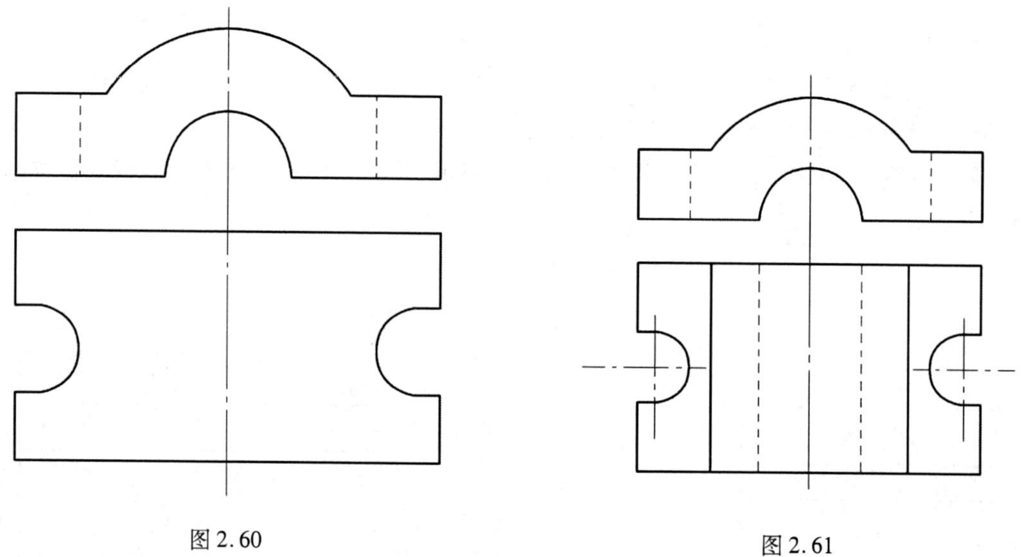

图 2.60

图 2.61

6)文件保存

选择"档案"→"存档"选项,弹出"存档"对话框。选择保存位置,输入文件名称,单击"存档"按钮。

(3)评分标准

检测评分标准见表 2.3。

表 2.3　评分标准

序　号	考核内容	配　分	评分标准	学生自评		教师评价	
				考核结果	得　分	考核结果	得　分
1	启动及退出程序	5	不会启动及退出程序扣全分				
2	工具栏的使用	6	正确使用工具栏，不正确酌情扣分				
3	主菜单的合理运用	8	理解及合理使用主菜单各选项，一项不会使用扣1分直至扣除全分				
4	辅助菜单的合理运用	5	理解及合理使用辅助菜单各选项，一项不会使用扣1分直至扣除全分				
5	文件的正确编辑	4	打开和关闭文件1分，新建、保存和浏览文件1分				
6	坐标系的设定	4	工件坐标系设定不正确扣全分				
7	提示区和绘图区的理解和使用	6	不理解提示区和绘图区扣1分				
8	获得帮助信息的方法	6	不会利用帮助对话框获得帮助信息扣1分				
9	图形的绘制	40	绘图指令的正确选用，绘制过程中相关参数的设置，绘制不合理处酌情扣分				
10	图形的编辑方法	16	图形编辑不合理处酌情扣分				
合　计		100					

课题 2.1.4 基础二维图形练习

用 MasterCAM 9.0 绘制下列图形：

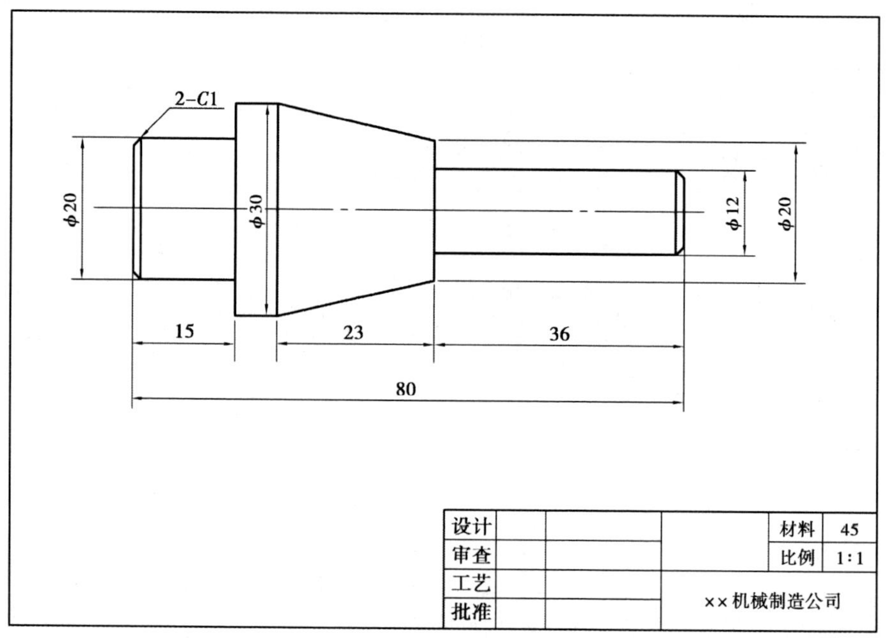

图 2.62

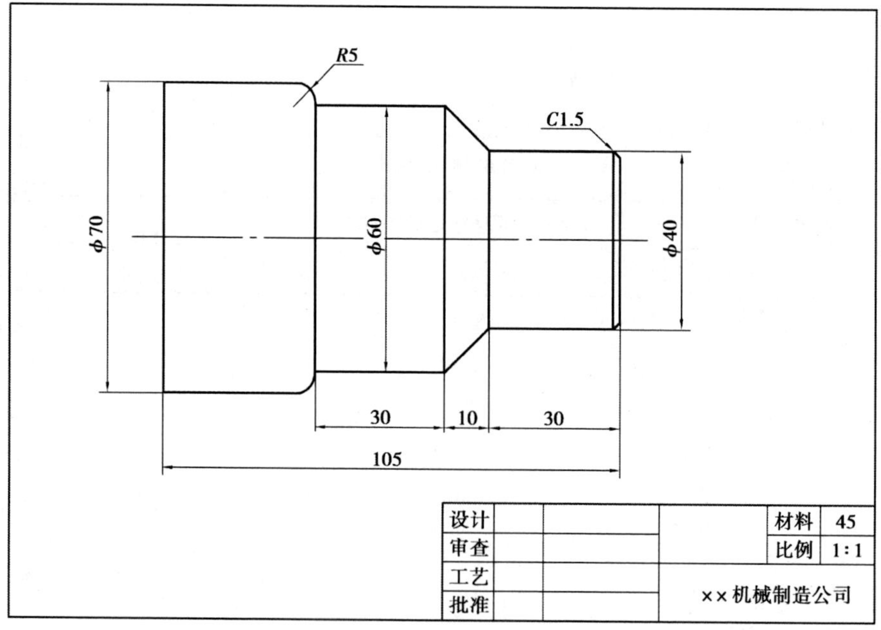

图 2.63

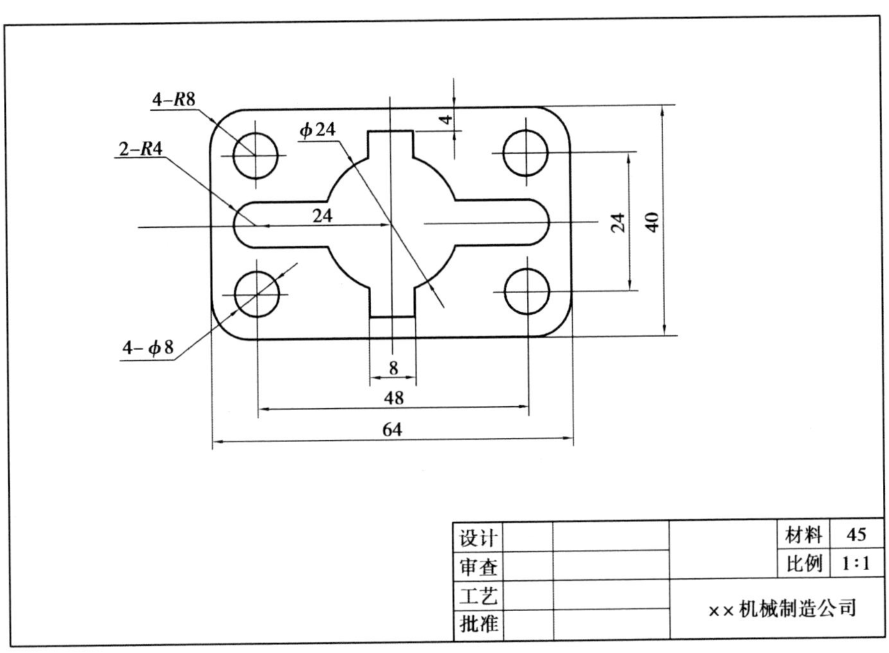
4-R8
2-R4
ϕ24
4
24
24
40
4-ϕ8
8
48
64
设计
审查
工艺
批准
材料
45
比例
1:1
××机械制造公司

图2.64

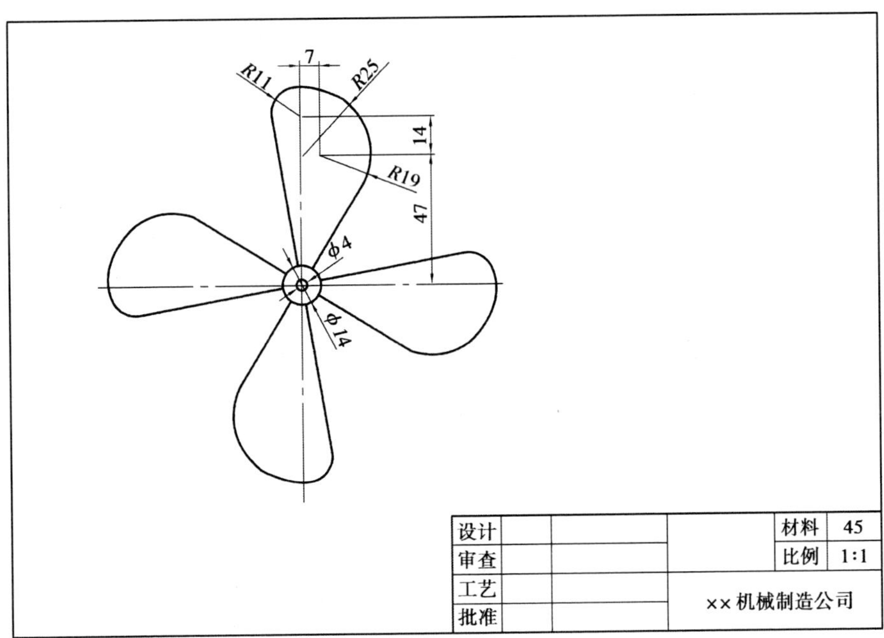
7
R11
R25
14
R19
47
ϕ4
ϕ14
设计
审查
工艺
批准
材料
45
比例
1:1
××机械制造公司

图2.65

任务 2.2　复杂二维图形的绘制

课题 2.2.1　手柄图形的绘制

(1)实例概述

手柄在日常生活和机械行业中应用比较广泛,通过手柄图形如图 2.66 所示的绘制,介绍 MasterCAM 切弧指令、镜像指令和打断指令的应用,同时也巩固了点半径画圆指令的使用。读者通过对实例的学习,能对 MasterCAM 二维绘图功能有更进一步的认识和了解。

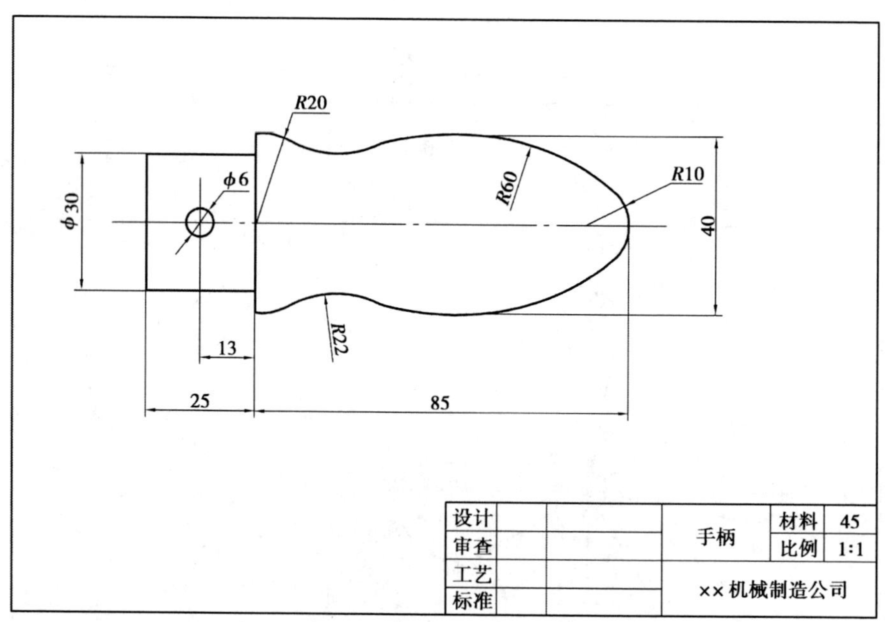

图 2.66　手柄

(2)操作步骤

1)图形分析

手柄图形左端由 $\phi30$、长度为 25 的轴构成;右端的轮廓主要由 $R20$,$R22$,$R60$ 和 $R10$ 的圆弧连接而成,其长度为 85。

2)图层设置

为了把不同类型的图形元素放在不同图层上,方便图形管理,如分别为不同图层上的图素设置不同的线型和颜色等。

①选择次菜单中“层别”选项,系统弹出“层别管理员”对话框。双击“层别名字”栏,分

别将图层名改为“实线”“中心线”;选择“2”号图层选项,将其设定为限定层别,便于下一步画中心线,单击“确定”按钮退出菜单。

②选择次菜单中“图素/属性”选项,弹出“更改属性”对话框。在“线型”栏选择“中心线”选项,单击“确定”按钮,将当前线型改为中心线。

3)确定绘图基准点,绘制中心线

以手柄图形中 *R*20 的圆心作为原点绘图。选择主菜单中“绘图”→“直线”→“水平线”选项,输入坐标“(-30,0)”,按“Enter”键;输入坐标“(100,0)”,按“Enter”键。得到水平线如图 2.67 所示。

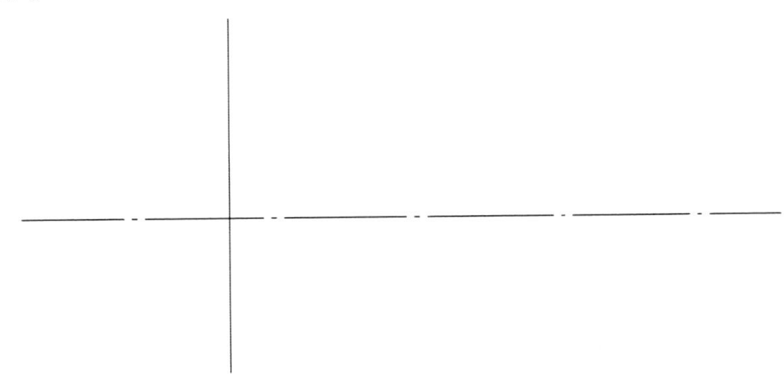

图 2.67　水平线绘制

4)轮廓线绘制

①将当前层设置为 1 图层。选择主菜单中“绘图”→“直线”→“连续线”选项,输入坐标“(-25,0)”,按“Enter”键;输入坐标“(-25,15)”,按“Enter”键;输入坐标“(0,15)”,按“Enter”键。得到连续线如图 2.68 所示。

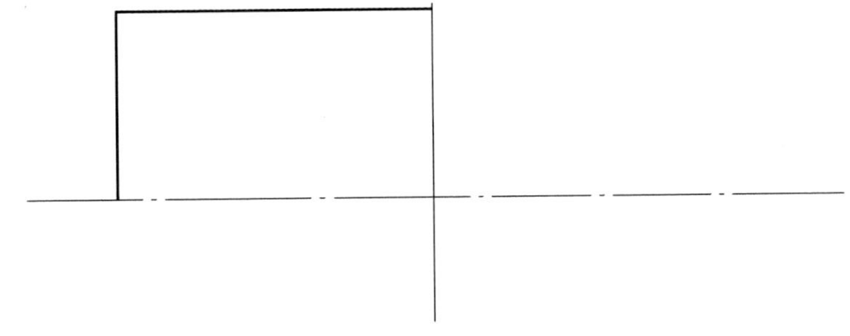

图 2.68　连续线

②选择主菜单中“绘图”→“直线”→“垂直线”选项,输入坐标“(0,20)”,按“Enter”键;输入坐标“(0, -20)”,按“Enter”键。得到垂直线如图 2.69 所示。

③绘制 *R*20 的圆

选择主菜单中“绘图”→“圆弧”→“点半径圆”选项,输入半径“20”,按“Enter”键;选择“抓点方式”→“原点”选项,按“Enter”键。完成后如图 2.70 所示。

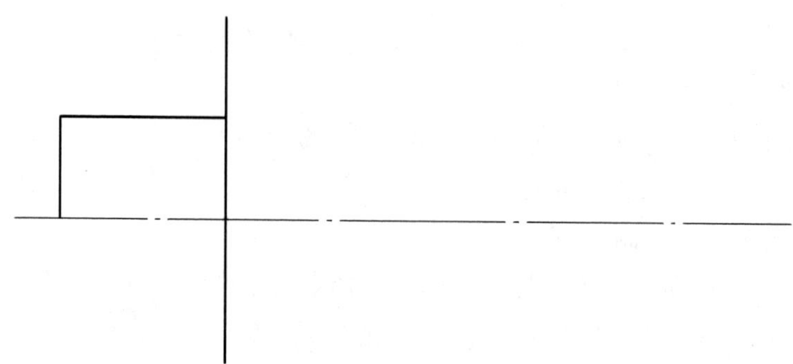

图 2.69　垂直线

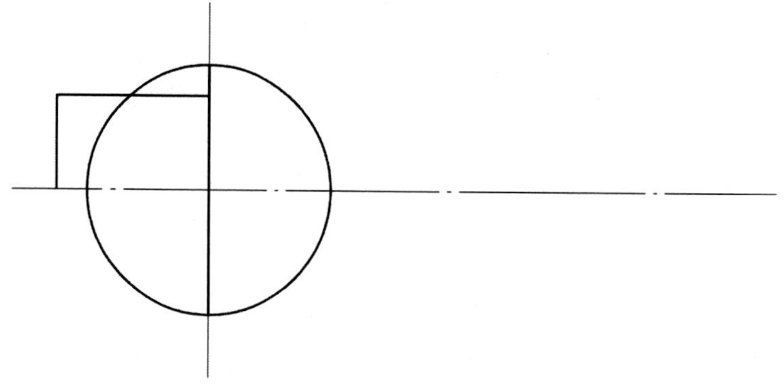

图 2.70　*R*20 圆

④绘制 *R*10 的圆

选择主菜单中"绘图"→"圆弧"→"点半径圆"选项，输入半径"10"，按"Enter"键；输入坐标"(85,0)"，按"Enter"键。完成后如图 2.71 所示。

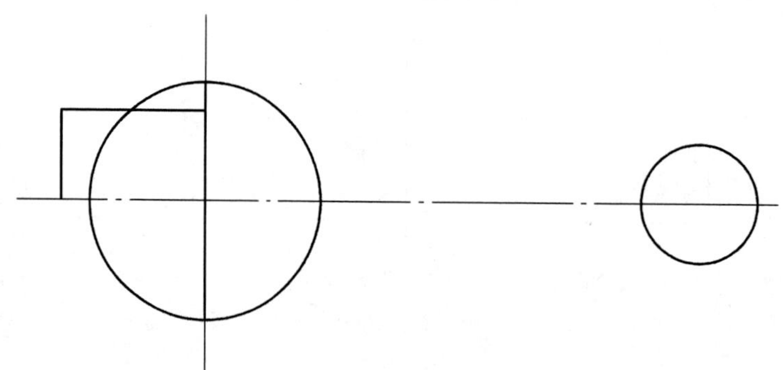

图 2.71　*R*10 圆

⑤绘制与 X 轴平行的水平线

选择"绘图"→"直线"→"水平线"选项，输入坐标"(20,20)"，按"Enter"键；输入坐标"(80,20)"，输入 Y 轴坐标"20"，按"Enter"键。完成后如图 2.72 所示。

⑥绘制 *R*60 的圆

选择"绘图"→"圆弧"→"切弧"→"切两物体"选项，输入半径"60"，按"Enter"键；选取一图素"水平直线"，选取另一图素"*R*10 的圆"，选取所需要的圆弧。完成后如图 2.73 所示。

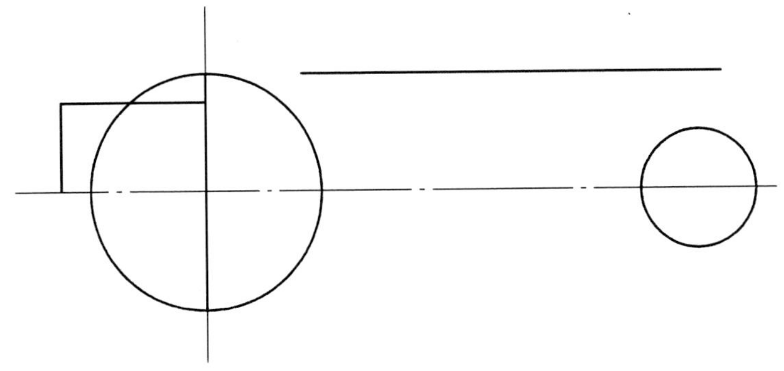

图 2.72 水平线

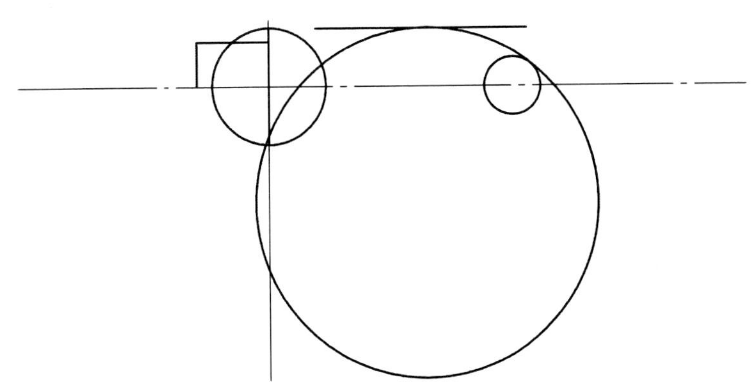

图 2.73 *R*60 的圆

⑦绘制 *R*22 的圆

选择“绘图”→“圆弧”→“切弧”→“切两物体”选项，输入半径“22”，按“Enter”键；选取一图素“*R*20 的圆弧”，选取另一图素“*R*60 的圆弧”，选取所需要的圆弧。完成后如图 2.74 所示。

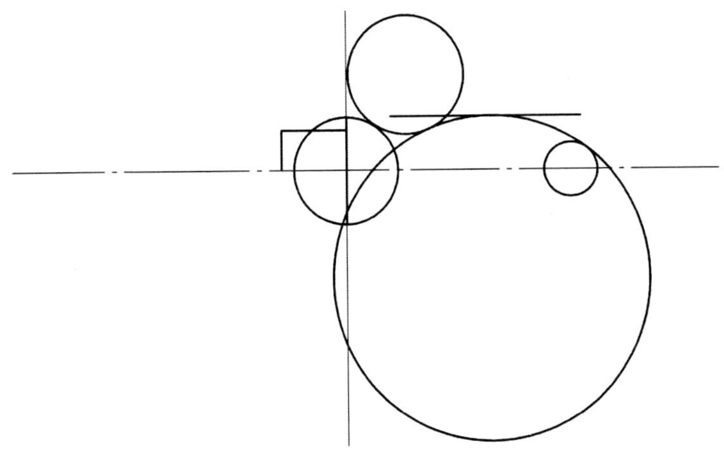

图 2.74 *R*22 的圆

⑧整理图形，去除多余线条

选择“修整”→“打断”→“在交点处”选项，选取 4 个圆和与 *R*20 相交的垂直线；选择“执行"选项,然后单击图标,去除多余的线条。完成后如图 2.75 所示。

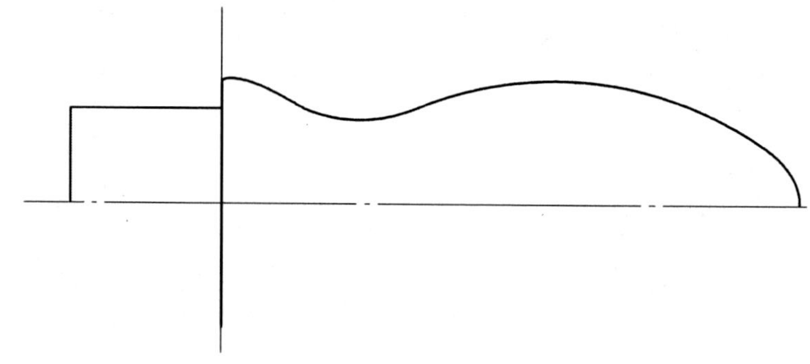

图 2.75　手柄图形一部分轮廓线

⑨完成手柄全图

选择主菜单中的"转换"→"镜像"选项,选取要镜像的线条,选项"执行"→"X 轴"选项,系统将弹出"镜射"对话框,如图 2.76 所示。选择"复制"选项,单击"确定"按钮,完成全图如图 2.77 所示。

5)文件保存

选择"档案"→"存档"选项,弹出存档对话框。选择保存位置,输入文件名称,单击"存档"按钮。

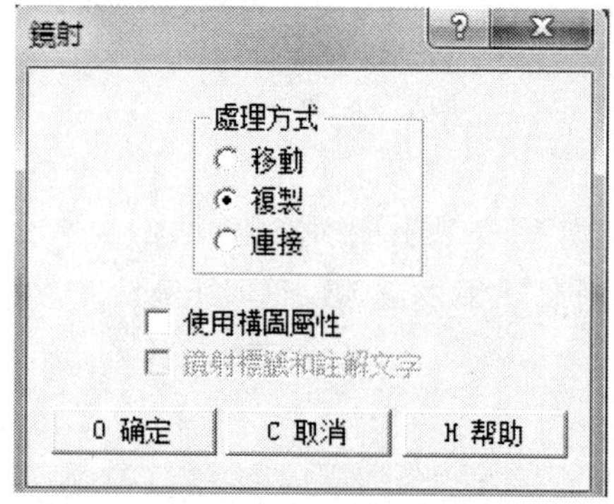

图 2.76　镜射对话框

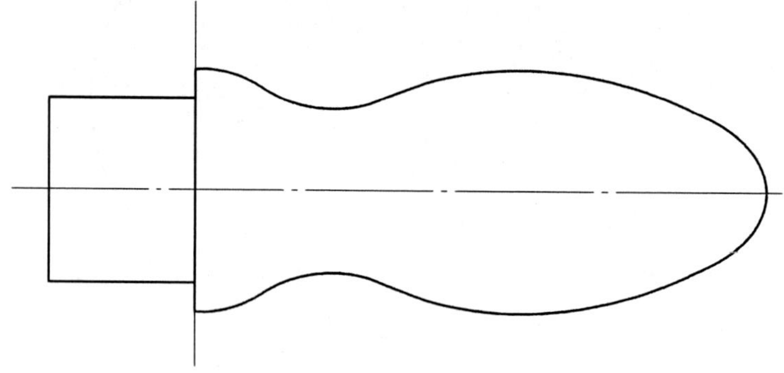

图 2.77　手柄图形

知识链接

圆弧:MasteCAM 软件提供了多种绘制圆或圆弧的方式,主要有以下几种:

(1)"极坐标"绘制圆或圆弧

指定圆心点、半径、起始角度、终止角度来生成一段圆弧或指定起始(终止)点、半径、起始角度、终止角度来生成一段圆弧。主要由4种方式,即圆心点方式、任意角度方式、起始点方式和终止点方式。

(2)"两点画弧"

指定圆周上的两个端点和圆弧半径来生成一段圆弧。

(3)"三点画弧"

指定不在同一条直线上的3个点来生成一段圆弧。

(4)"切弧"

生成与已知直线或圆弧相切的圆弧。

①切一物体:该选项用于绘制一条180°的圆弧,该圆弧与选取的对象相切于一点,相切的对象可以是直线、圆弧以及样条曲线等。

②切两物体:该选项用于绘制一个与两个对象相切的圆,相切的对象可以是直线、圆弧及样条曲线等。

③切三物体:该选项用于绘制与3个几何对象相切的圆弧,相切的对象可以选为直线、圆弧以及样条曲线等。圆弧与第一个选取对象的切点为圆弧的起始点,与最后一个选取对象的切点为终止点。

④中心线:用于绘制圆心在一条指定的直线上且与另一直线相切的圆。

⑤切圆外点:可以绘制一条经过一个特定点并与一个对象(直线或圆弧)相切的圆弧。

⑥动态绘弧:可以动态地绘制与一几何对象相切于一选定点的圆弧,其圆弧半径可以任意选定,相切对象可以为直线、圆弧和样条曲线等。

(5)"两点画圆"

指定圆直径的两个端点来画圆。

(6)"三点画圆"

指定圆上的3个点来画圆。

(7)"点半径圆"

指定圆心和圆的半径来画圆。

(8)"点直径圆"

指定圆心和圆的直径来画圆。

(9)"点边界圆"

选取或指定圆心点及周围上一点来生成圆。

(3)评分标准

检测评分标准见表 2.4。

表 2.4 评分标准

序 号	考核内容	配 分	评分标准	学生自评		教师评价	
				考核结果	得 分	考核结果	得 分
1	启动及退出程序	5	不会启动及退出程序扣全分				
2	工具栏的使用	6	正确使用工具栏,不正确酌情扣分				
3	主菜单的合理运用	8	理解及合理使用主菜单各选项,一项不会使用扣 1 分直至扣除全分				
4	辅助菜单的合理运用	5	理解及合理使用辅助菜单各选项,一项不会使用扣 1 分直至扣除全分				
5	文件的正确编辑	4	打开和关闭文件 1 分,新建、保存和浏览文件 1 分				
6	坐标系的设定	4	工件坐标系设定不正确扣全分				
7	提示区和绘图区的理解和使用	6	不理解提示区和绘图区扣 1 分				
8	获得帮助信息的方法	6	不会利用帮助对话框获得帮助信息扣 1 分				
9	图形的绘制	40	绘图指令的正确选用,绘制过程中相关参数的设置,绘制不合理处酌情扣分				
10	图形的编辑方法	16	图形编辑不合理处酌情扣分				
合 计		100					

课题 2.2.2 缸盖图形的绘制

(1)实例概述

本实例通过缸盖图形如图 2.78 所示的绘制,介绍 MasterCAM 圆弧、直线、切线的绘制方法,同时也介绍倒圆角、平移和镜像等编辑指令的应用。让读者更加熟悉二维绘图功能。

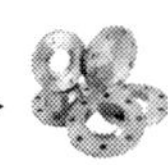

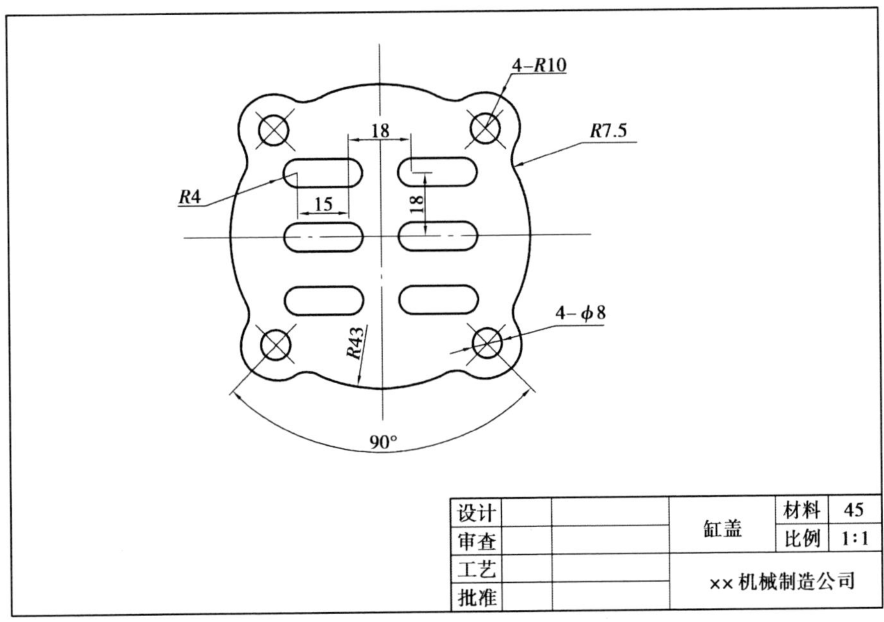

图 2.78　缸盖图形

(2)操作步骤

1)图形分析

缸盖图形主要由 $R43$ 的圆弧和 4 段 $R10$ 的圆弧连接而成,图形内部有 6 个形状一样的键槽和 4 个 $\phi 8$ 的小圆。

2)图层设置

为了把不同类型的图形元素放在不同图层上,方便图形管理,如分别为不同图层上的图素设置不同的线型和颜色等。

操作方法:

①选择次菜单中"层别"选项,系统弹出"层别管理员"对话框。双击"层别名字"栏,分别将图层名 1 改为"实线",图层 2 改为"中心线"。选择"2"号图层选项,将其设定为限定层别,为下面绘制中心线作准备,单击"确定"按钮退出菜单。

②选择次菜单中"图素/属性"选项,弹出"更改属性"对话框。在"线型"栏选择"中心线"选项,单击"确定"按钮,将当前线型改为中心线。

3)确定绘图基准点,绘制中心线

基准点:以缸盖的中心作为原点绘图。

①水平线

选择主菜单中"绘图"→"直线"→"水平线"选项,输入坐标"(-70,0)",按"Enter"键;输入坐标"(70,0)",按"Enter"键得到水平线。单击工具栏"适度化"按钮,水平线全屏显示。

②垂直中心线

选择主菜单中“绘图”→“直线”→“垂直线”选项，输入坐标“(0,70)”，按“Enter”键；输入坐标“(0，-70)”，按“Enter”键得到垂直线。单击“适度化”按钮，中心线全屏显示，如图2.79所示。

图2.79　中心线

图2.80　$R43$的圆

4）绘制$R43$的圆

先将当前层设置为1图层，选择“绘图”→“圆弧”→“点半径圆”选项，输入半径值“43”，按“Enter”键；选择“原点”选项，按“Enter”键，完成后如图2.80所示。

5）绘制4个$R10$的圆心

将当前层设置为2图层，选择“绘图”→“直线”→“分角线”选项，在绘图区分别选择之前绘制的水平线和垂直线。在如图2.81所示的地方输入数值“55”，按“Enter”键；选择所需要的分角线，如图2.82所示。重复操作，完成其他分角线，完成后如图2.83所示。

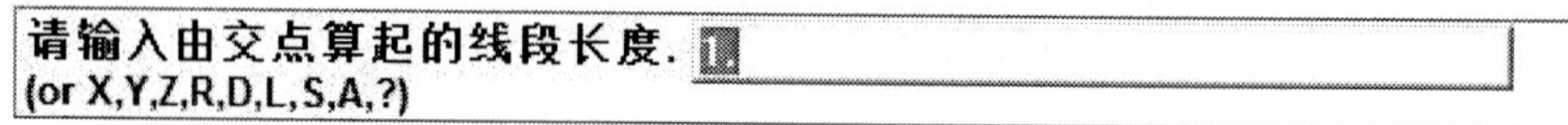

图2.81　输入长度对话框

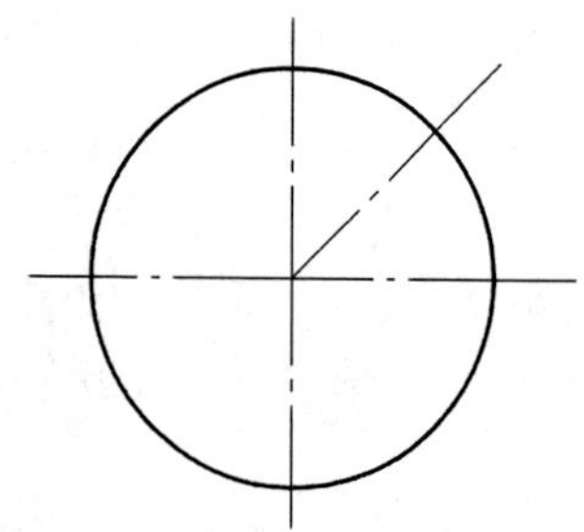

图2.82　一条分角线图形

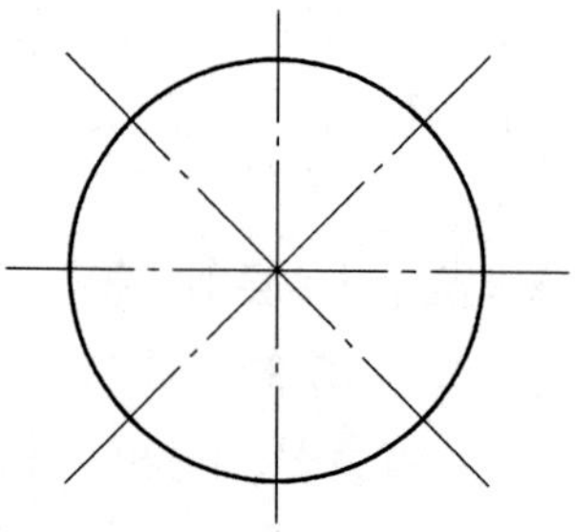

图2.83　全部分角线图形

6）绘制$R10$的圆

将当前层设置为1图层，选择“绘图”→“圆弧”→“点半径圆”选项，输入半径“10”，按“Enter”键；选择“交点”选项，分别选择$R43$的圆和其中一条分角线。完成后如图2.84所示。

选择“转换”→“镜像”选项，选取$R10$的圆，选择“执行”→“X轴”选项，弹出“镜射”对话框。选择“复制”选项，单击“确定”按钮，完成后如图2.85所示。接着选择已经存在的两个圆，选择“执行”→“Y轴”→“复制”选项，单击“确定”按钮。完成全图，如图2.86所示。

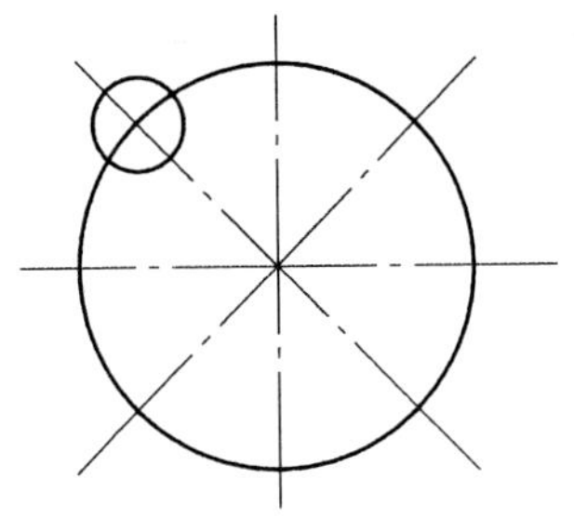

图 2.84　一个 $R10$ 的圆

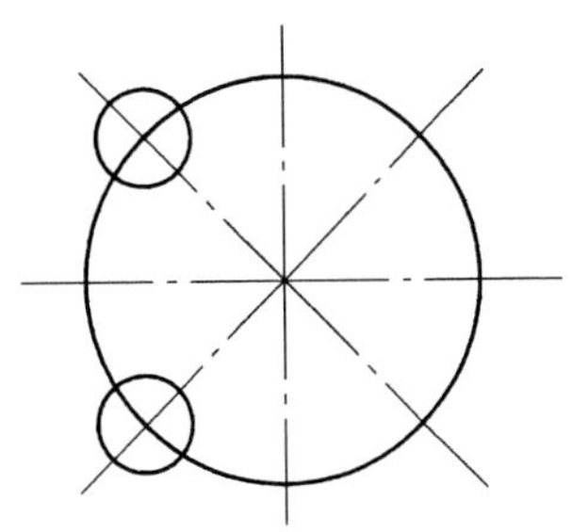

图 2.85　两个 $R10$ 的圆

7)绘制 4 个 $\phi8$ 的圆

选择“绘图”→“圆弧”→“点直径圆”选项,输入直径值“8”,按“Enter”键;选择“圆心点”选项,分别选择 $R10$ 的圆心。完成后如图 2.87 所示。

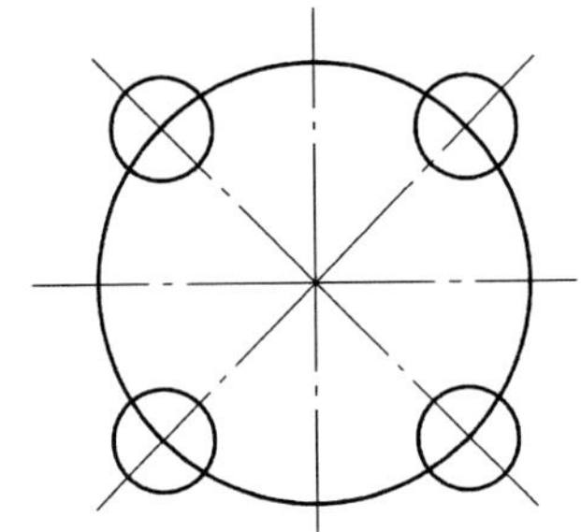

图 2.86　4 个 $R10$ 的圆

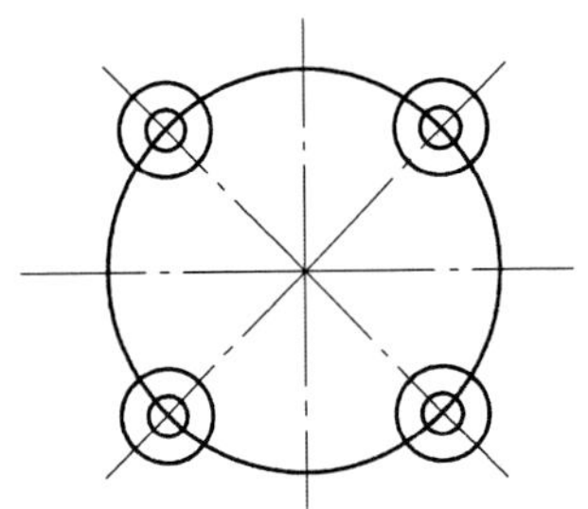

图 2.87　4 个 $\phi8$ 的圆

8)倒圆角

选择“绘图”→“倒圆角”→“圆角半径”选项,输入半径值“7.5”,按“Enter”键,单击需要倒角的圆弧,完成倒角,并删除多余线条,完成后如图 2.88 所示。

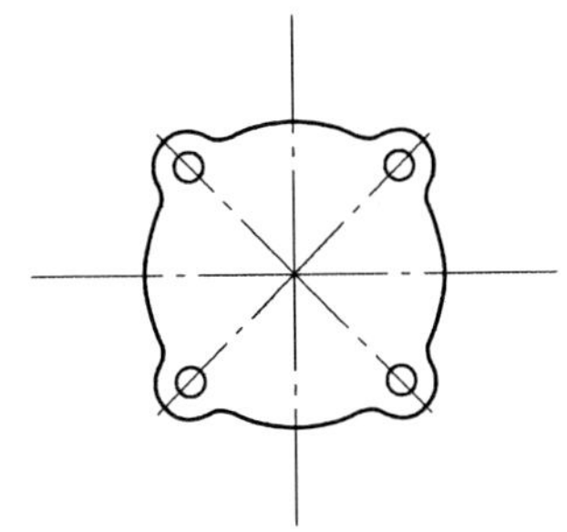

图 2.88　倒圆角后的缸盖图形

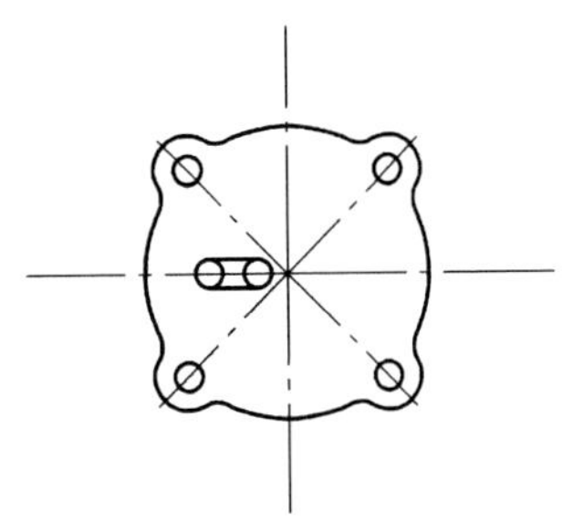

图 2.89　键槽切线的绘制图形

9)绘制键槽

①绘制位于 X 轴线上面的键槽

选择“绘图”→“圆弧”→“点半径圆”选项,输入半径值“4”,按“Enter”键;输入坐标“(-9,0)”,按“Enter”键;输入坐标值(-24,0),按“Enter”键;回到主功能表,选择“绘图”→“直线”→“切线”→“两弧”选项,选择已经绘制的两个 $R4$ 的圆,完成切线的绘制如图2.89所示。选择“修整”→“修剪延伸”→“三个物体”选项,依次选择两条切线和圆,删除掉多余线条。完成后如图 2.90 所示。

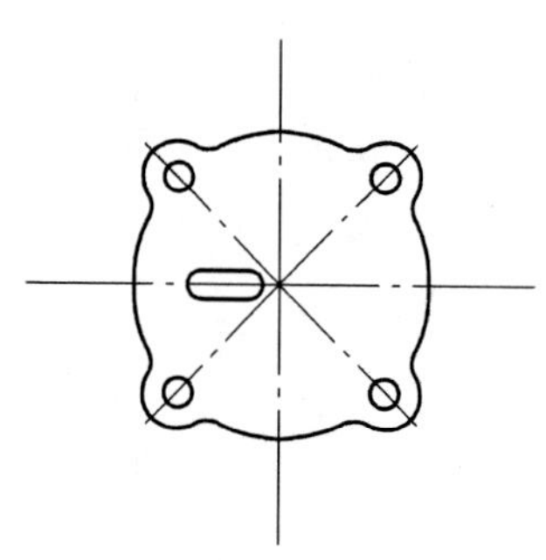

图 2.90　位于 X 轴线的键槽

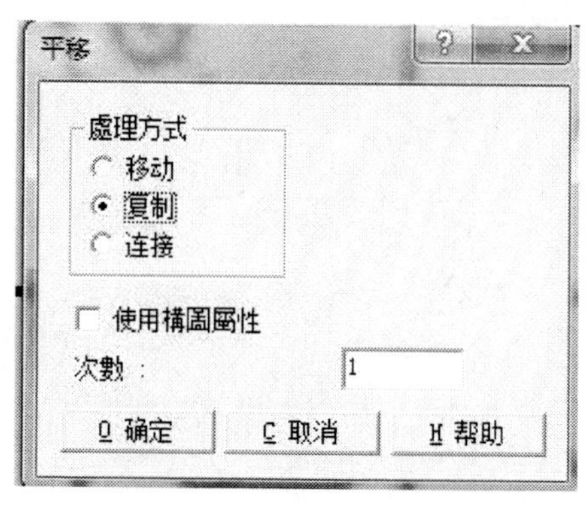

图 2.91　“平移”对话框

②绘制图形其余键槽

在主功能表选择“转换”→“平移”选项，选择已画的键槽的线条；选择“执行”→“两点间”选项，选择 *R*43 的圆弧，输入坐标“(0,18)”，按“Enter”键，弹出如图 2.91 所示对话框。选择“复制”选项，单击“确定”按钮，重复操作。输入坐标变为“(0，-18)”，完成后如图2.92 所示；选择“转换”→“镜像”选项，选择已画的 3 个键槽，选择“执行”→“Y 轴”选项，弹出“镜射”对话框；选择“复制”选项，单击“确定”按钮。完成后如图 2.93 所示。

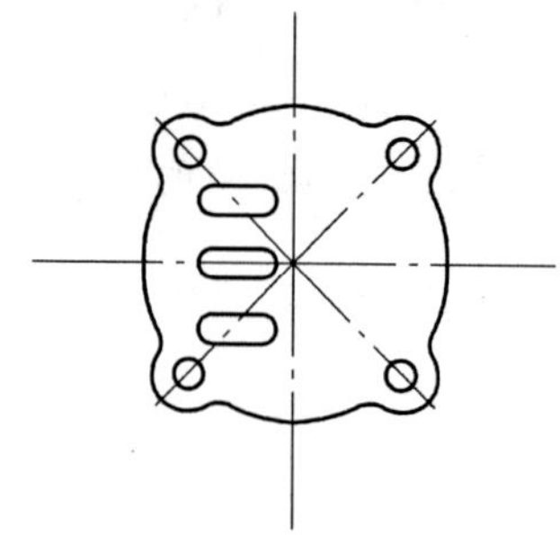

图 2.92　Y 轴左端的键槽图形

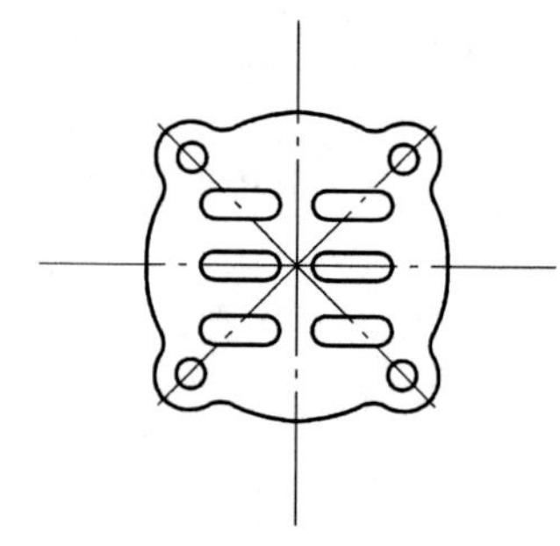

图 2.93　全部键槽图形

10）文件保存

选择“档案”→“存档”选项，弹出“存档”对话框。选择保存位置，输入文件名称，单击“存档”按钮。

知识链接

倒圆角：倒圆角功能是在两个相连的图形线条间绘制圆角。如图 2.94 所示的倒圆角菜单，可进行圆角半径等参数的设置。

镜像：镜像是指将选定的几何图素相对于指定的轴线对称性地复制或移动到该轴线的另一侧，创建选定几何图素的对称图形。

R 圆角半径
A 圆角角度 S
T 修整方式 Y
C 串连图素
顺时针/逆 □

图 2.94　“倒圆角”菜单

平移:平移是指在不改变被平移对象的方向、大小或形状的情况下,将图素移动或复制到一个新的位置。平移方向有4种设置方式:

①直角坐标:用于在信息区输入X,Y或Z坐标值来确定偏移方向。

②极坐标:用于在输入一个偏移距离及角度值来确定偏移方向。

③两点间:根据用户在绘图区中输入的先后两点之间的距离及角度来确定偏移方向。

(3)评分标准

检测评分标准见表2.5。

表2.5 评分标准

序号	考核内容	配分	评分标准	学生自评		教师评价	
				考核结果	得分	考核结果	得分
1	启动及退出程序	5	不会启动及退出程序扣全分				
2	工具栏的使用	6	正确使用工具栏,不正确酌情扣分				
3	主菜单的合理运用	8	理解及合理使用主菜单各选项,一项不会使用扣1分直至扣除全分				
4	辅助菜单的合理运用	5	理解及合理使用辅助菜单各选项,一项不会使用扣1分直至扣除全分				
5	文件的正确编辑	4	打开和关闭文件1分,新建、保存和浏览文件1分				
6	坐标系的设定	4	工件坐标系设定不正确扣全分				
7	提示区和绘图区的理解和使用	6	不理解提示区和绘图区扣1分				
8	获得帮助信息的方法	6	不会利用帮助对话框获得帮助信息扣1分				
9	图形的绘制	40	绘图指令的正确选用,绘制过程中相关参数的设置,绘制不合理处酌情扣分				
10	图形的编辑方法	16	图形编辑不合理处酌情扣分				
合计		100					

课题 2.2.3　复杂二维图形练习

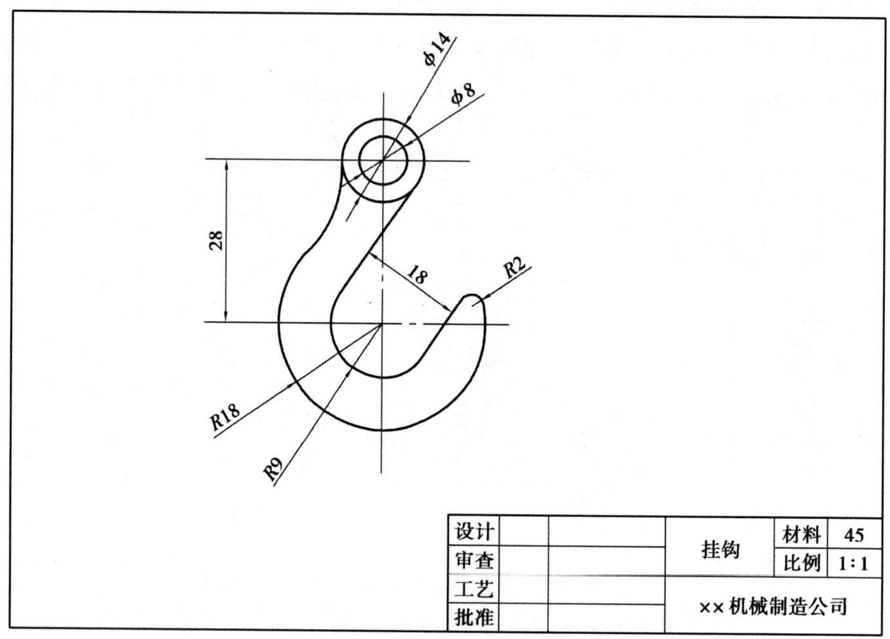

图 2.95　挂钩图形

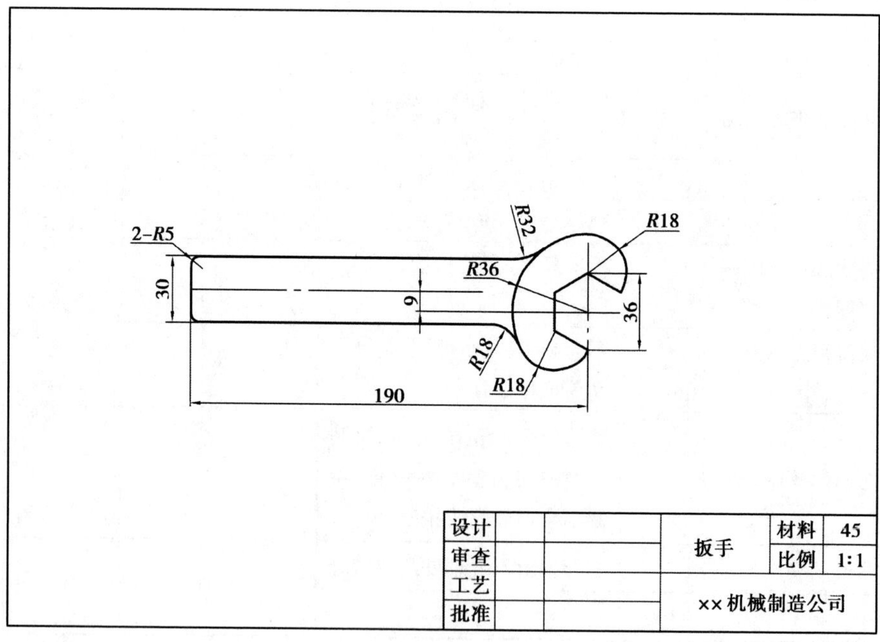

图 2.96　扳手图形

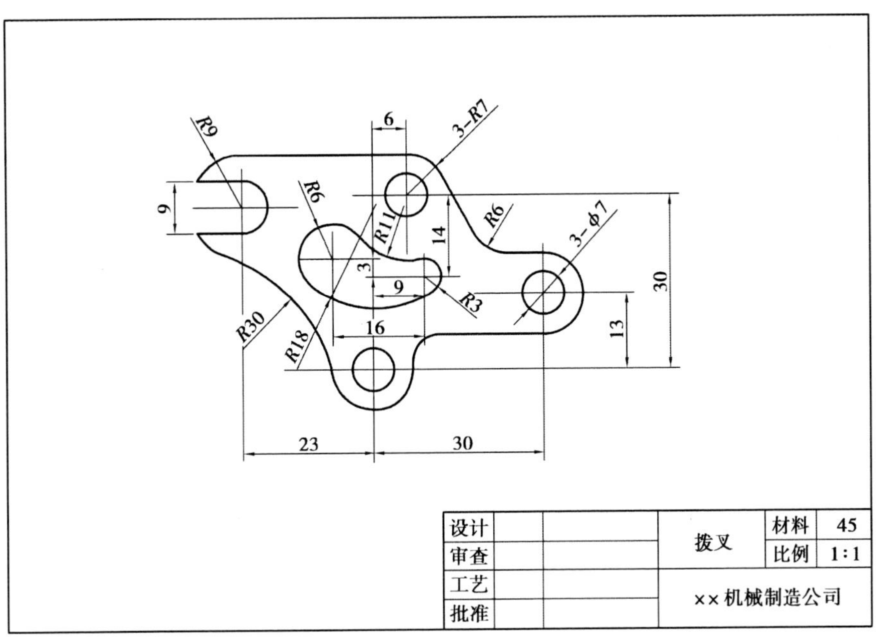

R9
6
3-R7
9
R6
R11
14
R6
3-φ7
3
9
R3
30
13
16
R30
R18
23
30
设计
审查
工艺
批准
拨叉
材料
45
比例
1:1
××机械制造公司

图 2.97　拨叉图形

项目 3

MasterCAM三维CAD造型

●项目描述

1. 三维线框架的构建方法。
2. 构图平面、工作深度和图形视角的关系。
3. 实体造型和实体编辑的方法。
4. 常用曲面造型和曲面编辑的方法。

●项目目标

知识目标：

1. 能掌握 MasterCAM 三维线框架图绘制方法。
2. 能正确使用 MasterCAM 实体造型的功能指令。
3. 能正确使用 MasterCAM 曲面造型的常用功能指令。

技能目标：

1. 能正确选择构图平面、工作深度和图形视角进行绘制三维线框架图。
2. 能熟练运用 MasterCAM 实体造型的功能指令绘制三维实体模型。
3. 能掌握三维曲面造型和曲面编辑功能绘制简单的三维曲面图形。

情感目标：

1. 学生通过完成本项目学习和任务练习，提升对实体建模的兴趣。
2. 学会独立完成任务，学会思考、创新。

●项目实施过程

任务 3.1　三维线框架的构建

三维线框模型是以物体的边界来定义物体，其体现的是物体的轮廓特征或物体的横断面特征。三维线框模型不能直接用于产生三维曲面刀具路径。MasterCAM 的曲面造型通常需要事先绘制好三维线框模型，然后在此模型的基础上构建出曲面。

(1)系统坐标系

MasterCAM 使用的原始基本坐标系统为标准的笛卡尔坐标系，如图 3.1 所示。其各轴正向符合右手定则。

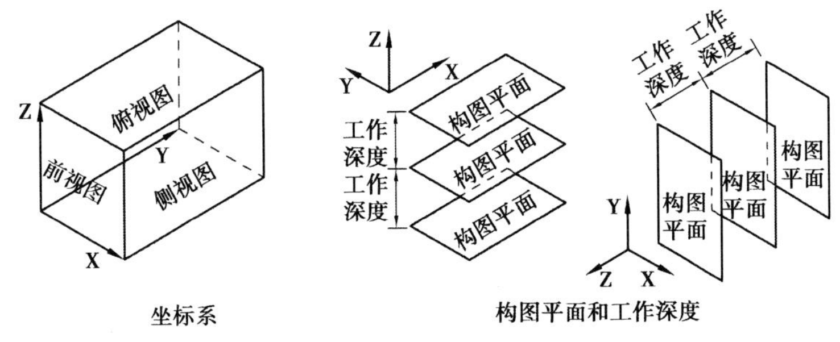

图 3.1

(2)构图平面和工作深度

构图平面：当前要使用的绘图平面。

工作深度：构图平面所在的深度。

(3)图形视角

图形视角表示目前屏幕上的图形的观察角度。绘出的图形位置只受构图平面和工作深度的影响，不受视角设定的影响。

课题 3.1.1　三维线框架实例 1

(1)实例概述

本实例通过如图 3.2 所示图形的绘制，介绍 MasterCAM 通过选择荧幕视角和构图面的方法，在不同构图上绘制线框架。读者通过对本实例的学习，能对 MasterCAM 三维线框架图功能有基本的了解和运用。

(2)操作步骤

①打开 MasterCAM 软件，在工具栏中选择视图，如图 3.3 所示。单击图标选择荧幕视角为俯视图；单击图标选择构图面为俯视图。

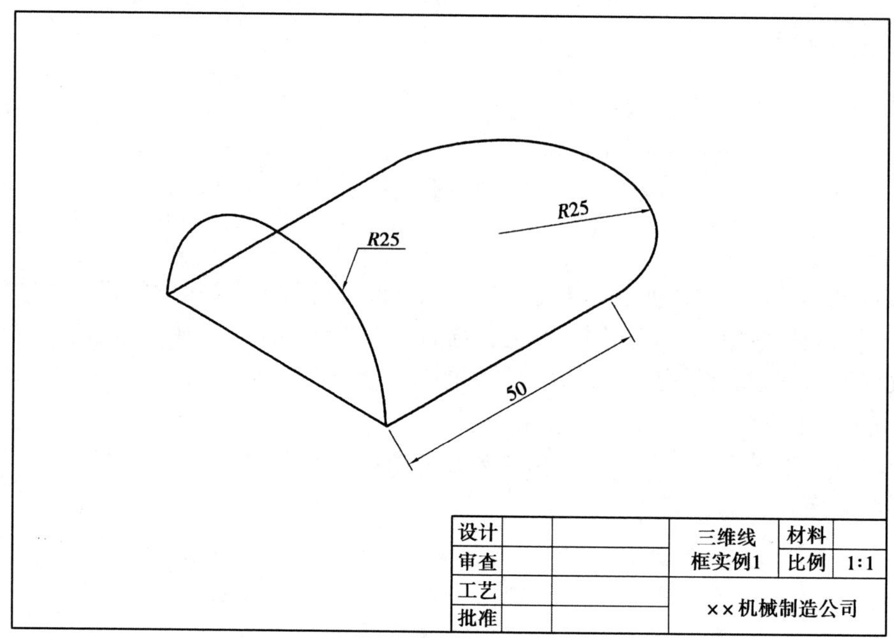

图 3.2

图 3.3

②选择“绘图”选项,创建如图 3.4 所示的二维图形。

③在工具栏中单击图标选择荧幕视角为前视图;单击图标选择构图面为前视图,如图 3.5 所示。

图 3.4

图 3.5

④选择“绘图”选项,绘制 *R*25 的半圆,如图 3.6 所示为二维图形。

⑤在工具栏中单击图标选择荧幕视角为等角视图,如图 3.7 所示。

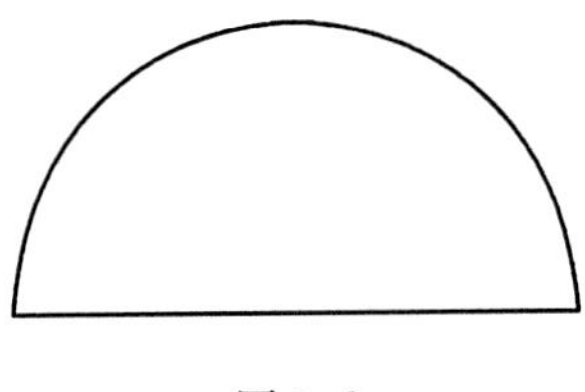

图 3.6

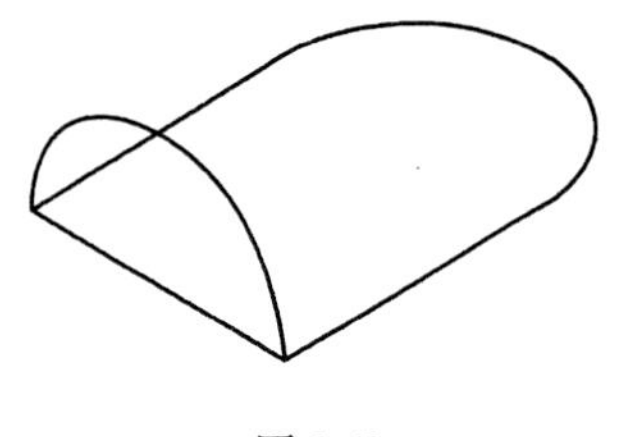

图 3.7

⑥文件保存。

选择“档案”→“存档”选项，弹出“存档”对话框。选择保存位置，输入文件名称，单击“存档”按钮。

(3) 评分标准

检测评分标准见表 3.1。

表 3.1　评分标准

序　号	考核内容	配　分	评分标准	学生自评		教师评价	
				考核结果	得　分	考核结果	得　分
1	启动及退出程序	5	不会启动及退出程序扣全分				
2	工具栏的使用	6	正确使用工具栏，不正确酌情扣分				
3	主菜单的合理运用	8	理解及合理使用主菜单各选项，一项不会使用扣 1 分直至扣除全分				
4	辅助菜单的合理运用	5	理解及合理使用辅助菜单各选项，一项不会使用扣 1 分直至扣除全分				
5	文件的正确编辑	4	打开和关闭文件 1 分，新建、保存和浏览文件 1 分				
6	坐标系的设定	4	工件坐标系设定不正确扣全分				
7	提示区和绘图区的理解和使用	6	不理解提示区和绘图区扣 1 分				
8	获得帮助信息的方法	6	不会利用帮助对话框获得帮助信息扣 1 分				
9	图形的绘制	40	绘图指令的正确选用，绘制过程中相关参数的设置，绘制不合理处酌情扣分				
10	图形的编辑方法	16	图形编辑不合理处酌情扣分				
合　计		100					

课题 3.1.2　三维线框架实例 2

(1)实例概述

本实例通过如图 3.8 所示图形的绘制,介绍 MasterCAM 通过荧幕视角、构图面的选择和 Z 轴深度的设置等方法,完成三维线框架的绘制。读者通过对本实例的学习,能对 MasterCAM 三维线框架图功能熟练运用。

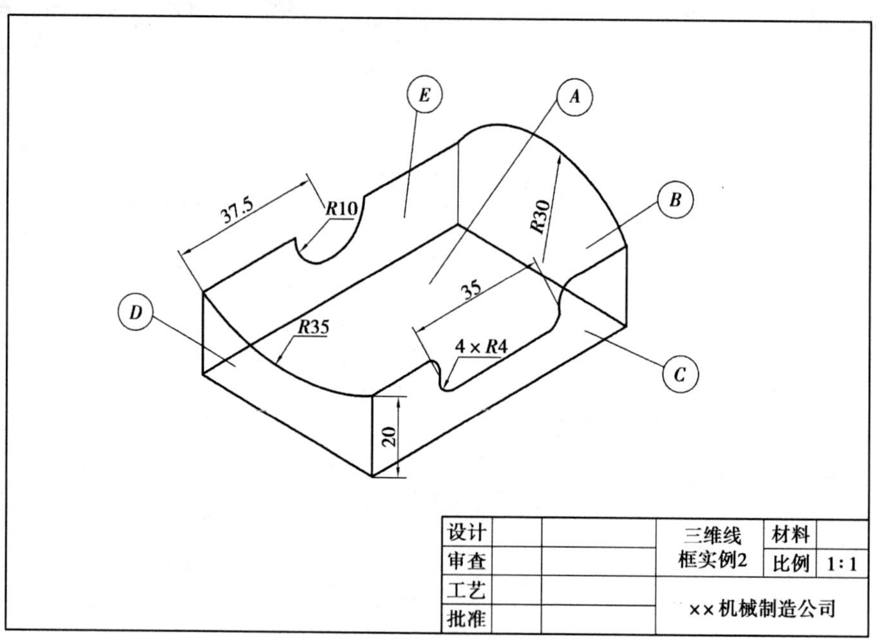

图 3.8

(2)操作步骤

①打开 MasterCAM 软件,在次菜单中选择荧幕视角和构图面为俯视图。选择“绘图”选项,创建 A 面二维图形,如图 3.9 所示。

图 3.9

②单击图标,选择荧幕视角为等角视图。按“F9”键,显示屏幕上的内容,如图 3.10 所示。

③在次菜单中,设置构图面为侧视图;单击 **Z: 0.000** ,设置构图深度为“25”。选择“绘图”选项,创建 *B* 面图形,如图 3.11 所示。

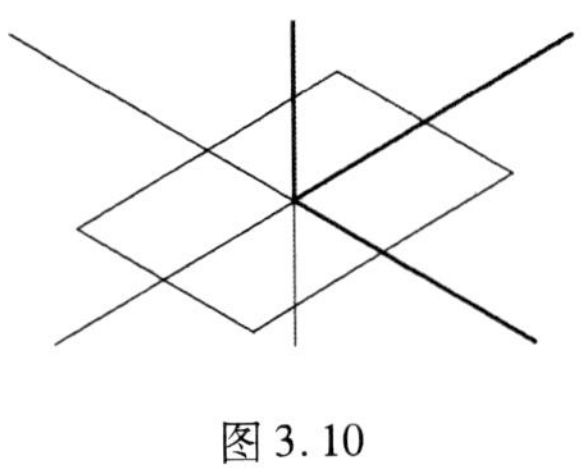

图 3.10

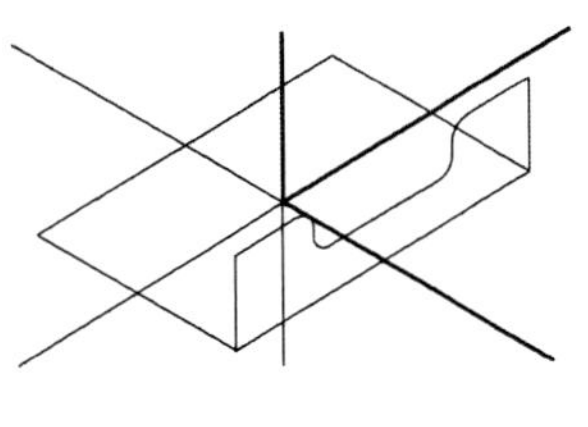

图 3.11

④单击 **Z: 25.000** ,设置构图深度为“-25”;选择“绘图”选项,创建 *C* 面图形,如图 3.12 所示。

⑤在工具栏中,单击图标选择构图面为前视图;单击 **Z: 25.000** ,设置 Z 轴深度为“37.5”。选择“绘图”选项,创建 *D* 面图形。完成如图 3.13 所示的图形。

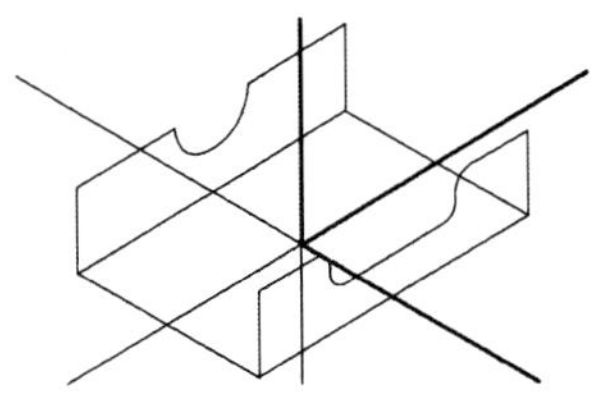

图 3.12

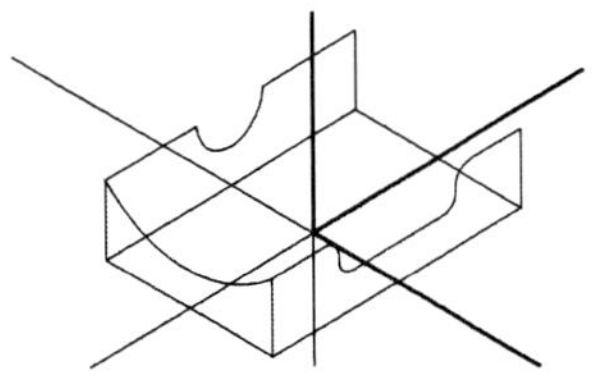

图 3.13

⑥单击 **Z: 37.500** ,设置 Z 轴深度为“-37.5”。选择“绘图”选项,创建 E 面图形。完成如图 3.14 所示的图形。

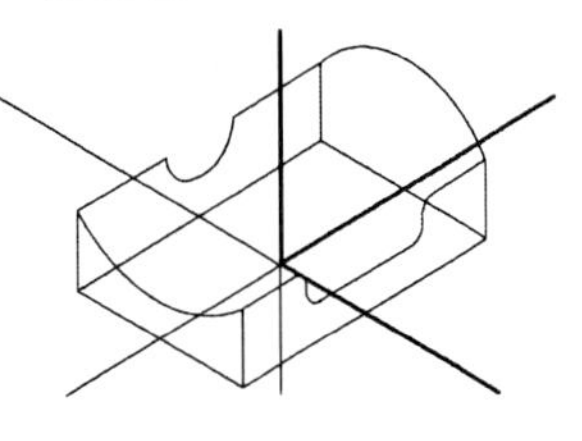

图 3.14

⑦文件保存。

选择“档案”→“存档”选项,弹出“存档”对话框。选择保存位置,输入文件名称,单击“存档”按钮。

(3)评分标准

检测评分标准见表 3.2。

表 3.2　评分标准

序　号	考核内容	配　分	评分标准	学生自评		教师评价	
				考核结果	得　分	考核结果	得　分
1	启动及退出程序	5	不会启动及退出程序扣全分				
2	工具栏的使用	6	正确使用工具栏,不正确酌情扣分				
3	主菜单的合理运用	8	理解及合理使用主菜单各选项,一项不会使用扣 1 分直至扣除全分				

续表

序 号	考核内容	配 分	评分标准	学生自评		教师评价	
				考核结果	得 分	考核结果	得 分
4	辅助菜单的合理运用	5	理解及合理使用辅助菜单各选项，一项不会使用扣 1 分直至扣除全分				
5	文件的正确编辑	4	打开和关闭文件 1 分，新建、保存和浏览文件 1 分				
6	坐标系的设定	4	工件坐标系设定不正确扣全分				
7	提示区和绘图区的理解和使用	6	不理解提示区和绘图区扣 1 分				
8	获得帮助信息的方法	6	不会利用帮助对话框获得帮助信息扣 1 分				
9	图形的绘制	40	绘图指令的正确选用，绘制过程中相关参数的设置，绘制不合理处酌情扣分				
10	图形的编辑方法	16	图形编辑不合理处酌情扣分				
合 计		100					

课题 3.1.3 三维线框架练习

绘制下列图形：

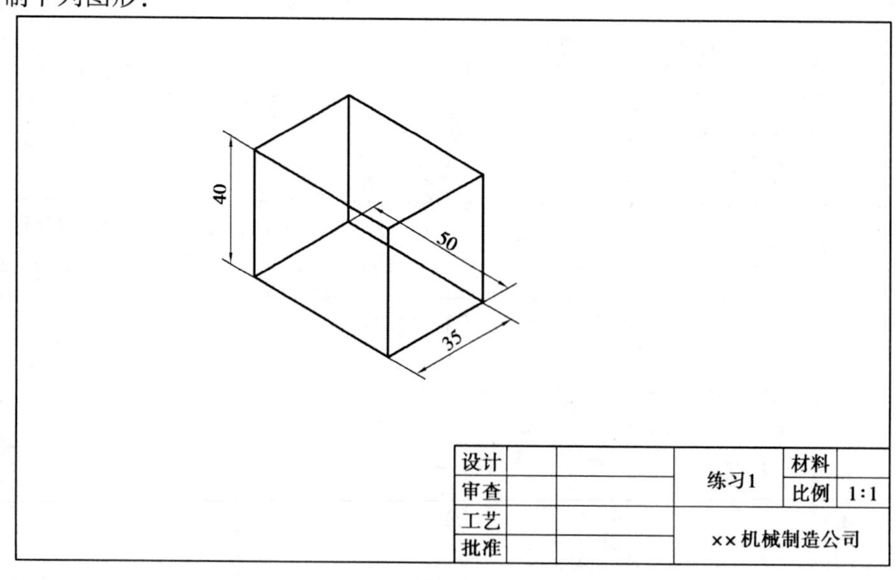

图 3.15

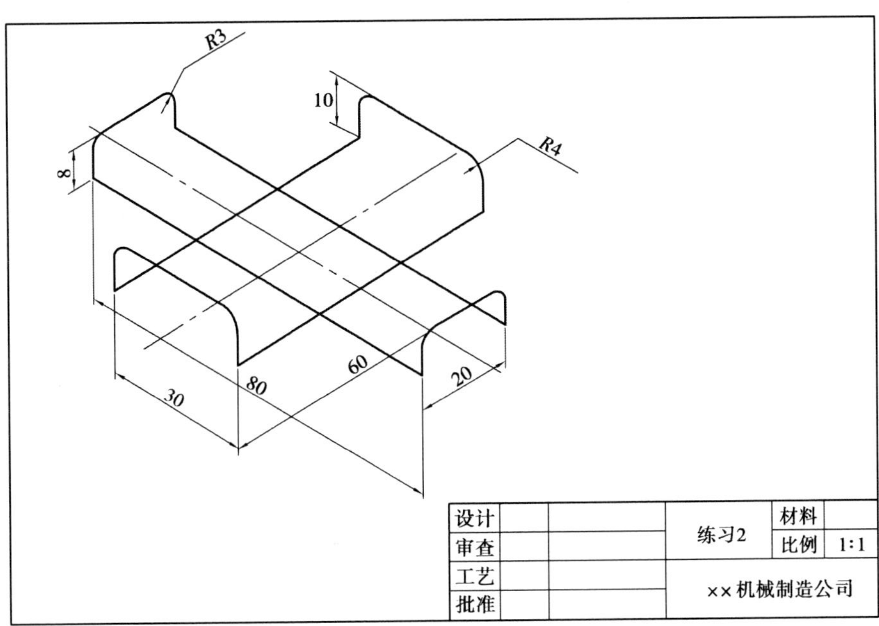
R3
10
R4
8
80
60
30
20
设计
审查
工艺
批准
练习2
材料
比例
1:1
××机械制造公司

图 3.16

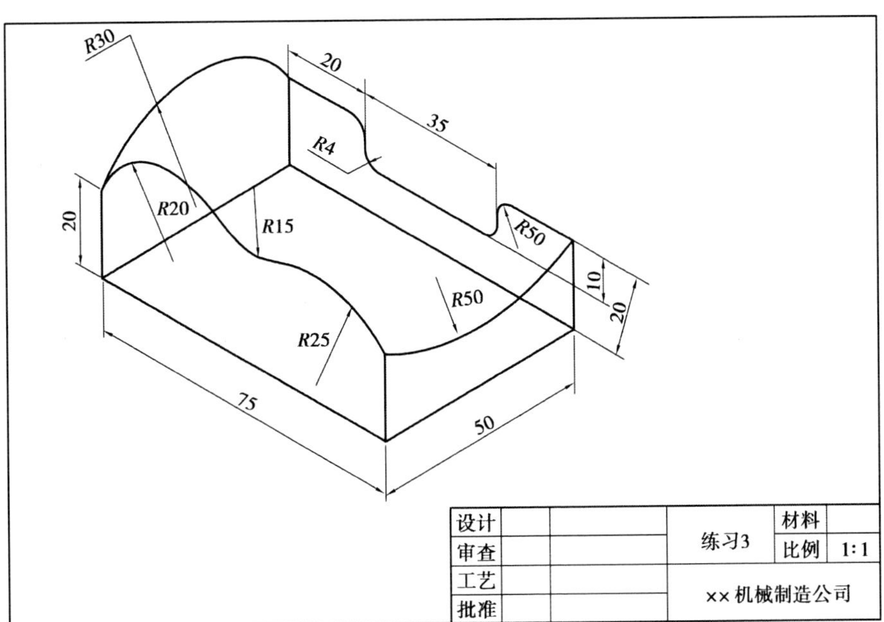
R30
20
35
R4
R20
R15
R50
20
10
20
R50
R25
75
50
设计
审查
工艺
批准
练习3
材料
比例
1:1
××机械制造公司

图 3.17

任务 3.2　实体造型

实体模型与线框模型、曲面模型一样也是描述三维物体的一种表达方式。它是由多个特征组成的一个整体，在 MasterCAM 中表示为一个图素。其不仅具有面积的特征，并且还具有体积的特征。

课题 3.2.1　挤出实体造型

(1) 实例概述

本实例通过对凸台的实体建模，介绍 MasterCAM 通过绘制二维图形、选择荧幕视角和构图面、挤出实体、实体着色的方法，同时也介绍薄壁、拔模的应用，完成如图 3.18 所示图形。读者通过对本实例的学习，能对 MasterCAM 的挤出实体建模功能有基本的了解和运用。

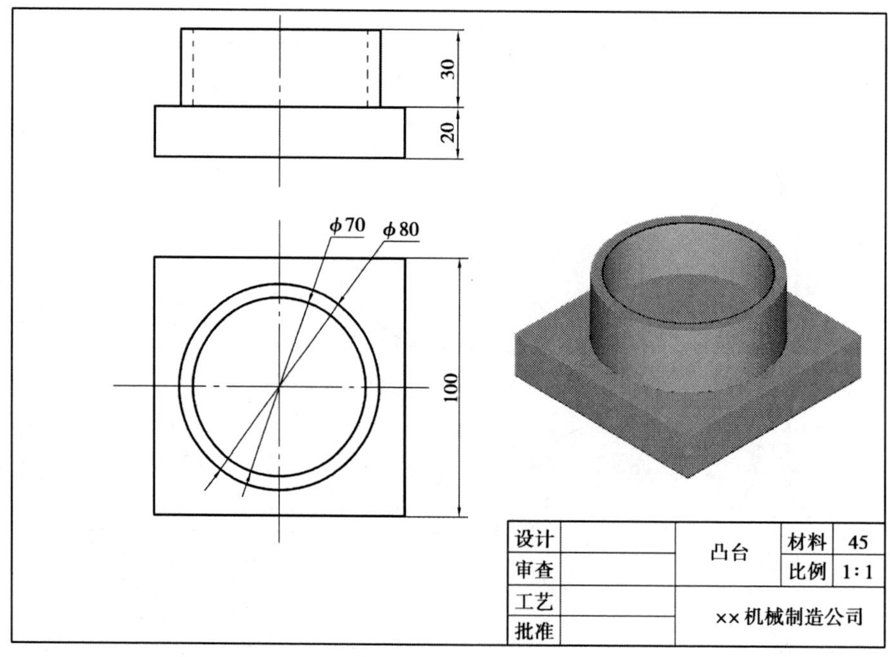

图 3.18

(2) 操作步骤

①打开 MasterCAM 软件，按“F9”键显示坐标轴，如图 3.19 所示。

②在“次菜单”中,将构图面和视角都设置为“俯视图”。选择“绘图”选项,按图纸创建如图 3.20 所示的二维图形。

③在工具栏中单击等角视图按钮,如图 3.21 所示。

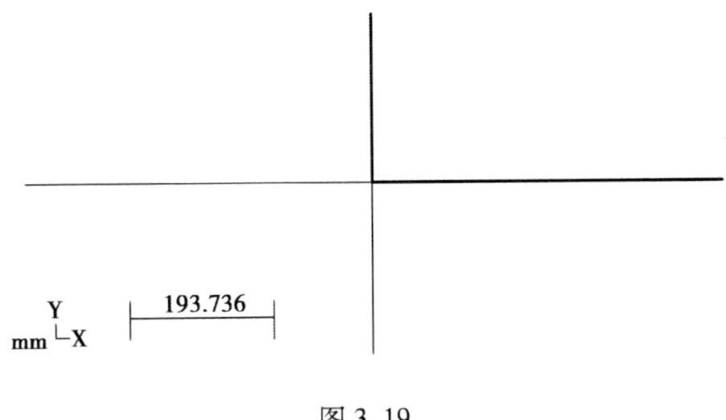

图 3.19

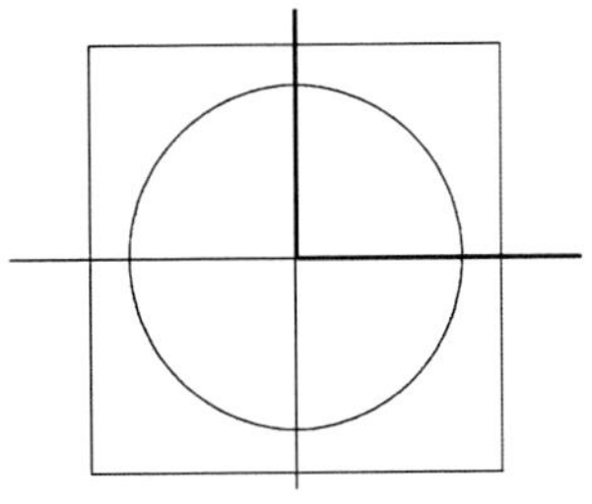

图 3.20

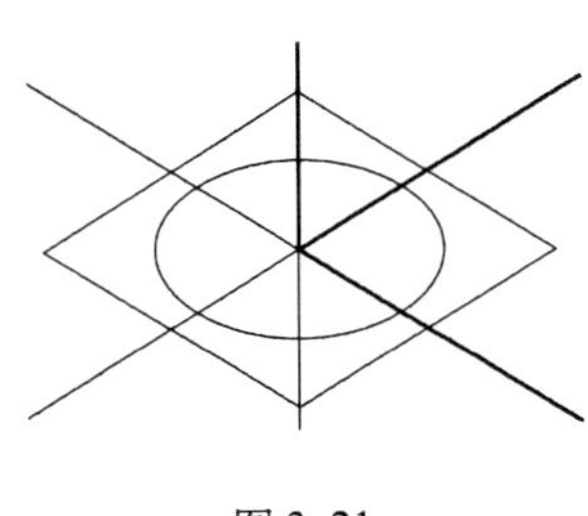

图 3.21

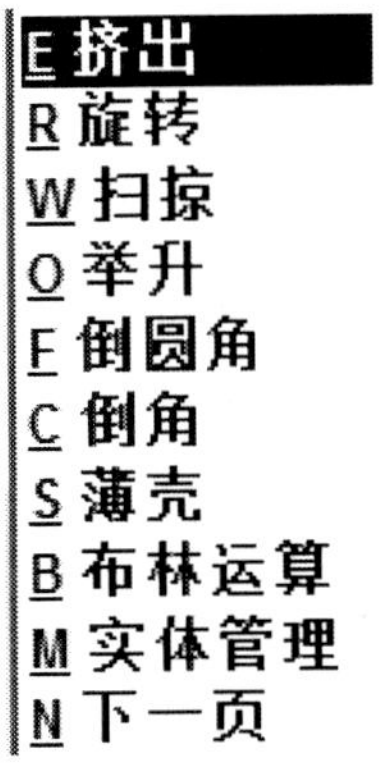

E 挤出
R 旋转
W 扫掠
O 举升
F 倒圆角
C 倒角
S 薄壳
B 布林运算
M 实体管理
N 下一页

图 3.22

④选择“实体”选项,打开如图 3.22 所示的菜单,选择“挤出”选项,如图 3.23 所示。选择“串连”选项,在绘图区域选择矩形,如图 3.24 所示。再选择“执行”选项,选择挤出方向,如图 3.25 所示。选择“执行”选项,出现如图 3.26 所示的对话框,设置挤出之距离“20”(挤出实体的参数设定说明见表 3.4)。单击“确定”按钮,完成如图 3.27 所示的图形。

C 串连
W 窗选
E 区域
S 单体
N 区段
T 单点
L 选择上次
U 回复选取
D 执行

图 3.23

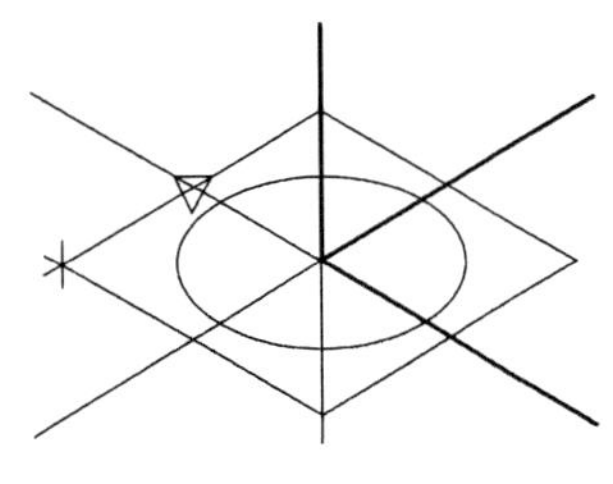

图 3.24

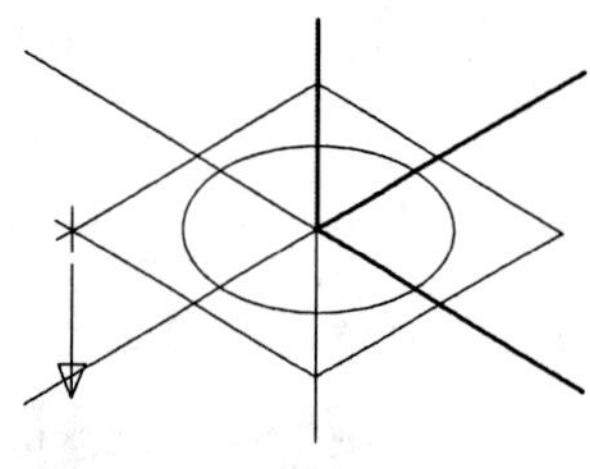

图 3.25

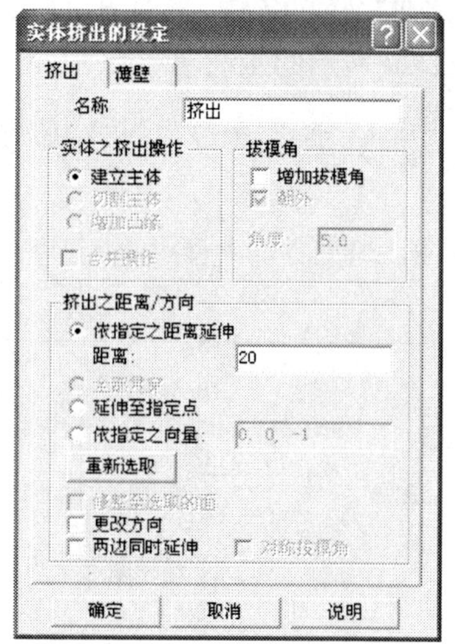

图 3.26

⑤选择“实体”→“挤出”选项，在绘图区域选择圆，如图 3.28 所示。选择“执行”选项，选择挤出方向（挤出方面菜单说明见表 3.3），如图 3.29 所示。选择“执行”选项，设置挤出之距离为“30”；选择“薄壁”选项，勾选“薄壁实体”→“厚度向内”选项，设置向内的厚度为“5”，如图 3.30 所示。单击“确定”按钮，完成如图 3.31 所示的图形。

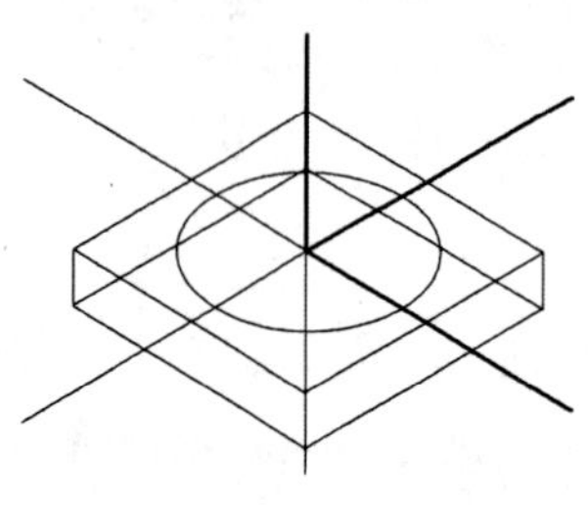

图 3.27

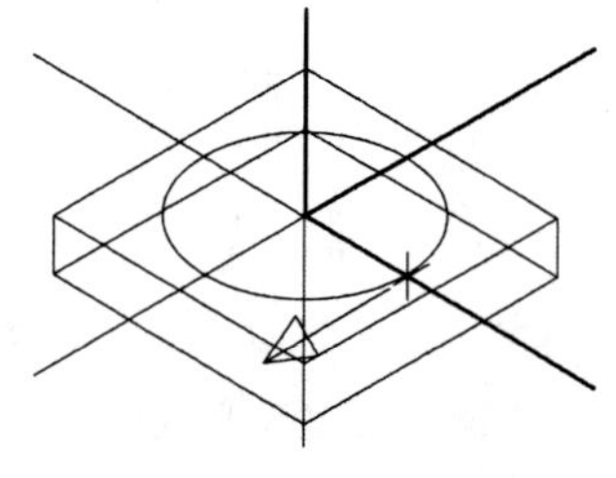

图 3.28

⑥实体着色，在工具栏中单击图标，出现如图 3.32 所示的对话框。勾选“启用着色”选项，选取着色面、设置颜色。单击“确定”按钮，完成对实体的着色，如图 3.33 所示。

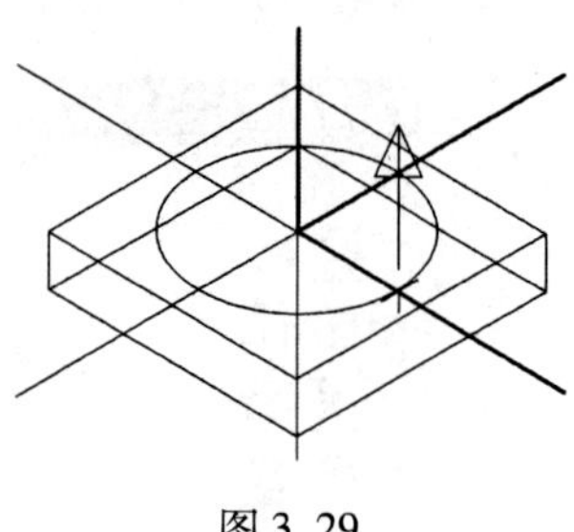

图 3.29

⑦文件保存。选择“档案”→“存档”选项，弹出“存档”对话框。选择保存位置，输入文件名称，单击“存档”按钮。

实体挤出的设定
挤出
薄壁
薄壁之设定
薄壁实体
厚度向内
厚度朝外
内外同时产生薄壁
向内的厚度:
5.0
朝外的厚度:
1.0
开放轮廓之两端同时产生拔模角
确定
取消
说明

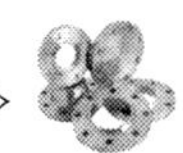

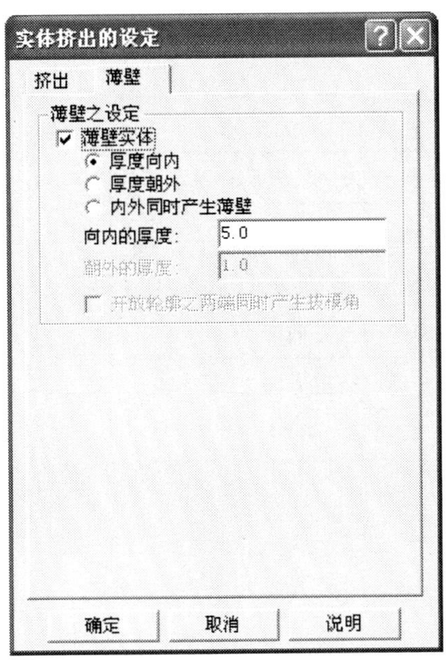

图 3.30

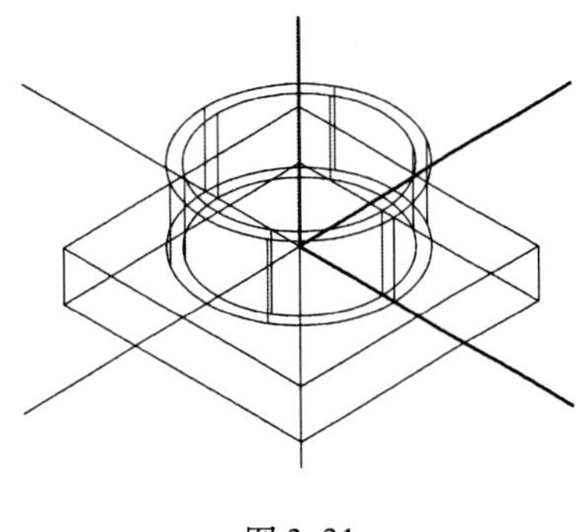

图 3.31

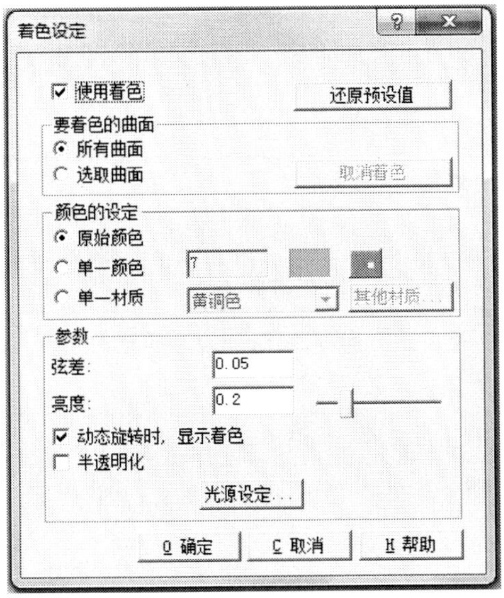

着色设定
使用着色
还原预设值
要着色的曲面
所有曲面
选取曲面
取消着色
颜色的设定
原始颜色
单一颜色
7
单一材质
黄铜色
其他材质...
参数
弦差:
0.05
亮度:
0.2
动态旋转时, 显示着色
半透明化
光源设定...
O 确定
C 取消
H 帮助

图 3.32

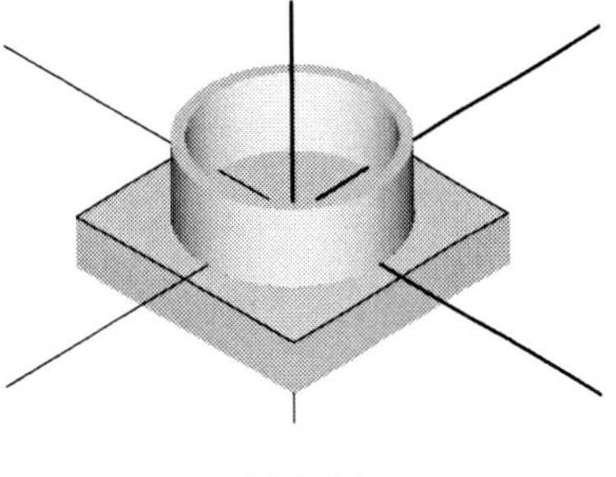

图 3.33

知识链接

(1)挤出方向菜单选项说明

挤出方向菜单选项说明,见表 3.3。

表 3.3

N 右手定则	用串连外形显示的方向来判断挤出方向,使其满足右手定则
O 串连法线	用串连的法线方向来确定挤出方向
C 构图面	挤出方向垂直于当前构图面的方向
L 任意线	用任意直线的方向确定挤出方向
T 任意两点	用两点之间的连线方向确定挤出方向
R 反向	设置挤出方向与当前显示方向相反

(2)挤出实体的参数设定说明

挤出实体的参数设定说明,见表 3.4。

表 3.4

挤出实体之参数设定	产生主体	构建一个新的主体
	切割主体	用切割已有主体的方法产生实体
	增加凸缘	从已有主体中增加凸缘来产生实体
拔模角之确定	增加拔模角	可在实体的垂直壁上生成拔模角,可定义拔模角的角度和方向
	朝外	
	角度	
挤出之距离/方向	依指定之距离延伸距离	设定要挤出的距离
	全部贯穿	只用切割已有主体时,切割的距离贯穿整个主体
	延伸到指定点	将外形挤出到指定空间点所在的平面
	依指定之向量	通过向量定义挤出的方向和距离,如设置向量为(0,0,X)则表示沿着 Z 轴方向挤出 X 个距离
	重新选择	重新选择挤出的方向,返回到挤出方向的菜单
	修整到选取的面	在一个目标实体上修剪已挤出的实体或者剪切到一个已选的面上
	更改方向	与当前的撤出方向相反
	两边同时延伸	将图素沿着正反两个方向同时拉伸
	对称拔模角	在双向挤出的基础上设定相同的双向拔模角

(3)挤出实体的3种构建模式

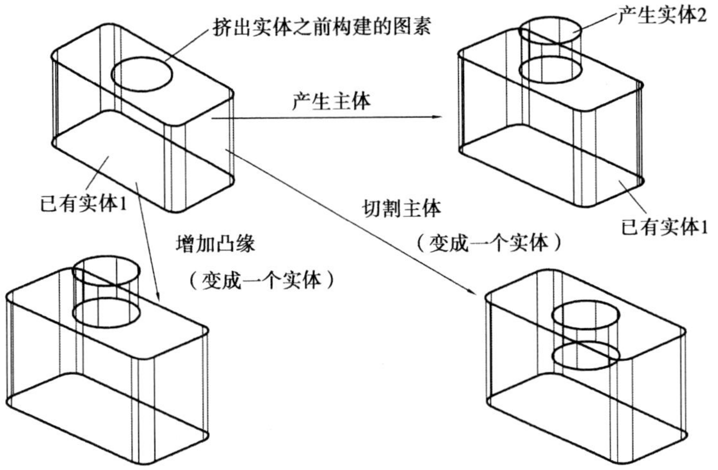

挤出实体之前构建的图素

产生主体

产生实体2

已有实体1

切割主体

（变成一个实体）

已有实体1

增加凸缘

（变成一个实体）

(4)挤出实体拔模角度设定

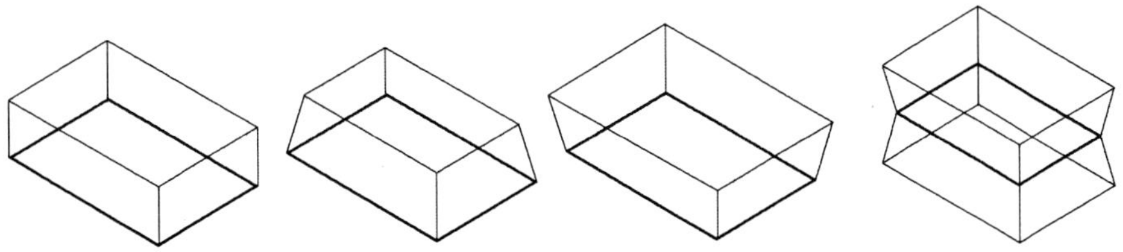

(a)不采用拔模角 (b)向内设置拔模角 (c)向外设置拔模角 (d)对称拔模角

(3)评分标准

检测评分标准见表3.5。

表3.5 评分标准

序 号	考核内容	配 分	评分标准	学生自评		教师评价	
				考核结果	得 分	考核结果	得 分
1	启动及退出程序	5	不会启动及退出程序扣全分				
2	工具栏的使用	6	正确使用工具栏,不正确酌情扣分				
3	主菜单的合理运用	8	理解及合理使用主菜单各选项,一项不会使用扣1分直至扣除全分				
4	辅助菜单的合理运用	5	理解及合理使用辅助菜单各选项,一项不会使用扣1分直至扣除全分				
5	文件的正确编辑	4	打开和关闭文件1分,新建、保存和浏览文件1分				

续表

序　号	考核内容	配　分	评分标准	学生自评		教师评价	
				考核结果	得　分	考核结果	得　分
6	坐标系的设定	4	工件坐标系设定不正确扣全分				
7	提示区和绘图区的理解和使用	6	不理解提示区和绘图区扣1分				
8	获得帮助信息的方法	6	不会利用帮助对话框获得帮助信息扣1分				
9	图形的绘制	40	绘图指令的正确选用,绘制过程中相关参数的设置,绘制不合理处酌情扣分				
10	图形的编辑方法	16	图形编辑不合理处酌情扣分				
合　计		100					

课题 3.2.2　葫芦实体造型

(1)实例概况

本实例通过对葫芦的实体建模,介绍 MasterCAM 通过旋转得到实体的方法,完成如图3.34所示的图形。读者通过对本实例的学习,能对 MasterCAM 旋转实体建模功能有基本的了解和运用。

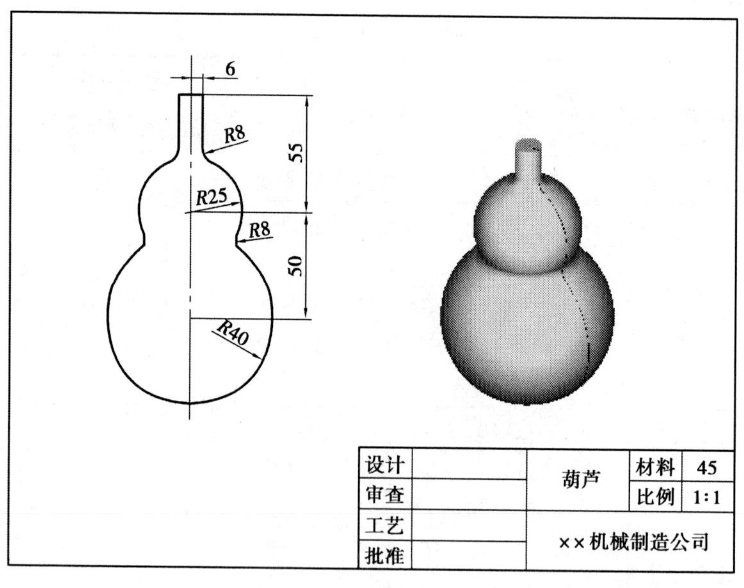

图 3.34

(2)操作步骤

①打开 MasterCAM 软件,按“F9”键显示坐标轴,如图 3.35 所示。

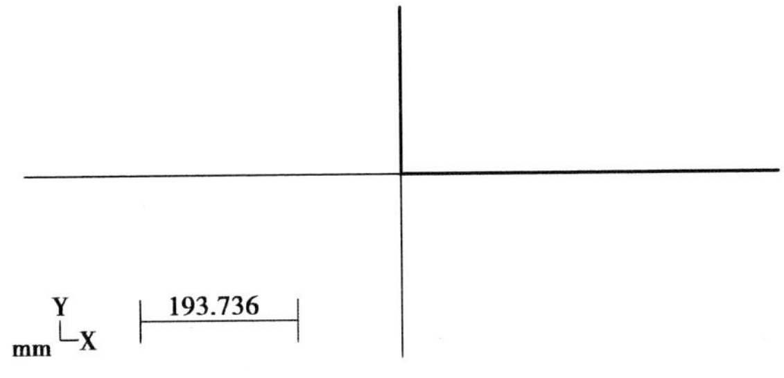

图 3.35

②在“次菜单”中,将构图面和视角都设置为“前视图”。选择“绘图”选项,按图纸创建如图 3.36 所示的二维图形。

③在工具栏中,单击等角视图按钮,如图 3.37 所示。

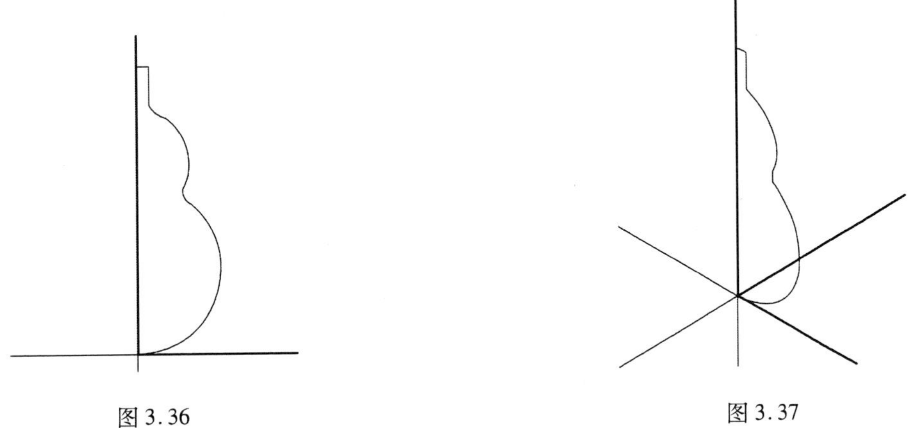

图 3.36　　图 3.37

④选择“实体”→“旋转”→“串连”选项,选择绘图区的旋转对象,如图 3.38 所示。选择“执行”选项,选择旋转轴,如图 3.39 所示。选择“执行”选项,出现如图 3.40 所示对话框。单击“确定”按钮,完成旋转实体建模,如图 3.41 所示。

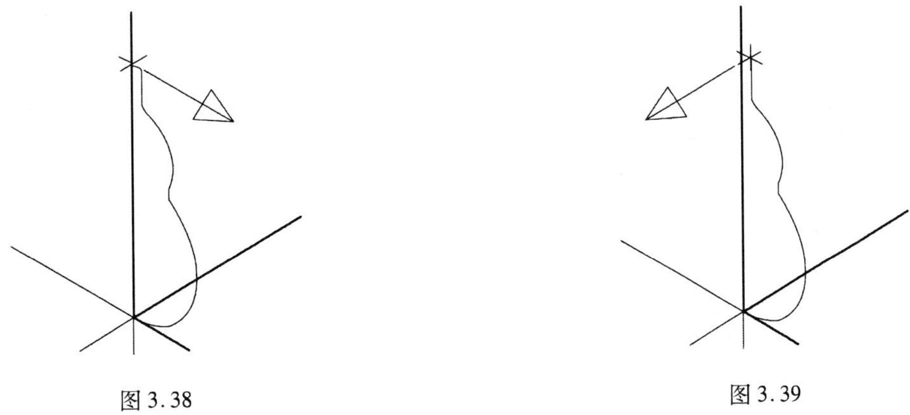

图 3.38　　图 3.39

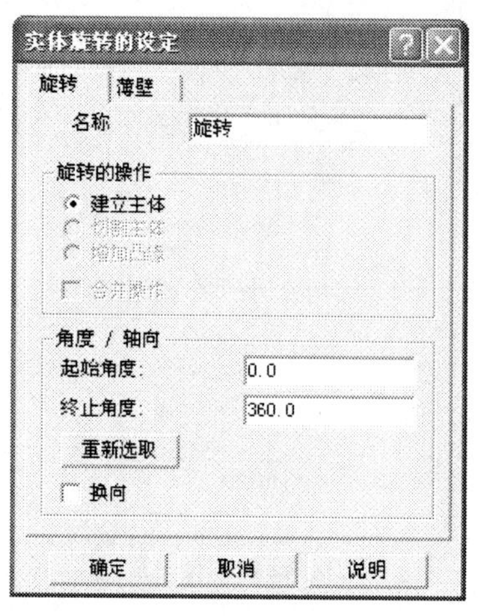

图 3.40

图 3.41

⑤实体着色。

在工具栏中单击图标,出现如图 3.42 所示对话框。勾选“启用着色”选项,选取着色面、设置颜色。单击“确定”按钮,完成对实体的着色,如图 3.43 所示。

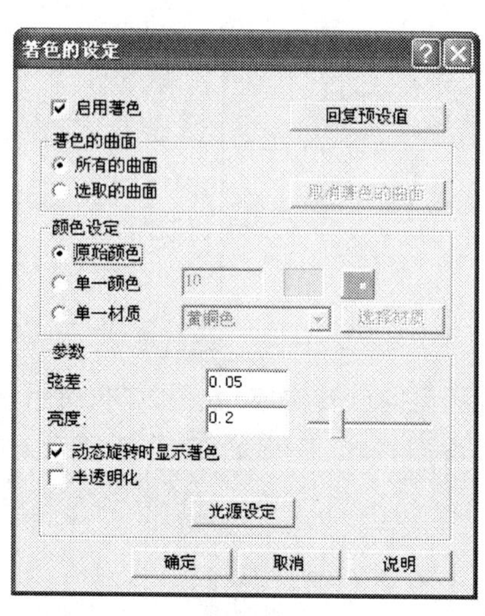

图 3.42

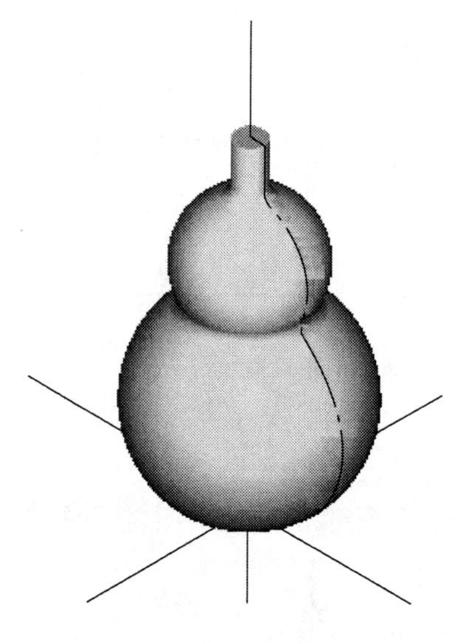

图 3.43

⑥文件保存。

选择“档案”→“存档”选项,弹出“存档”对话框。选择保存位置,输入文件名称,单击“存档”按钮。

(3)评分标准

检测评分标准见表 3.6。

表3.6 评分标准

序 号	考核内容	配 分	评分标准	学生自评		教师评价	
				考核结果	得 分	考核结果	得 分
1	启动及退出程序	5	不会启动及退出程序扣全分				
2	工具栏的使用	6	正确使用工具栏，不正确酌情扣分				
3	主菜单的合理运用	8	理解及合理使用主菜单各选项，一项不会使用扣 1 分直至扣除全分				
4	辅助菜单的合理运用	5	理解及合理使用辅助菜单各选项，一项不会使用扣 1 分直至扣除全分				
5	文件的正确编辑	4	打开和关闭文件 1 分，新建、保存和浏览文件 1 分				
6	坐标系的设定	4	工件坐标系设定不正确扣全分				
7	提示区和绘图区的理解和使用	6	不理解提示区和绘图区扣 1 分				
8	获得帮助信息的方法	6	不会利用帮助对话框获得帮助信息扣 1 分				
9	图形的绘制	40	绘图指令的正确选用，绘制过程中相关参数的设置，绘制不合理处酌情扣分				
10	图形的编辑方法	16	图形编辑不合理处酌情扣分				
合 计		100					

课题 3.2.3 弯管实体造型

(1)实例概述

本实例通过对弯管的实体建模，介绍 MasterCAM 通过扫掠实体(用封闭的平面曲线链沿着一条曲线链进行平移或旋转构建的实体)的方法，完成如图 3.44 所示的图形。读者通过对本实例的学习，能对 MasterCAM 旋转实体建模功能有基本的了解和运用。

(2)操作步骤

①打开 MasterCAM 软件，在工具栏中单击图标，选择荧幕视角和构图面为前视

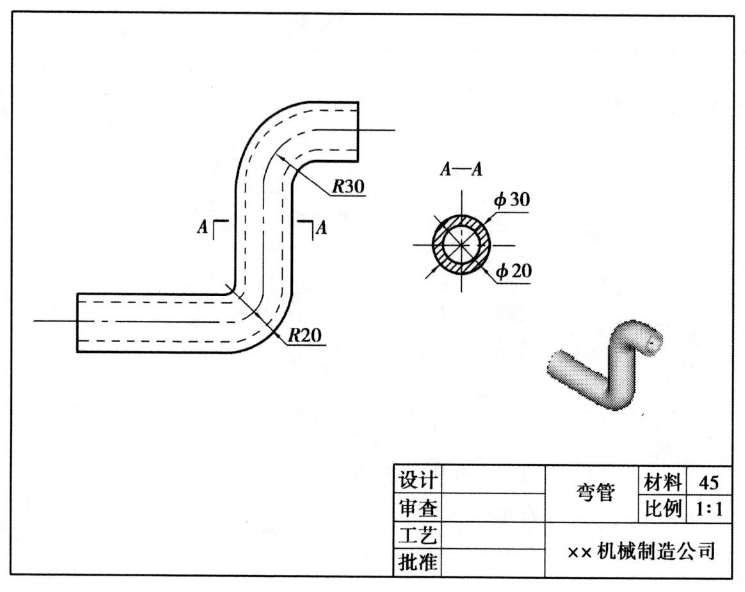

图 3.44

图。选择“绘图”选项,创建如图 3.45 所示的二维图形。

②在工具栏中,单击图标,选择荧幕视角和构图面为侧视图。选择“绘图”选项,创建如图 3.46 所示的二维图形。单击图标,选择荧幕视角为等角视图,如图 3.47 所示。

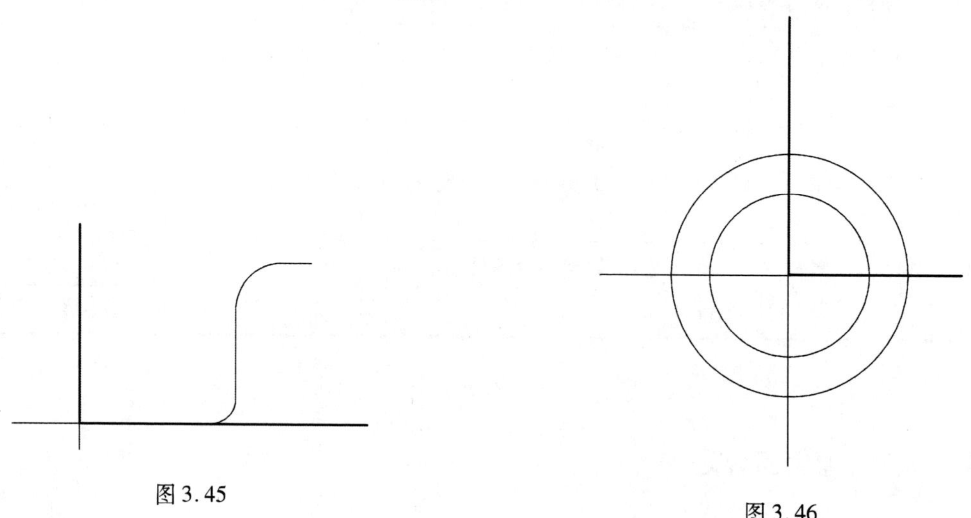

图 3.45

图 3.46

③选择“实体”→“扫掠”→“串连”选项,选择绘图区的扫掠图素,如图 3.48 所示。选择“执行”选项,选择扫掠路径,出现如图 3.49 所示对话框。单击“确定”按钮,完成如图 3.50 所示弯管的建模。

④文件保存。

选择“档案”→“存档”选项,弹出“存档”对话框。选择保存位置,输入文件名称,单击“存档”按钮。

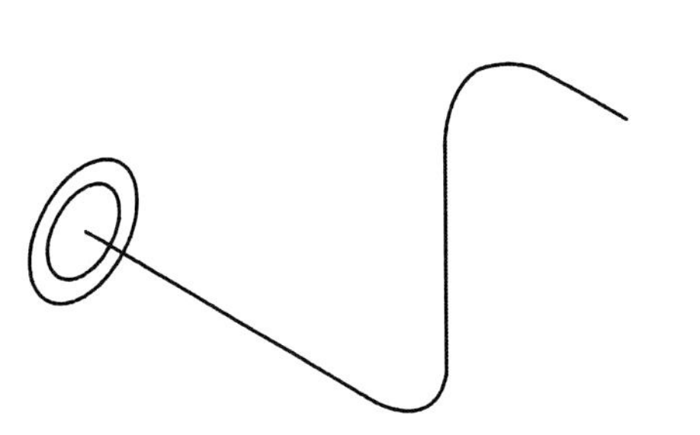

图 3.47

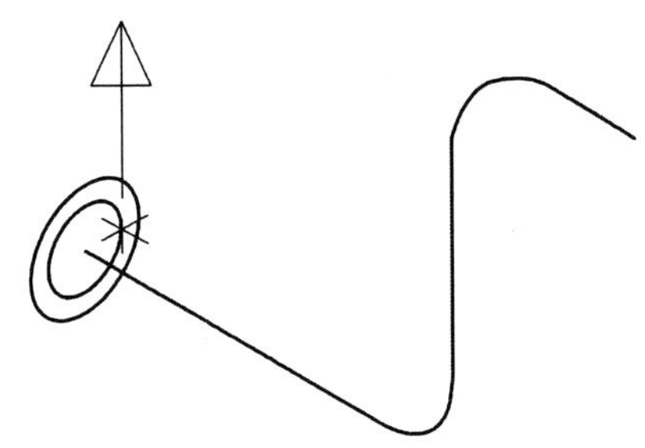

图 3.48

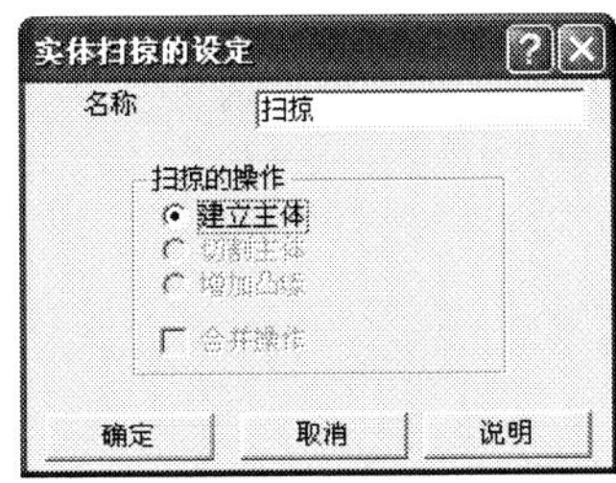

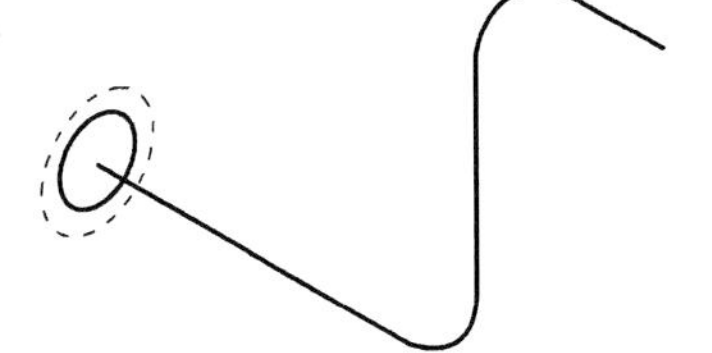

图 3.49

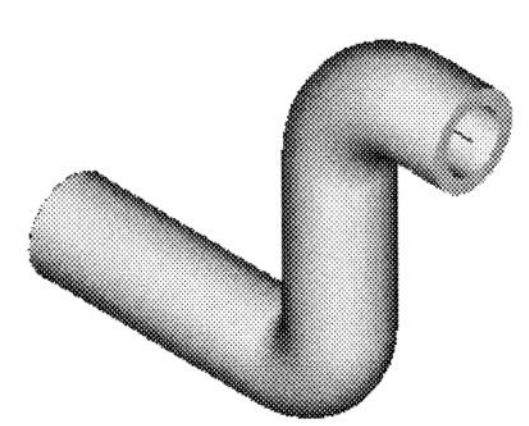

图 3.50

(3)评分标准

检测评分标准见表 3.7。

表 3.7　评分标准

序　号	考核内容	配　分	评分标准	学生自评		教师评价	
				考核结果	得　分	考核结果	得　分
1	启动及退出程序	5	不会启动及退出程序扣全分				
2	工具栏的使用	6	正确使用工具栏，不正确酌情扣分				
3	主菜单的合理运用	8	理解及合理使用主菜单各选项，一项不会使用扣 1 分直至扣除全分				
4	辅助菜单的合理运用	5	理解及合理使用辅助菜单各选项，一项不会使用扣 1 分直至扣除全分				
5	文件的正确编辑	4	打开和关闭文件 1 分，新建、保存和浏览文件 1 分				
6	坐标系的设定	4	工件坐标系设定不正确扣全分				
7	提示区和绘图区的理解和使用	6	不理解提示区和绘图区扣 1 分				

续表

序　号	考核内容	配　分	评分标准	学生自评		教师评价	
				考核结果	得　分	考核结果	得　分
8	获得帮助信息的方法	6	不会利用帮助对话框获得帮助信息扣1分				
9	图形的绘制	40	绘图指令的正确选用，绘制过程中相关参数的设置，绘制不合理处酌情扣分				
10	图形的编辑方法	16	图形编辑不合理处酌情扣分				
合　计		100					

课题 3.2.4　花瓶实体造型

(1)实例概述

本实例通过对玻璃花瓶的实体建模，介绍 MasterCAM 通过举升实体（将多个封闭的端面轮廓外形通过直线或曲线过渡的方法构建实体）的方法，完成如图 3.51 所示的图形。读者通过对本实例的学习，能对 MasterCAM 举升实体建模功能有基本的了解和运用。

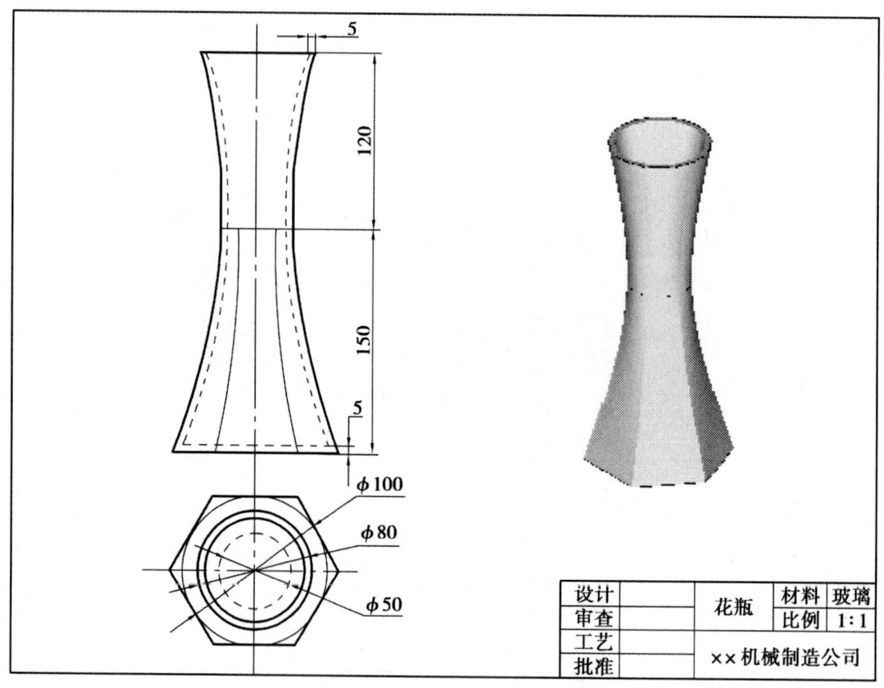

图 3.51

(2)操作步骤

1)绘制二维图形

①打开 MasterCAM 软件,在工具栏中单击图标,选择荧幕视角和构图面为俯视图。选择“绘图”选项,绘制外切于 ϕ100 的六边形,创建如图 3.52 所示的图形。

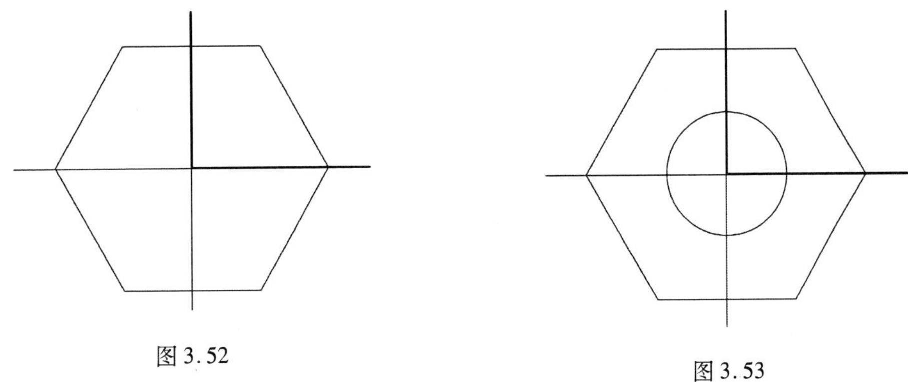

图 3.52　　图 3.53

②单击 Z: 0.000 ,设置 Z 轴深度为“150”,绘制 ϕ50 的圆,创建如图 3.53 所示的图形。

③单击 Z: 150.000 ,设置 Z 轴深度为“270”,绘制 ϕ80 的圆,创建如图 3.54 所示的图形。

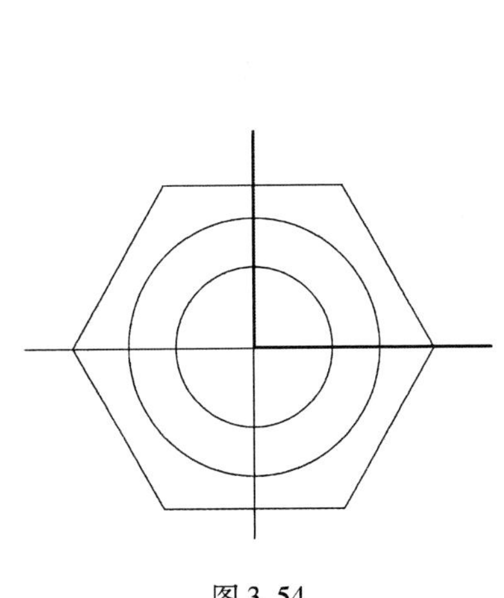

图 3.54

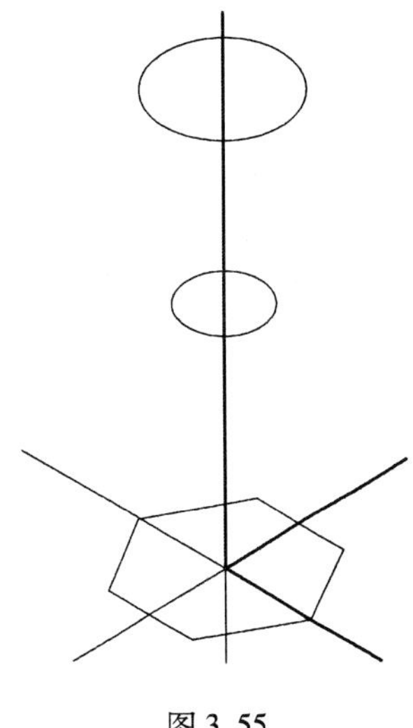

图 3.55

2)图素串连

在工具栏中单击图标,选择荧幕视角为等角视图,如图 3.55 所示。选择“实体”→“举升”→“串连”选项,选择外切于 ϕ100 的六边形,如图 3.56 所示。选择 ϕ50 的圆,如图 3.57所示。再选择 ϕ80 的圆,如图 3.58 所示。所有图素串连方向必须一致。

3)实体建模

选择“执行”选项,出现如图 3.59 所示对话框。单击“确定”按钮,完成举升实体的建模,如图 3.60 所示。

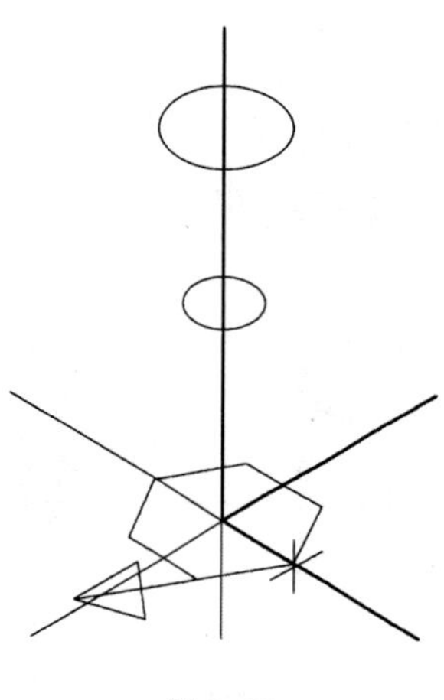

图 3.56

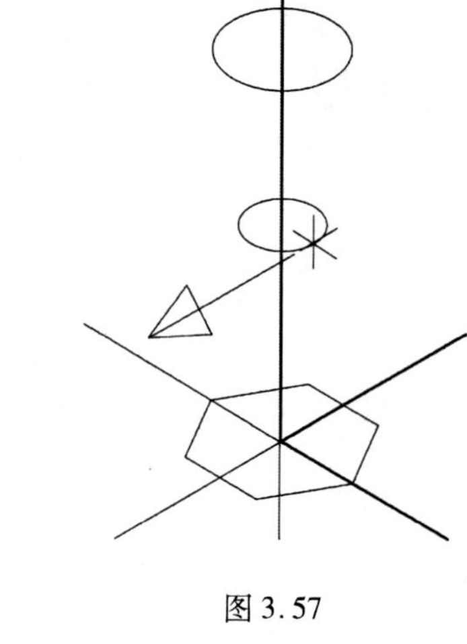

图 3.57

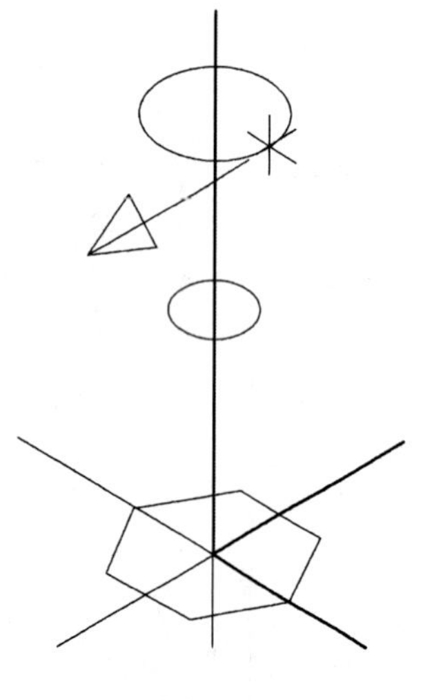

图 3.58

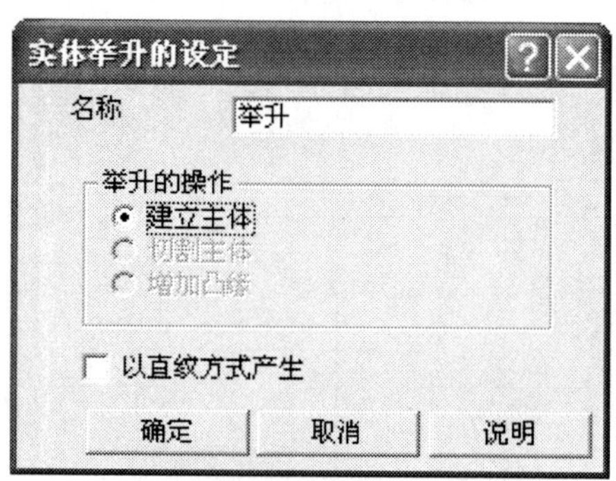

图 3.59

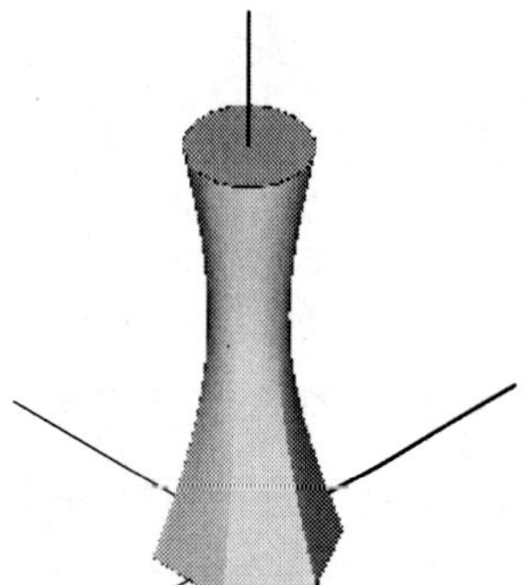

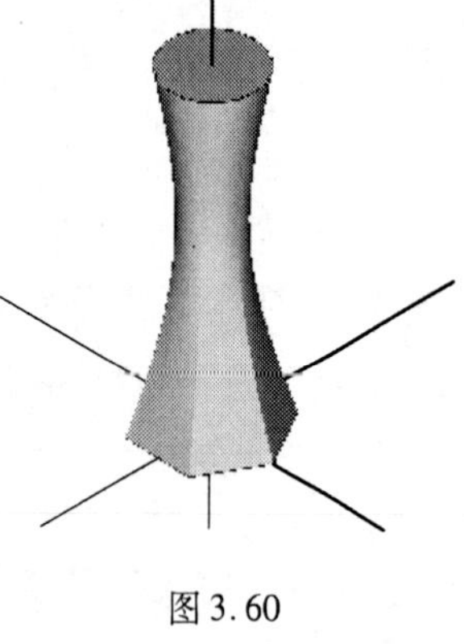

图 3.60

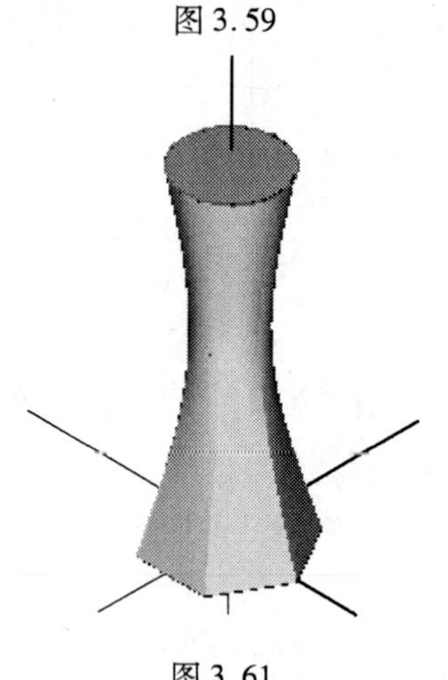

图 3.61

4)实体薄壳

选择"实体"→"薄壳"选项,选择要保留开启的主体或面,如图 3.61 所示。选择"执行"选项,出现如图 3.62 所示的对话框。勾选"薄壳的方向"→"向内"选项,设置向内厚度为"5",单击"确定"按钮。完成对实体薄壳的设定,如图 3.63 所示。

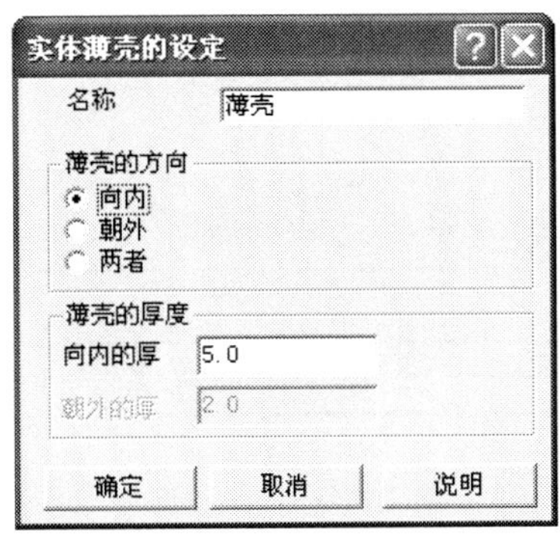

图 3.62

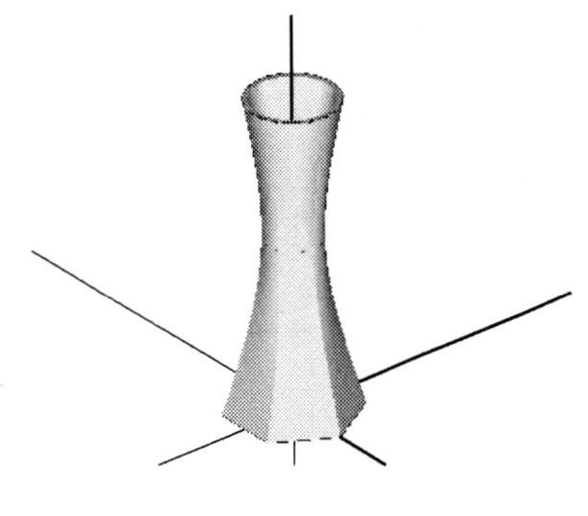

图 3.63

5)文件保存

选择"档案"→"存档"选项,弹出"存档"对话框。选择保存位置,输入文件名称,单击"存档"按钮。

(3)评分标准

检测评分标准见表 3.8。

表 3.8　评分标准

序　号	考核内容	配　分	评分标准	学生自评		教师评价	
				考核结果	得　分	考核结果	得　分
1	启动及退出程序	5	不会启动及退出程序扣全分				
2	工具栏的使用	6	正确使用工具栏,不正确酌情扣分				
3	主菜单的合理运用	8	理解及合理使用主菜单各选项,一项不会使用扣 1 分直至扣除全分				
4	辅助菜单的合理运用	5	理解及合理使用辅助菜单各选项,一项不会使用扣 1 分直至扣除全分				
5	文件的正确编辑	4	打开和关闭文件 1 分,新建、保存和浏览文件 1 分				
6	坐标系的设定	4	工件坐标系设定不正确扣全分				
7	提示区和绘图区的理解和使用	6	不理解提示区和绘图区扣 1 分				

续表

序　号	考核内容	配　分	评分标准	学生自评		教师评价	
				考核结果	得　分	考核结果	得　分
8	获得帮助信息的方法	6	不会利用帮助对话框获得帮助信息扣 1 分				
9	图形的绘制	40	绘图指令的正确选用，绘制过程中相关参数的设置，绘制不合理处酌情扣分				
10	图形的编辑方法	16	图形编辑不合理处酌情扣分				
合　计		100					

课题 3.2.5　实体布林运算

（1）概述

布林运算又称布尔运算，它通过结合、切割、交集的方法将多个实体合并为一个实体。它是实体造型中的一种重要方法，利用它可迅速地构建出复杂而规则的形体。在布林运算中，选择的第一个实体为目标主体，其余的为工件主体，运算的结果为一个主体。读者通过对本课题的学习，能对 MasterCAM 布林运算实体造型功能有基本的了解和运用。

（2）操作步骤

1）结合

①结合运算也称求和运算，它可将有接触处的两个以上的实体连接成一个实体。以如图 3.64 所示为例，将实体 1、实体 2 进行结合。

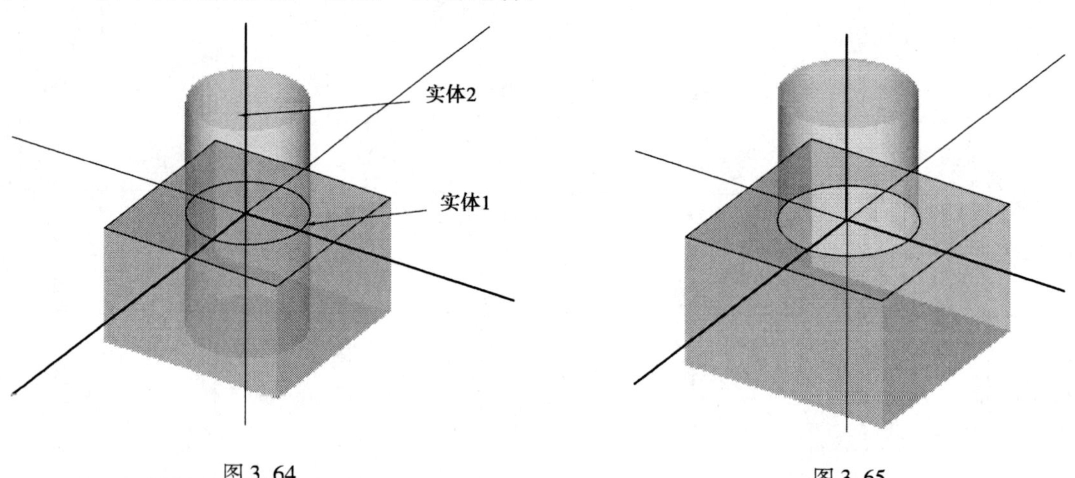

图 3.64　　图 3.65

②选择“实体”→“布林运算”→“结合”选项，选择目标主体为实体 1，再选择工件主体为实体 2；选择“执行”选项，完成对实体的结合运算，如图 3.65 所示。

2）切割

①切割运算也称求差运算，它是将目标主体中的工件主体进行切割运算。以如图 3.64 所示为例，将实体 1、实体 2 进行切割。

②选择“实体”→“布林运算”→“切割”选项，选择目标主体为实体 1，再选择工件主体为实体 2；选择“执行”选项，完成对实体的切割运算，如图 3.66 所示。

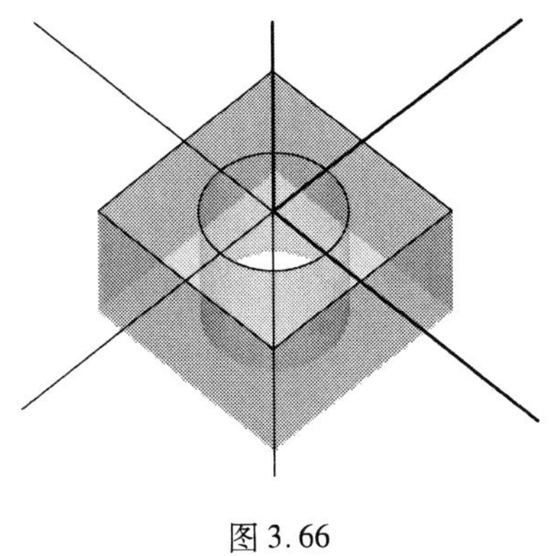

图 3.66

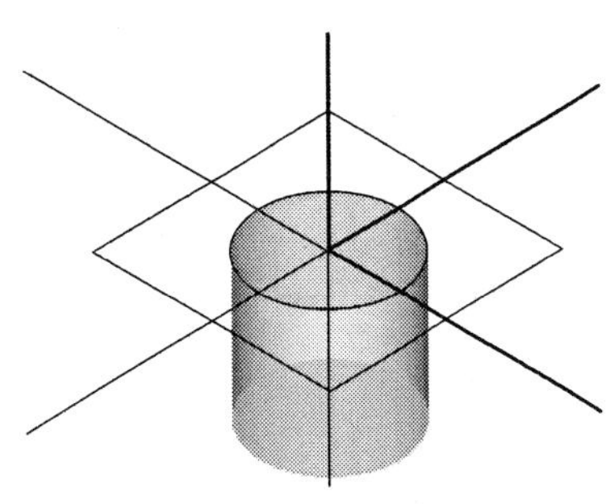

图 3.67

3）交集

①交集运算也称求交运算，它是将目标主体与工件主体相交的部分进行交集运算。以如图 3.63 所示为例，将实体 1、实体 2 进行交集。

②选择“实体”→“布林运算”→“交集”选项，选择目标主体为实体 1，再选择工件主体为实体 2；选择“执行”选项，完成对实体的交集运算，如图 3.67 所示。

（3）评分标准

检测评分标准见表 3.9。

表 3.9 评分标准

序 号	考核内容	配 分	评分标准	学生自评		教师评价	
				考核结果	得 分	考核结果	得 分
1	启动及退出程序	5	不会启动及退出程序扣全分				
2	工具栏的使用	6	正确使用工具栏，不正确酌情扣分				
3	主菜单的合理运用	8	理解及合理使用主菜单各选项，一项不会使用扣 1 分直至扣除全分				
4	辅助菜单的合理运用	5	理解及合理使用辅助菜单各选项，一项不会使用扣 1 分直至扣除全分				
5	文件的正确编辑	4	打开和关闭文件 1 分，新建、保存和浏览文件 1 分				

续表

序　号	考核内容	配　分	评分标准	学生自评		教师评价	
				考核结果	得　分	考核结果	得　分
6	坐标系的设定	4	工件坐标系设定不正确扣全分				
7	提示区和绘图区的理解和使用	6	不理解提示区和绘图区扣1分				
8	获得帮助信息的方法	6	不会利用帮助对话框获得帮助信息扣1分				
9	图形的绘制	40	绘图指令的正确选用，绘制过程中相关参数的设置，绘制不合理处酌情扣分				
10	图形的编辑方法	16	图形编辑不合理处酌情扣分				
合　计		100					

课题 3.2.6　实体造型练习

绘制下列图形：

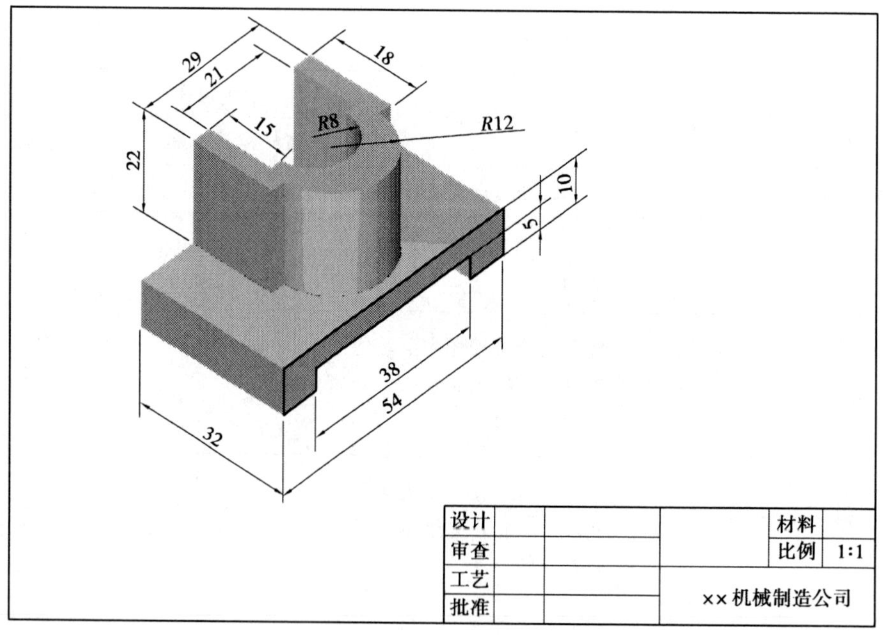

图 3.68

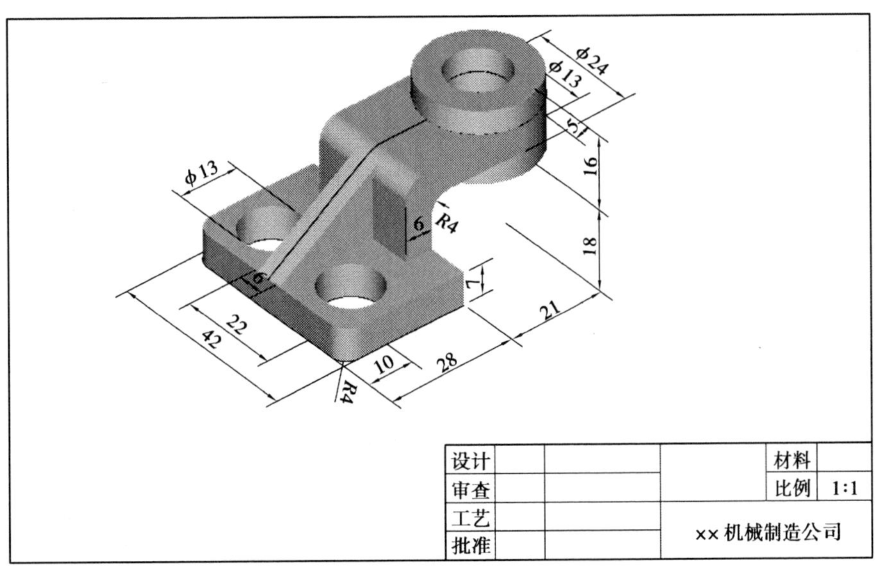

图 3.69

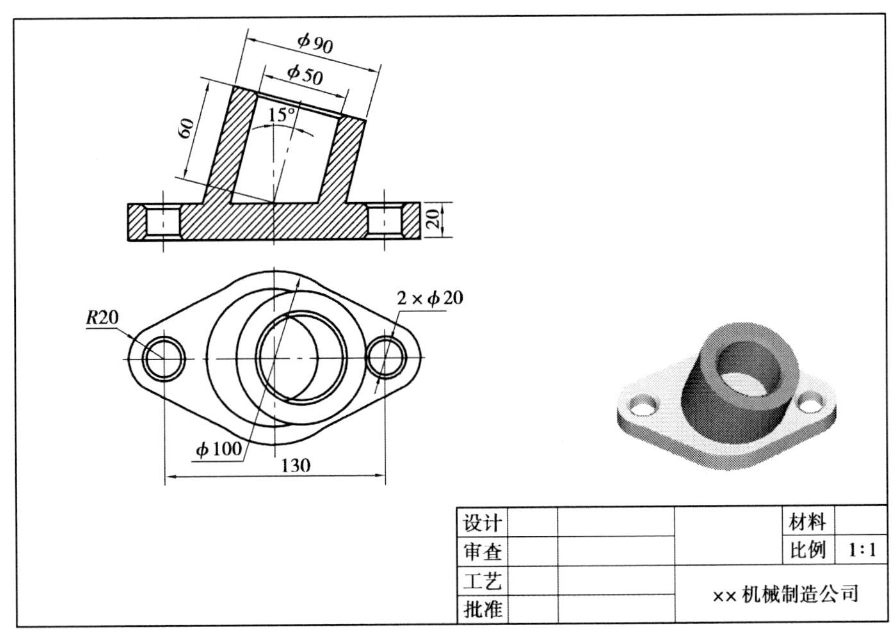

图 3.70

任务 3.3 曲面造型

该任务通过对曲面实例的绘制,介绍 MasterCAM 软件直纹曲面、旋转曲面、举升曲面等曲面造型的方法和曲面编辑方法。使读者通过对本任务的学习能使用 MasterCAM 正确运用其曲面造型和曲面编辑的方法。

课题 3.3.1　直纹曲面实例

(1) 直纹曲面概述

直纹曲面是由多个外形(断面外形)以直线形式熔接而成的曲面(见图 3.71)。

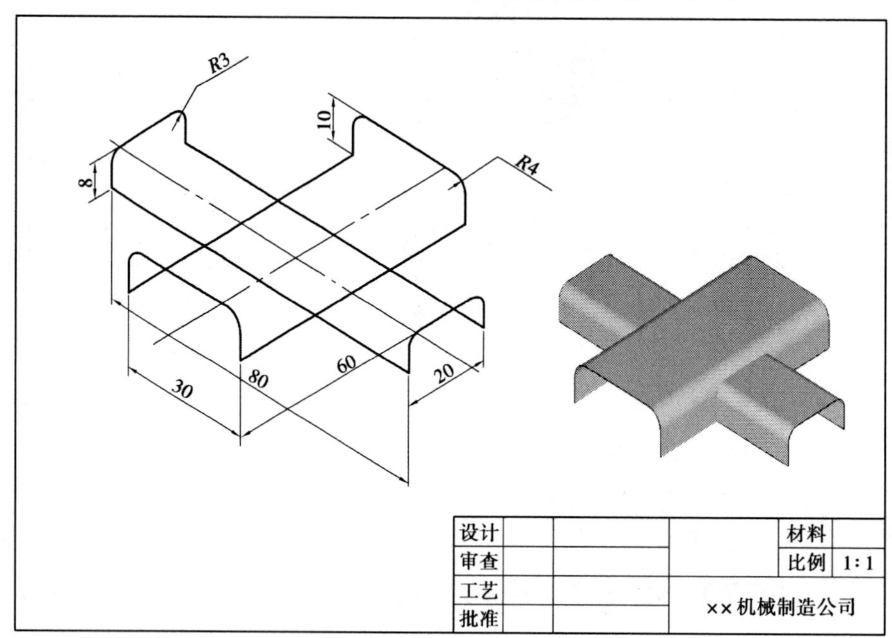

图 3.71

(2) 操作步骤

1) 三维线框架绘制

①在次菜单中将构图面和视角设置为"前视图",构图深度设置为"30"。在主菜单中,执行菜单命令"绘图"→"直线"→"水平线"→"垂直线"→"圆弧",绘制如图 3.71 所示的图形。

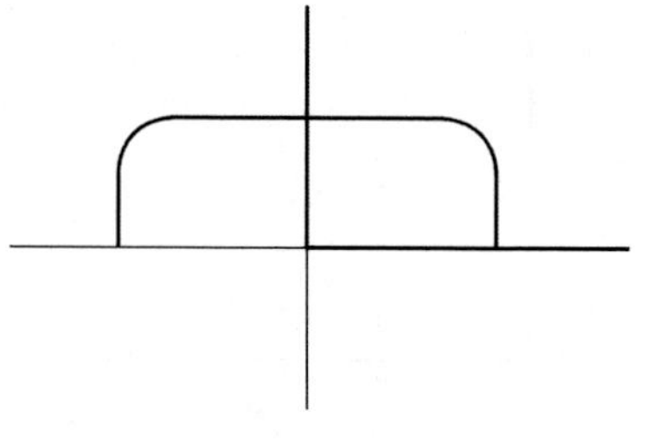

图 3.72

②选择"转换"→"平移"→"串连"选项,选择图 3.72 所画图素进行平移;选择两次"执行"选项,平移方向选择"直角坐标"选项,输入平移向量为"Z－60",按"Enter"键。弹出"平移"对话框,处理方式选择"复制"选项,单击"确定"按钮,如图 3.73 所示。

③在次菜单中将构图面和视角设置为"侧视图",构图深度设置为"40"。在主菜单中,执行菜单命令"绘图"→"直线"→"水平线"→"垂直线"→"圆弧",绘制如图 3.74 所示的图形。选择"转换"→"平移"→"串连"选项,选择图 3.74 所画图素进行平移;选择两次"执行"选项,平移方向选择"直角坐标"选项,输入平移向量为"Z－80",按"Enter"键。弹出"平移"对话框,处理方式选择"复制"选项,单击"确定"按钮,如图 3.75 所示。

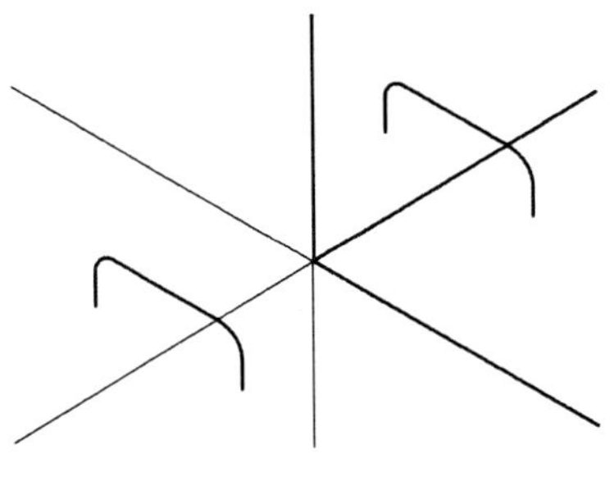
图 3.73

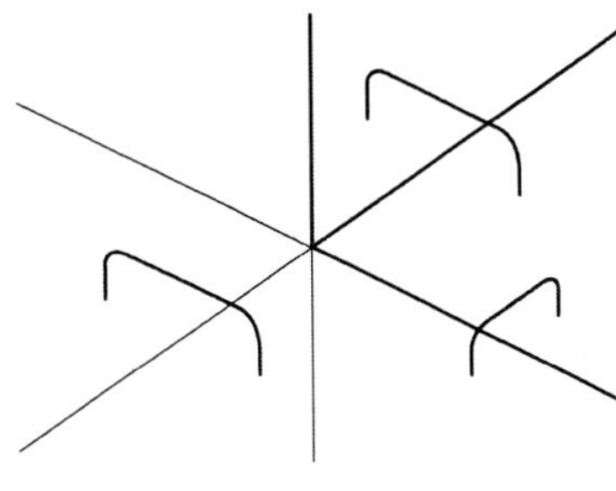
图 3.74

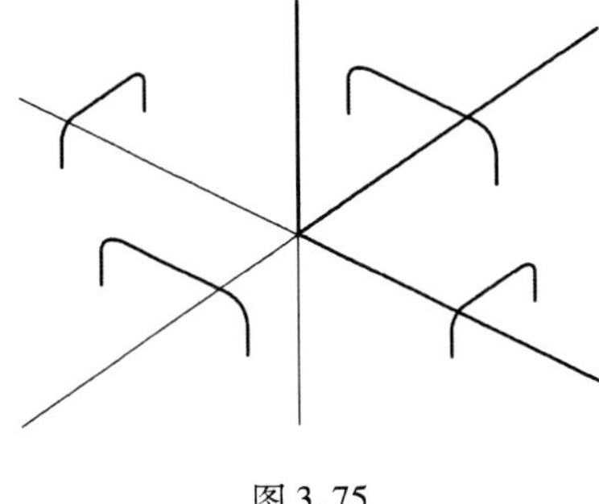
图 3.75

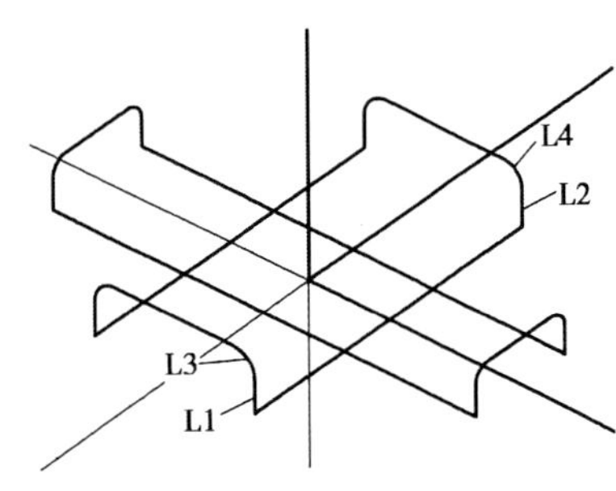

图 3.76

④在次菜单中将构图面设置为“空间绘图”。在主功能表中,执行菜单命令“绘图”→“直线”→“任意线段”,分别绘制 4 条直线,如图 3.76 所示。

2)直纹曲面生成

①在主功能菜单中执行菜单命令“绘图”→“曲面”→“直纹曲面”→“单体”,选择 L1 作为外形 1,L2 作为外形 2;依次选择对应的外形(注意选择时图素方向一定要一致),选择两次“执行”选项。其效果如图 3.77 所示。

②按照相同的方法生成曲面 2,效果如图 3.78 所示。

3)文件保存

选择“档案”→“存档”选项,弹出“存档”对话框。选择保存位置,输入文件名称,单击“存档”按钮。

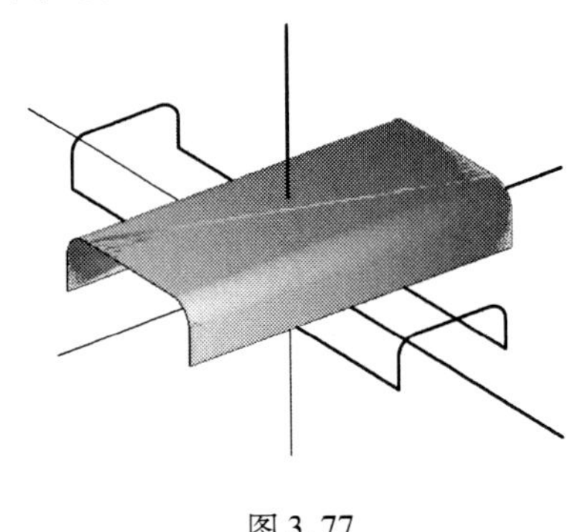
图 3.77

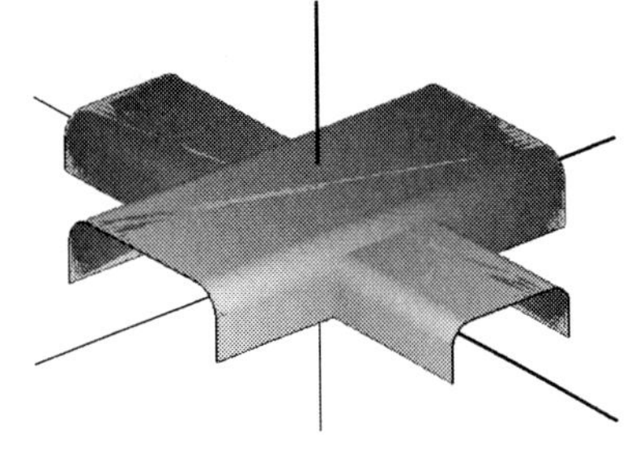
图 3.78

(3)评分标准

检测评分标准见表3.10。

表3.10 评分标准

序号	考核内容	配分	评分标准	学生自评		教师评价	
				考核结果	得分	考核结果	得分
1	启动及退出程序	5	不会启动及退出程序扣全分				
2	工具栏的使用	6	正确使用工具栏,不正确酌情扣分				
3	主菜单的合理运用	8	理解及合理使用主菜单各选项,一项不会使用扣1分直至扣除全分				
4	辅助菜单的合理运用	5	理解及合理使用辅助菜单各选项,一项不会使用扣1分直至扣除全分				
5	文件的正确编辑	4	打开和关闭文件1分,新建、保存和浏览文件1分				
6	坐标系的设定	4	工件坐标系设定不正确扣全分				
7	提示区和绘图区的理解和使用	6	不理解提示区和绘图区扣1分				
8	获得帮助信息的方法	6	不会利用帮助对话框获得帮助信息扣1分				
9	图形的绘制	40	绘图指令的正确选用,绘制过程中相关参数的设置,绘制不合理处酌情扣分				
10	图形的编辑方法	16	图形编辑不合理处酌情扣分				
合计		100					

课题3.3.2 举升曲面实例

(1)举升曲面概述

举升曲面是由多个外形(断面外形)以抛物线形式熔接而成的曲面(见图3.79)。

(2)操作步骤

1)三维线框架绘制

在次菜单中,将构图面和视角设置为"俯视图",构图深度设置为"0"。在主菜单中,执行菜单命令"绘图"→"下一页"→"多边形",绘制如图3.80所示的图形,构图深度设置为

"150"。在主菜单中，执行菜单命令"绘图"→"圆弧"，绘制如图 3.81 所示的图形，构图深度设置为"270"。在主菜单中，执行菜单命令"绘图"→"圆弧"，绘制如图 3.82 所示的图形。

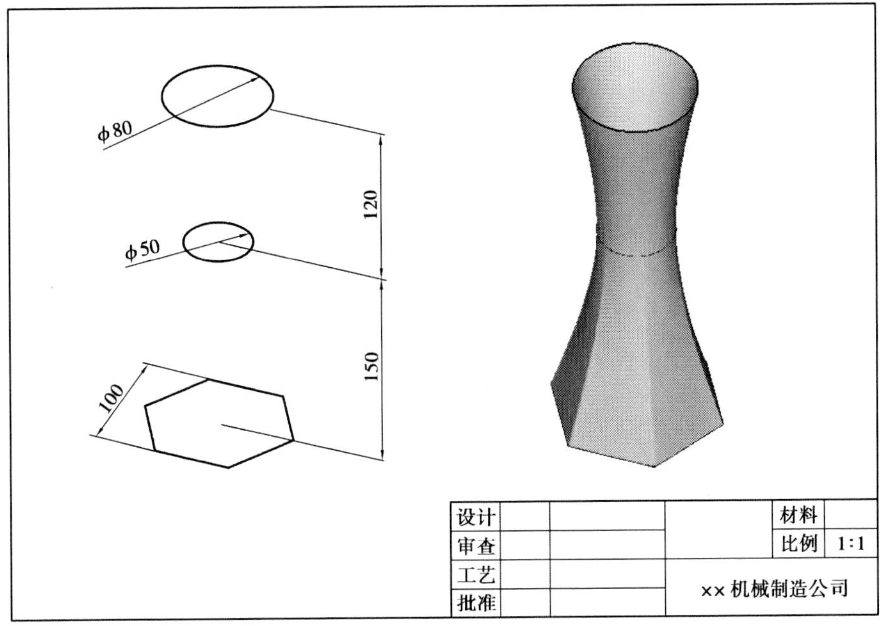

图 3.79

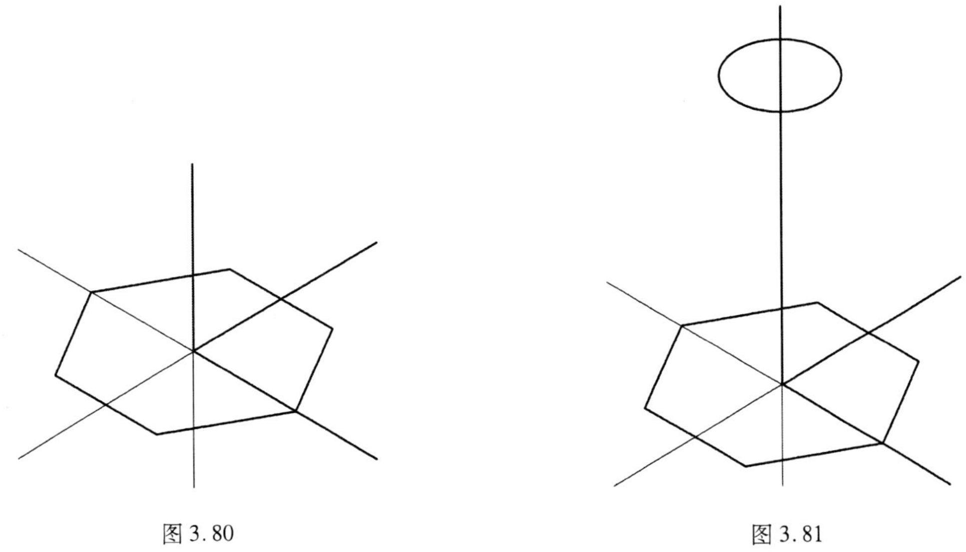

图 3.80　　　　图 3.81

2）举升曲面生成

在主功能菜单中执行菜单命令"绘图"→"曲面"→"举升曲面"，分别选取 3 个外形（注意选取外形时方向要一致）。其效果如图 3.83 所示。

3）文件保存

选择"档案"→"存档"选项，弹出"存档"对话框。选择保存位置，输入文件名称，单击"存档"按钮。

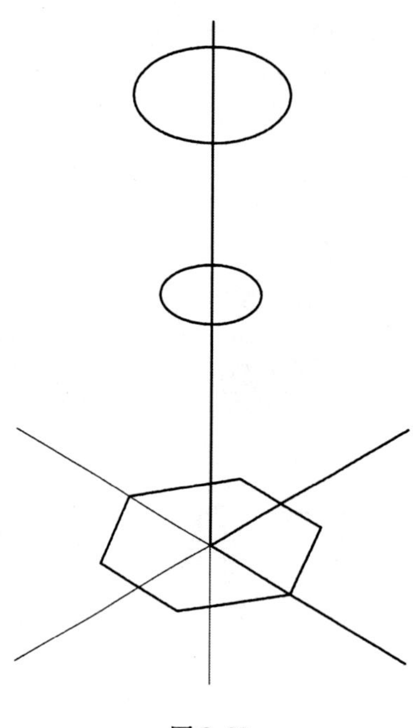

图 3.82

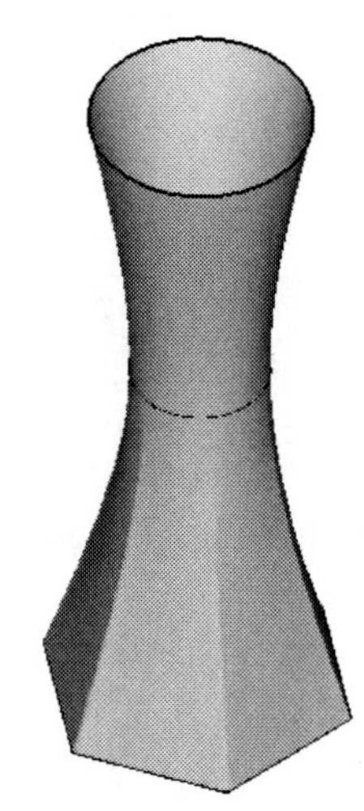

图 3.83

(3)评分标准

检测评分标准见表 3.11。

表 3.11 评分标准

序号	考核内容	配分	评分标准	学生自评		教师评价	
				考核结果	得分	考核结果	得分
1	启动及退出程序	5	不会启动及退出程序扣全分				
2	工具栏的使用	6	正确使用工具栏,不正确酌情扣分				
3	主菜单的合理运用	8	理解及合理使用主菜单各选项,一项不会使用扣 1 分直至扣除全分				
4	辅助菜单的合理运用	5	理解及合理使用辅助菜单各选项,一项不会使用扣 1 分直至扣除全分				
5	文件的正确编辑	4	打开和关闭文件 1 分,新建、保存和浏览文件 1 分				
6	坐标系的设定	4	工件坐标系设定不正确扣全分				
7	提示区和绘图区的理解和使用	6	不理解提示区和绘图区扣 1 分				

续表

序号	考核内容	配分	评分标准	学生自评		教师评价	
				考核结果	得分	考核结果	得分
8	获得帮助信息的方法	6	不会利用帮助对话框获得帮助信息扣1分				
9	图形的绘制	40	绘图指令的正确选用,绘制过程中相关参数的设置,绘制不合理处酌情扣分				
10	图形的编辑方法	16	图形编辑不合理处酌情扣分				
合计		100					

课题 3.3.3 旋转曲面实例

(1)旋转曲面概述

旋转曲面是断面形状沿着轴或某一直线旋转而形成的曲面(见图 3.84)。

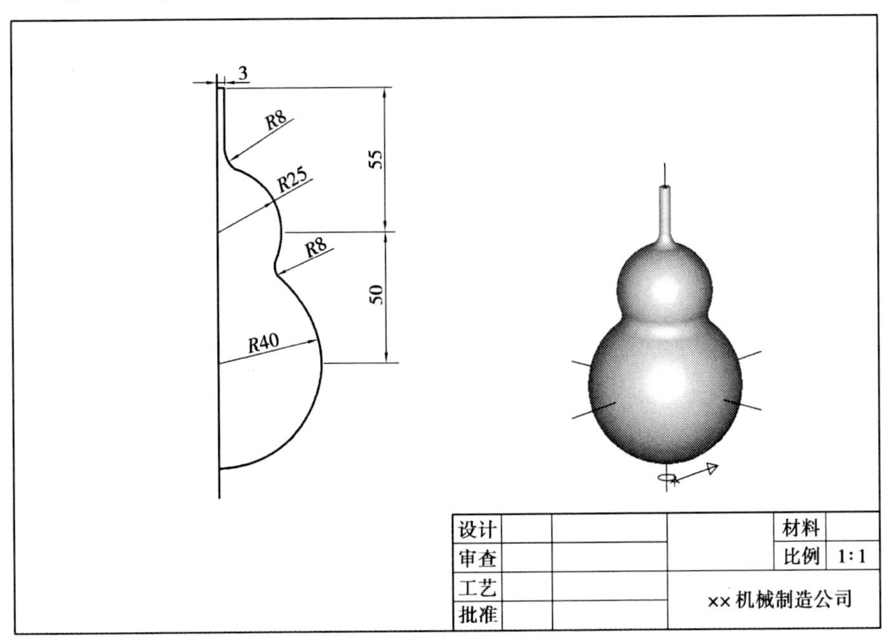

图 3.84

(2)操作步骤

1)三维线框架绘制

在次菜单中,将构图面和视角设置为“前视图”,构图深度设置为“0”。在主菜单中,执行菜单命令“绘图”→“直线”→“圆弧”,绘制如图 3.85 所示图形。

2)旋转曲面生成

在主功能菜单中,执行菜单命令"绘图"→"曲面"→"旋转曲面",选择葫芦剖切面外形作为要产生的图素,垂直线作为旋转轴。选择"执行"选项,生成效果图如图 3.86 所示。

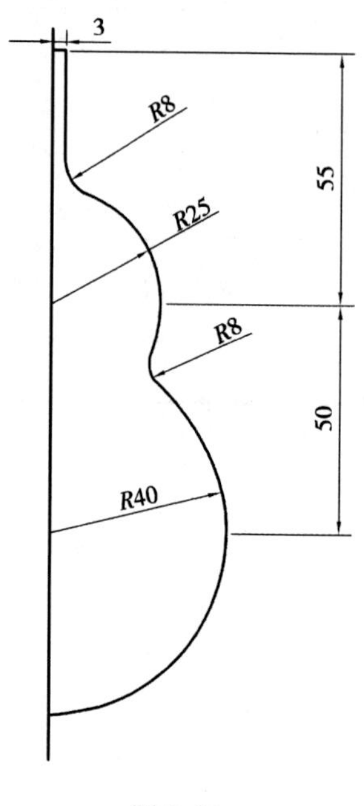

图 3.85

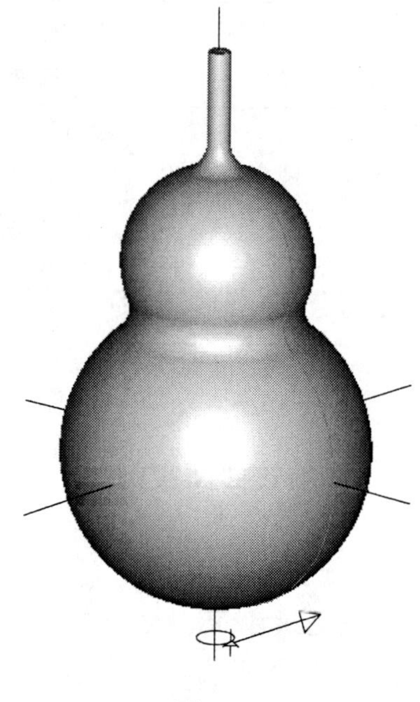

图 3.86

3)文件保存

选择"档案"→"存档"选项,弹出"存档"对话框。选择保存位置,输入文件名称,单击"存档"按钮。

(3)评分标准

检测评分标准见表 3.12。

表 3.12　评分标准

序　号	考核内容	配　分	评分标准	学生自评		教师评价	
				考核结果	得　分	考核结果	得　分
1	启动及退出程序	5	不会启动及退出程序扣全分				
2	工具栏的使用	6	正确使用工具栏,不正确酌情扣分				
3	主菜单的合理运用	8	理解及合理使用主菜单各选项,一项不会使用扣 1 分直至扣除全分				
4	辅助菜单的合理运用	5	理解及合理使用辅助菜单各选项,一项不会使用扣 1 分直至扣除全分				

续表

序号	考核内容	配分	评分标准	学生自评		教师评价	
				考核结果	得分	考核结果	得分
5	文件的正确编辑	4	打开和关闭文件1分,新建、保存和浏览文件1分				
6	坐标系的设定	4	工件坐标系设定不正确扣全分				
7	提示区和绘图区的理解和使用	6	不理解提示区和绘图区扣1分				
8	获得帮助信息的方法	6	不会利用帮助对话框获得帮助信息扣1分				
9	图形的绘制	40	绘图指令的正确选用,绘制过程中相关参数的设置,绘制不合理处酌情扣分				
10	图形的编辑方法	16	图形编辑不合理处酌情扣分				
合计		100					

课题 3.3.4 曲面练习

①利用牵引曲面命令绘制如图 3.87 所示曲面。曲面高度为 50。

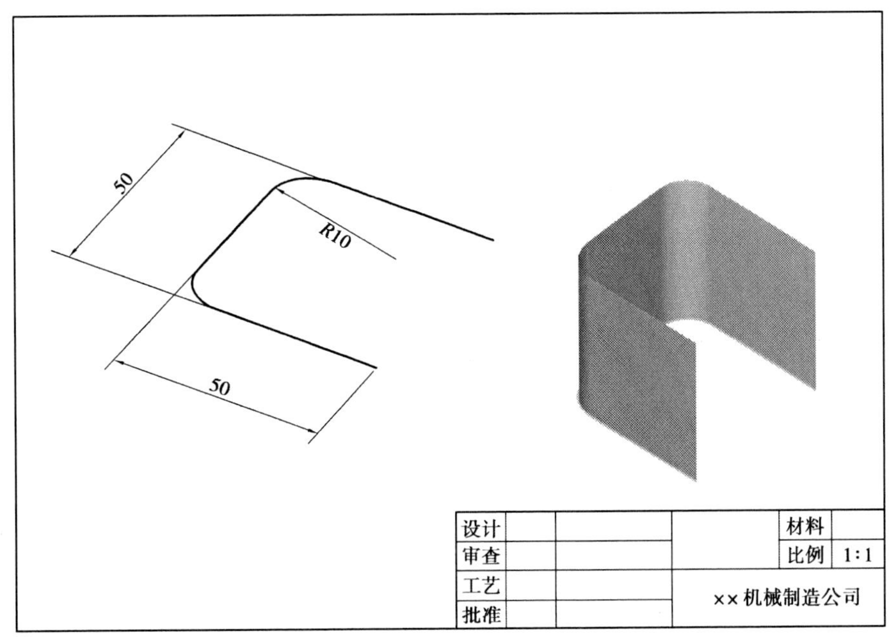

图 3.87

②利用扫描曲面命令按照图 3.88 所示制成弯管形状。

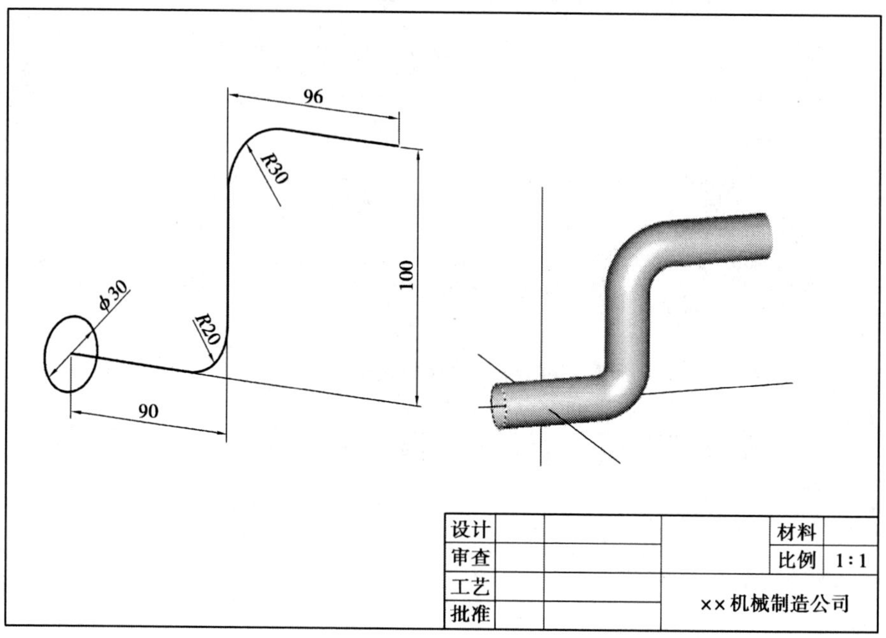

图 3.88　扫描曲面

③利用直纹、举升曲面命令将图 3.89 所示制成一个瓶子形状，并对两个顶底平面封闭(使用平面修剪命令)。

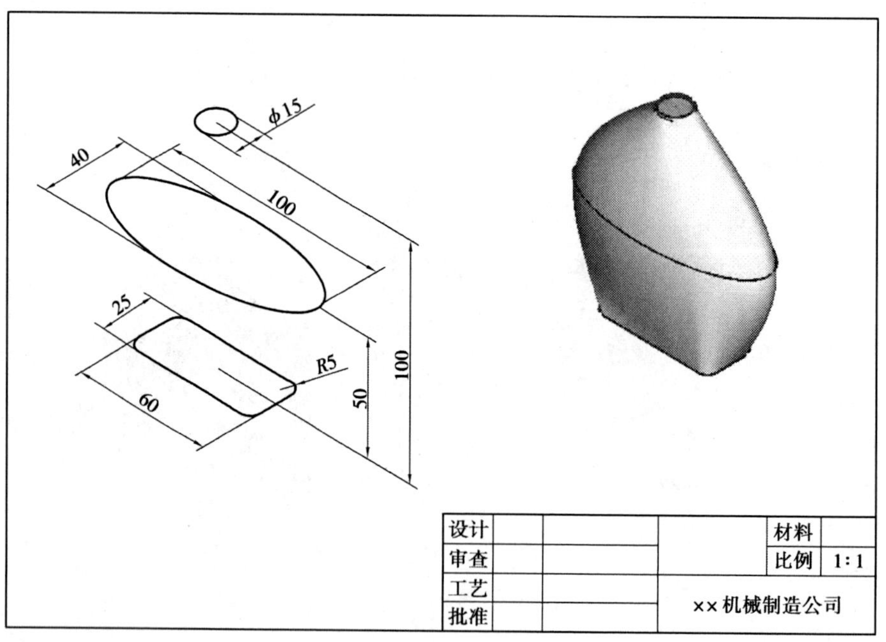

图 3.89

④创建昆氏曲面,如图 3.90 所示。

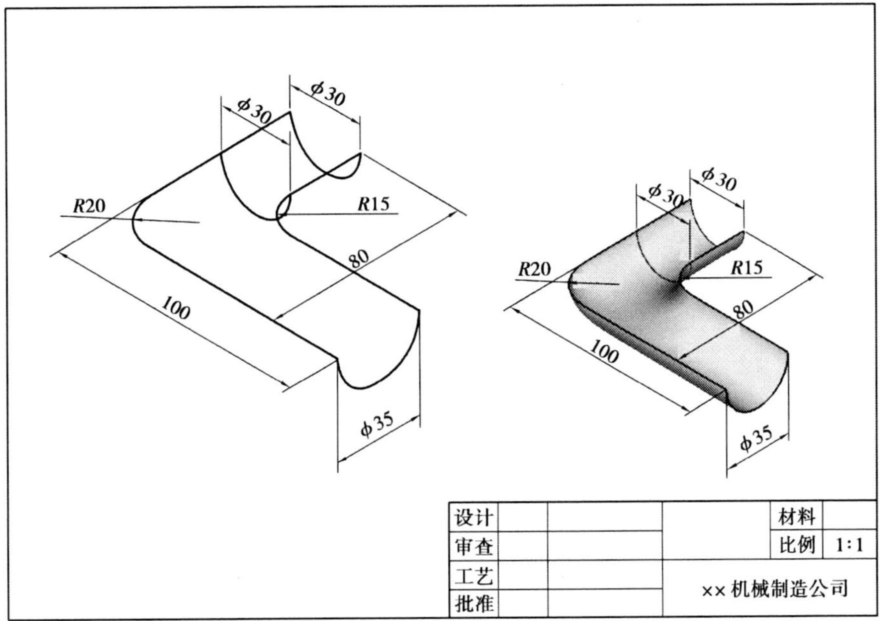

图 3.90

第 2 篇

CAM 应用操作

项目 4

实体制作加工

●项目描述

1. 实体造型重要步骤。

2. 2D 铣削加工中的面铣、外形铣、挖槽、打孔指令的讲解。

3. 2D 铣削加工的操作步骤及参数的设定。

●项目目标

知识目标：

1. 能掌握 MasterCAM 二维图形的各种指令绘制方法。

2. 能掌握 2D 零件图的加工方法和操作步骤。

技能目标：

1. 会正确选择绘图功能中的各种指令绘制图形。

2. 会灵活运用编程指令。

情感目标：

1. 学生通过完成本项目学习任务的体验过程，增强学生对完成本课程学习的热情。

2. 学会独立完成任务，学会思考。

3. 培养学生团队意识。

●项目实施过程

任务4.1 扳手的制作

(1)实例概述

零件尺寸如图4.1所示。在MasterCAM软件中,为了编制零件的应用NC加工程序,需要先建立该零件的模型。分析上述零件,只要建立如图4.1所示的主视图的二维外形模型,根据二维外形模型,结合Z轴的深度(从主视图中获得),产生零件的二维加工刀具路径轨迹,经过后处理,产生NC加工程序,就可在数控铣床或加工中心上加工出该零件。

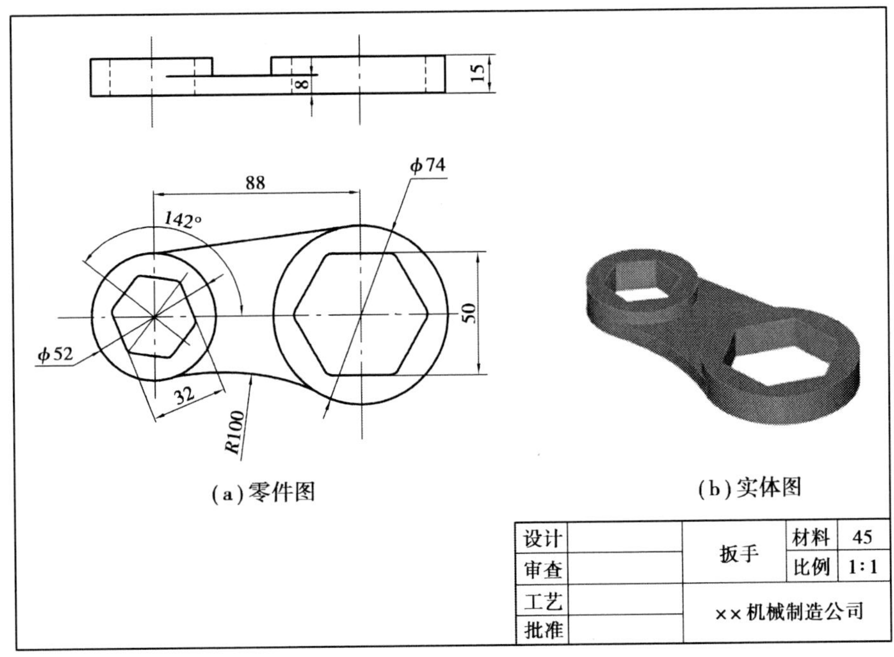

图4.1 扳手

(2)操作步骤

1)两个六边形的绘制

①中心线绘制

将线型设置为中心线,选择"绘图"→"直线"→"垂直线"或"水平线"选项,以ϕ74和ϕ52两圆心点的中点为绘图原点,绘制如图4.2所示的中心线。

②绘制多边形

选择主菜单中的"绘图"→"下一页"→"多边形"选项,在"边数"命令栏里输入"6";在"半径"命令栏里输入"25",如图4.3所示。画好的六边形如图4.4所示。直径为32 mm的六边形也按照此方法绘画,如图4.5所示。

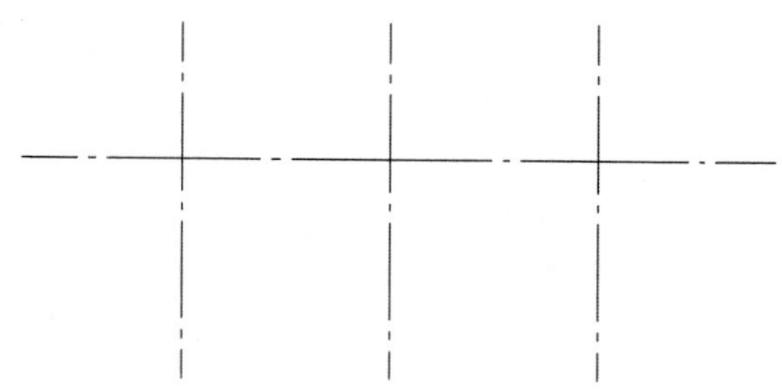

图 4.2　中心线

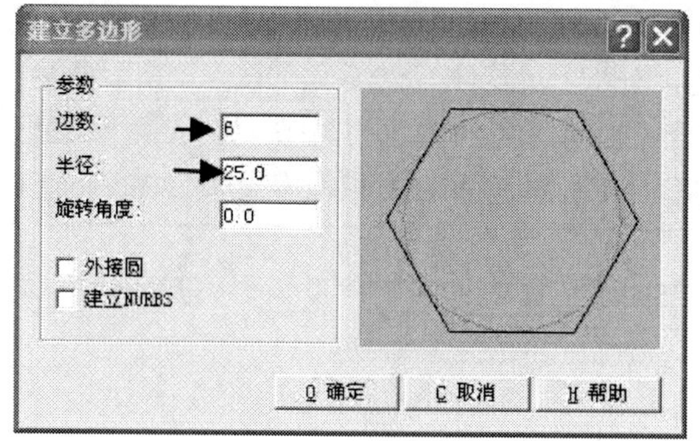

图 4.3　多边形对话框

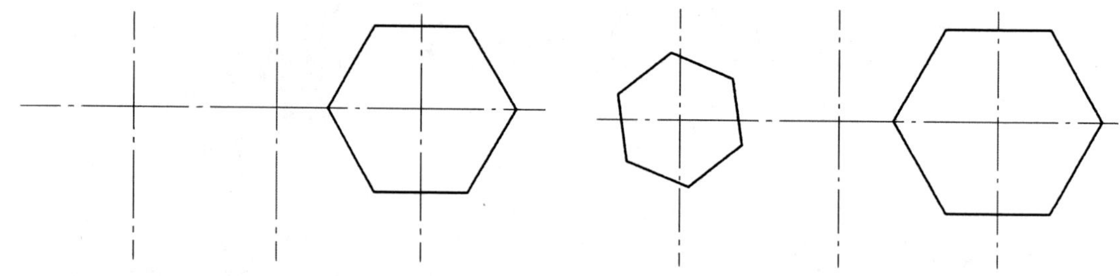

图 4.4　直径为 50 mm 的六边形

图 4.5　直径为 32 mm 的六边形

2)两个整圆的绘制

选择主菜单中的"绘图"→"圆弧"→"点直径圆"→"提示行"选项,输入数值为"74",按"Enter"键;选择"交点"选项,单击已经画好的辅助线。此时,$\phi74$ 的整圆已经画好。继续重复以上的步骤,$\phi52$ 的整圆也可以画出来,如图 4.6 所示。

3)切线的绘制

选择主菜单中的"绘图"→"直线"→"切线"→"两弧"选项,选择两个整圆,如图 4.7 所示。

4)$R100$ 圆弧的绘制

选择主菜单中的"绘图"→"圆弧"→"切弧"→"切两物体"选项,输入数值为"100",按"Enter"键;分别选两个整圆,此时出现若干个切圆,用鼠标选中所要的切圆,如图 4.8 所示的箭头。再选择"修整"→"打断"→"打成二段"命令,对切圆进行修整;最后得到 $R100$ 的圆弧并相切于两整圆,如图 4.9 所示。

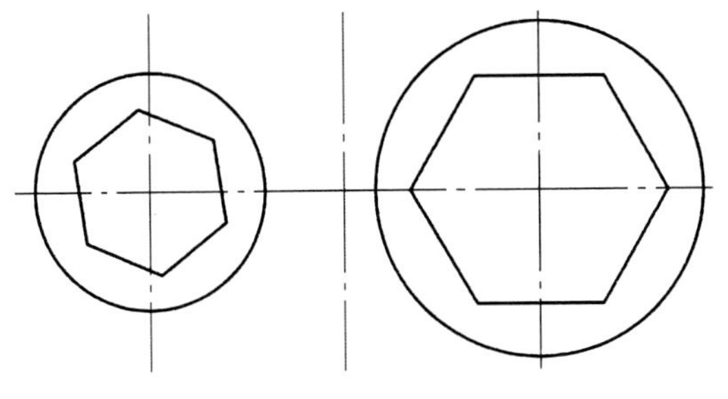

图4.6　两个整圆的绘制

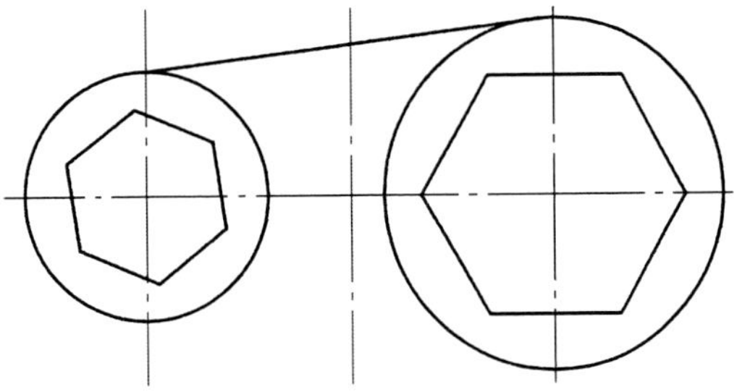

图4.7　两整圆的切线

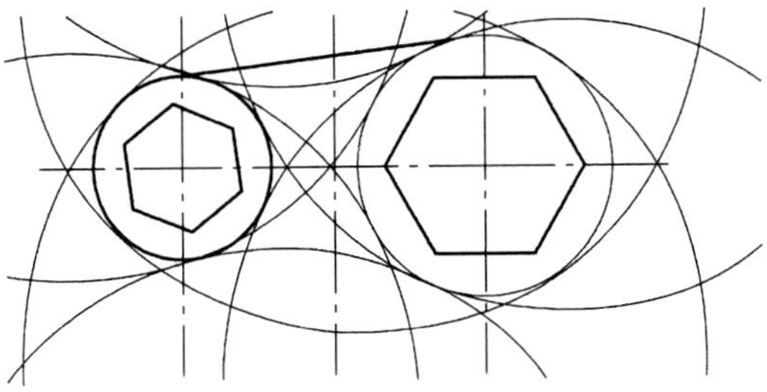

图4.8　箭头所指的切圆

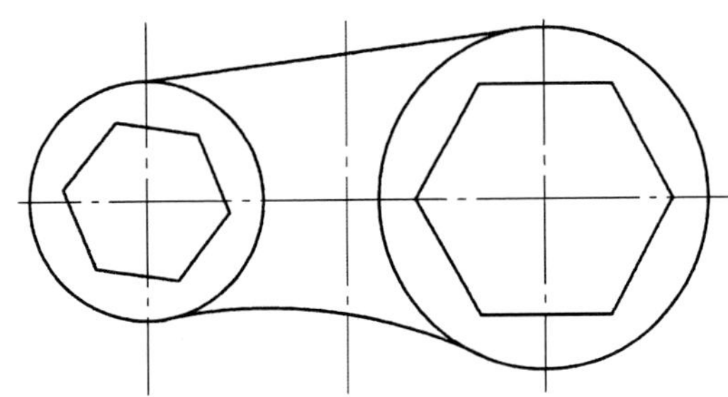

图4.9　修整后的 $R100$ 圆弧

5）实体生成

选择主菜单中的“实体”→“挤出”选项，选择轮廓线。根据图纸几何尺寸来作为数值的标准。

6）布林运算

选择主菜单中的“实体”→“布林运算”→“切割”或“实体”→“布林运算”→“结合”等命令，完成最终的零件实体造型，如图4.10所示。

7）文件保存

选择菜单栏“文件”→“保存文件”选项，在“文件”对话框中输入文件名“扳手”，按“Enter”键；完成文件保存。

图4.10　完成扳手的绘制

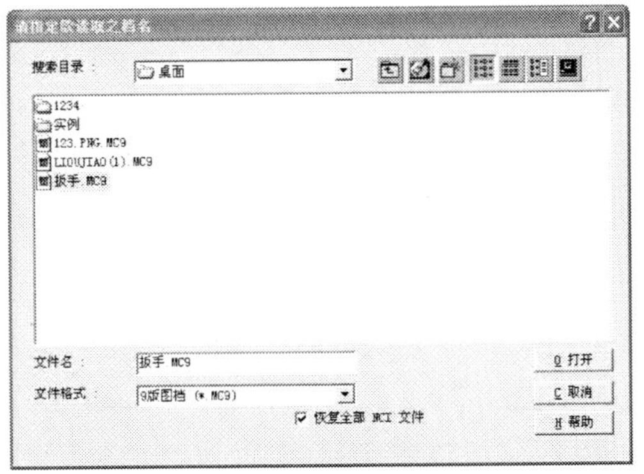

图4.11　调取档案

(3)CAM 加工具体操作步骤

1)工件设计

①新建文件

选择主菜单中的“档案”→“取档”选项,系统弹出如图 4.11 所示对话框;选择“扳手”选项,单击“打开”按钮,如图 4.12 所示。

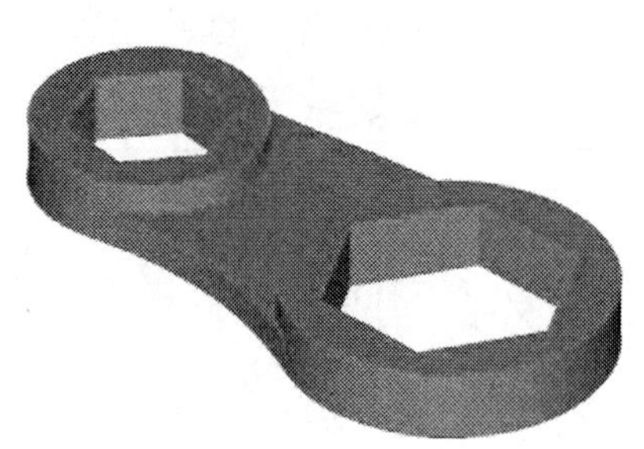

图 4.12　已调取图

A 分析
C 绘图
F 档案
M 修整
X 转换
D 删除
S 萤幕
O 实体
T 刀具路径
N 公用管理

图 4.13　主菜单

②进入加工模块

在主菜单上选择“刀具路径”选项,如图 4.13 所示;弹出“刀具路径”菜单,如图 4.14 所示。

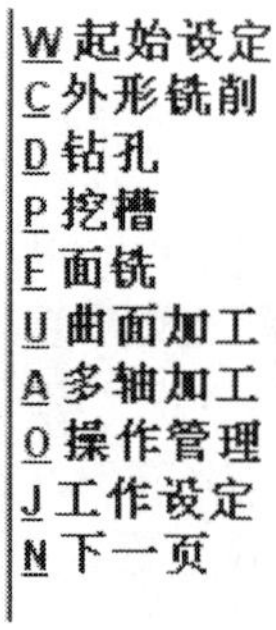

W 起始设定
C 外形铣削
D 钻孔
P 挖槽
F 面铣
U 曲面加工
A 多轴加工
O 操作管理
J 工作设定
N 下一页

图 4.14　刀具路径菜单

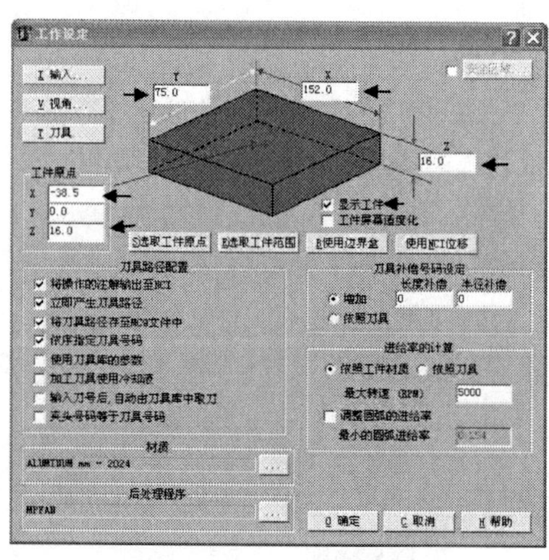

图 4.15　工作设定对话框

③工作设定

选择如图 4.13 所示的“刀具路径”→“工作设定”选项,弹出“工作设定”对话框,如图 4.15所示。将“工件原点”X 设置为“ -38.5”,Y 设置为“0”,Z 设为“16”;将工件高度 Z 设置为“16”,勾选“显示工件”选项,单击“确定”按钮;返回主菜单,绘图区的工件上出现红色的虚线框,如图 4.16 所示。

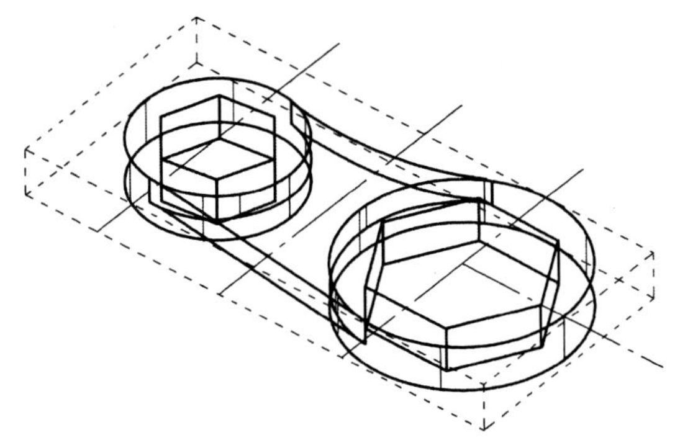

图4.16 显示工作设定

2)面铣

①选择加工类型

选择如图4.14所示的“刀具路径”菜单中的“面铣”选项,弹出“面铣选择”菜单;选择“执行”选项,弹出“面铣”对话框,如图4.17所示。

②设置面铣刀具

将鼠标放在“面铣”对话框的空白处,单击鼠标右键,弹出“刀具快捷”菜单,如图4.18所示。选择快捷菜单中的“从刀具库中选取刀具”,弹出“刀具管理员”对话框;选择 $\phi20$ 的平刀,如图4.19所示。单击“确定”按钮,“面铣”对话框中出现了第一把刀、主轴转速、进给率设置,如图4.20所示。

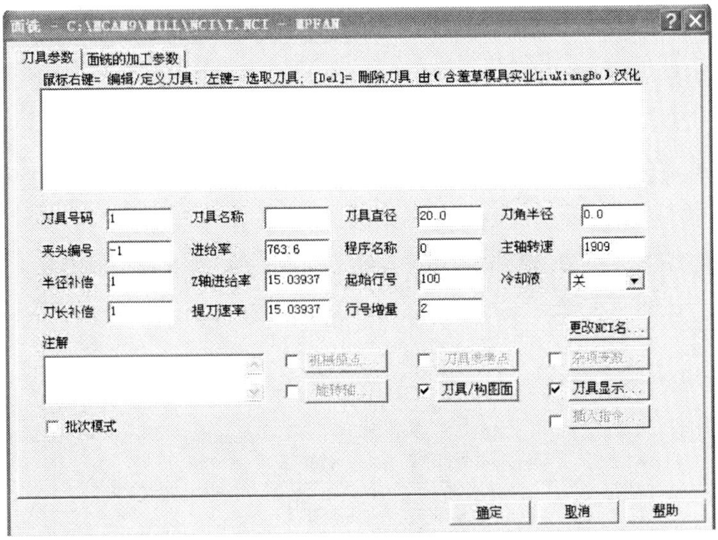

面铣 - C:\MCAM9\MILL\NCI\T.NCI - MPFAN

刀具参数 | 面铣的加工参数

鼠标右键= 编辑/定义刀具; 左键= 选取刀具; [Del]= 删除刀具 由(含董草模具实业LiuXiangBo)汉化

刀具号码	1	刀具名称		刀具直径	20.0	刀角半径	0.0
夹头编号	-1	进给率	763.6	程序名称	0	主轴转速	1909
半径补偿	1	Z轴进给率	15.03937	起始行号	100	冷却液	关
刀长补偿	1	提刀速率	15.03937	行号增量	2		

更改NCI名...

注解

机械原点... 刀具参考点... 杂项变数...

旋转轴... 刀具/构图面 刀具显示...

批次模式 插入指令...

确定 取消 帮助

图4.17 面铣

③面铣参数设置

选择“面铣”对话框中的“面铣加工参数”选项,弹出“面铣的加工参数”对话框。“要加工的表面”设为毛坯的高度“16”,“深度”设为工件表面的高度“15”,各参数设置如图4.21所示。勾选“Z轴分层铣深”选项,各参数设置如图4.22所示。

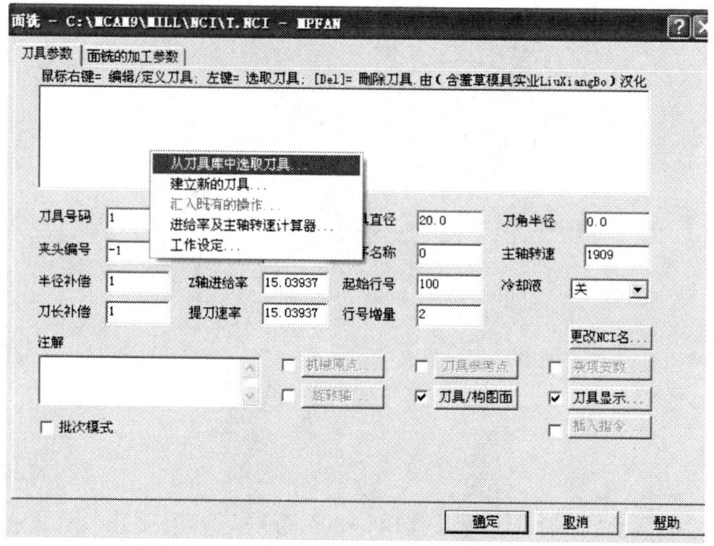

图 4.18　选用刀具及设置刀具参数

刀具管理 - C:\MCAM9\MILL\TOOLS\TOOLS_MM.TL9

过滤之設定　☑ 过滤刀具　显示的刀具数 249 / 249

刀具号码	刀具型式	直径	刀具名称	刀角半径	半径形式
...	平刀	14.0000 mm	14. FLAT ENDMILL	0.000000 mm	平刀
...	平刀	15.0000 mm	15. FLAT ENDMILL	0.000000 mm	平刀
...	平刀	16.0000 mm	16. FLAT ENDMILL	0.000000 mm	平刀
...	平刀	17.0000 mm	17. FLAT ENDMILL	0.000000 mm	平刀
...	平刀	18.0000 mm	18. FLAT ENDMILL	0.000000 mm	平刀
...	平刀	19.0000 mm	19. FLAT ENDMILL	0.000000 mm	平刀
...	平刀	20.0000 mm	20. FLAT ENDMILL	0.000000 mm	平刀
...	平刀	21.0000 mm	21. FLAT ENDMILL	0.000000 mm	平刀
...	平刀	22.0000 mm	22. FLAT ENDMILL	0.000000 mm	平刀
...	平刀	23.0000 mm	23. FLAT ENDMILL	0.000000 mm	平刀
...	平刀	24.0000 mm	24. FLAT ENDMILL	0.000000 mm	平刀
...	平刀	25.0000 mm	25. FLAT ENDMILL	0.000000 mm	平刀
...	球刀	1.0000 mm	1. BALL ENDMILL	0.500000 mm	球刀
...	球刀	2.0000 mm	2. BALL ENDMILL	1.000000 mm	球刀

O 确定　C 取消　H 帮助

图 4.19　选用 $\phi20$ 平底刀

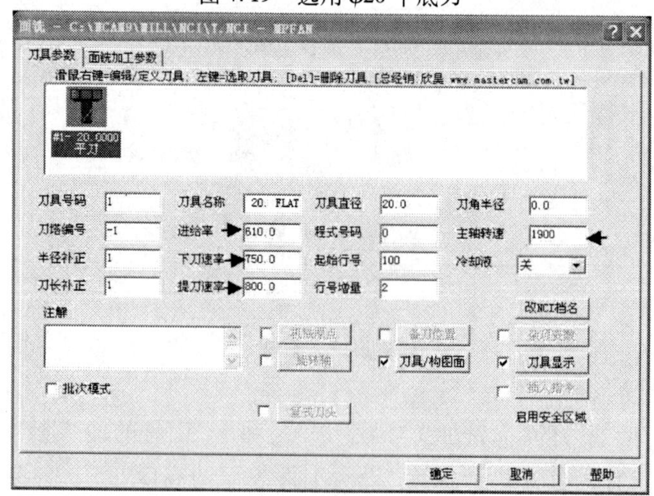

图 4.20　设置刀具加工参数

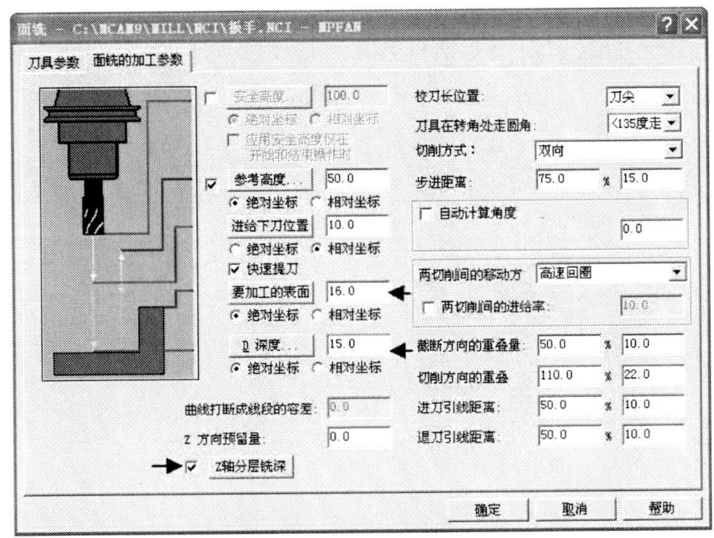

图 4.21 面铣的加工参数设置

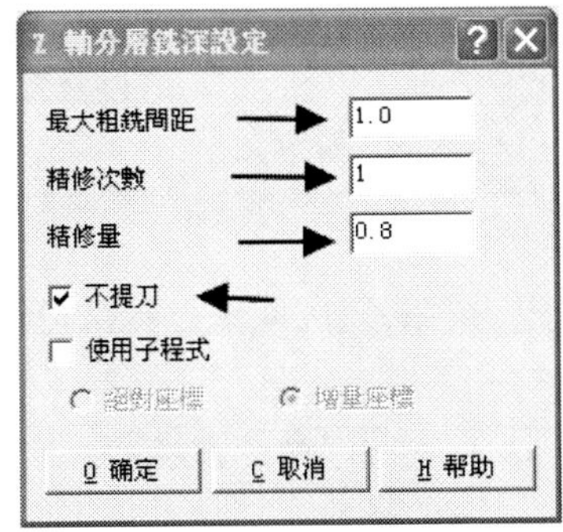

图 4.22 Z 轴分层铣深设定

知识链接

刀具参数概念:

①安全高度:安全高度是指刀具于每一个刀具路径开始进入和退出终了时的高度。通常,一个工件加工完毕后,刀具会停留在安全高度,而在此高度之上刀具可以在任何位置平移。故安全高度的设定应以不会碰撞到工件或夹具为原则。

②参考高度:参考高度是指相对下一次切削,刀具提刀返回的高度。也就是刀具在 Z 向加工完一个刀具路径后,快速提刀所至的高度。参考高度一般低于安全高度而高于下刀高度。

③进给下刀位置:是指刀具以 Z 轴下刀速率,进入切削区域前,快速移到的高度,也是刀具离开加工面而未进入安全高度之前刀具上升的高度。如果关闭安全高度的设定,则刀具在不同的铣削区域间移动时会以这个高度提刀。

④要加工表面:工件表面是指加工毛坯表面在 Z 轴上的高度位置,通常以其作为坐标系 Z 向的原点位置。

⑤最后切削深度：最后切削深度是指刀具进行切削加工的最后深度，也是刀具切削中下降到的最低点深度。

在 MasterCAM 系统中，可采用绝对坐标和相对坐标来定义安全高度。

①绝对坐标：是相对当前所设构图面 Z0 的位置。

②相对坐标：是相对于当前加工毛坯顶面的补正高度。

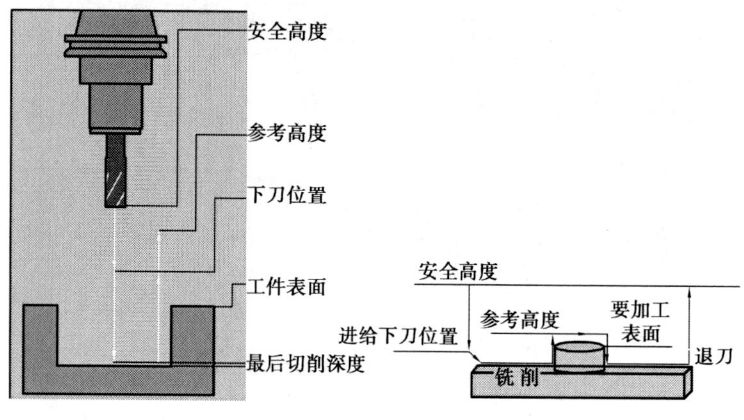

④生成刀轨

单击“面铣”对话框中的“确定”按钮，完成面铣刀具路径的设置，如图 4.23 所示。

⑤面铣仿真加工

选择主菜单中的“操作管理”选项，弹出“操作管理”对话框；选择“实体验证”选项，弹出“实体验证”窗口；单击“持续执行”按钮，播放实体仿真加工。加工效果如图 4.24 所示。

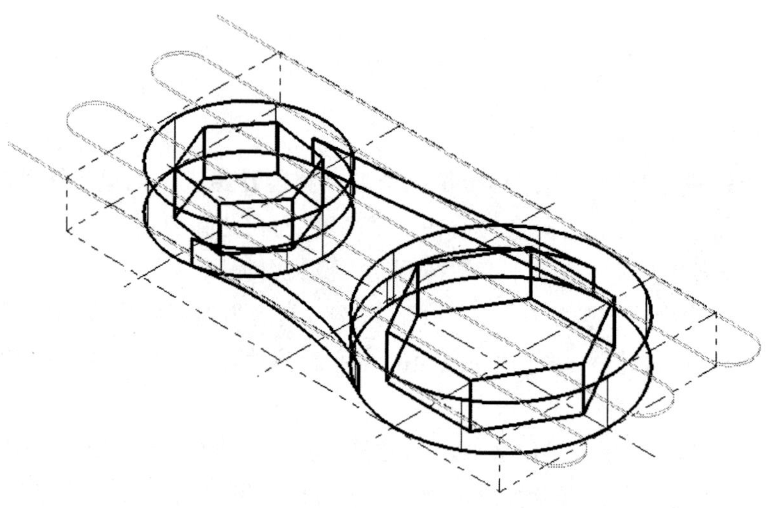

图 4.23　面铣方式生成刀具路径图

3）扳手整体外形铣削

①选择加工类型外形铣削

选择如图 4.14 所示的“刀具路径”菜单中的“外形铣削”选项，用鼠标选择如图 4.25 箭

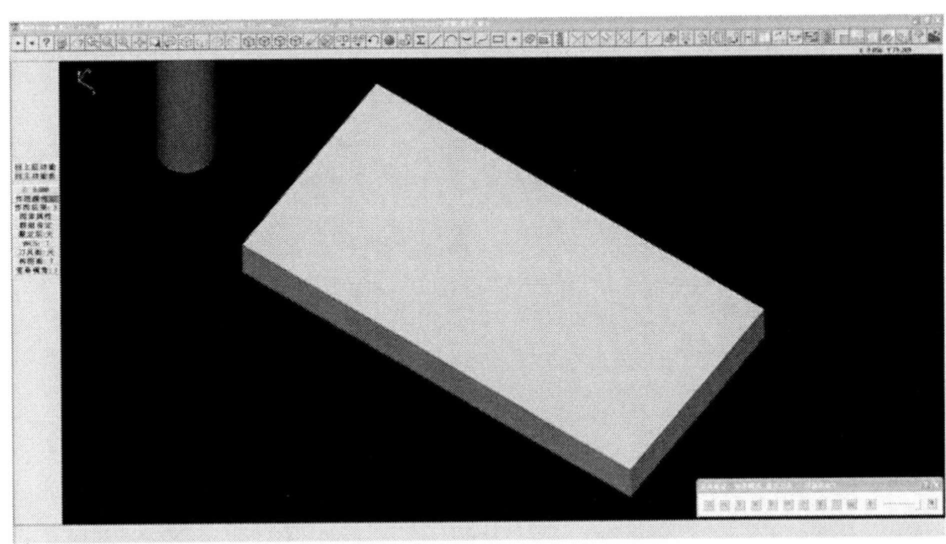

图 4.24　面铣加工方式仿真结果

头所示的轮廓。选择“执行”→“执行”选项,弹出“外形铣削(2D)”对话框。创建 ϕ18 平底刀及设置刀具加工参数,如图 4.26 所示。

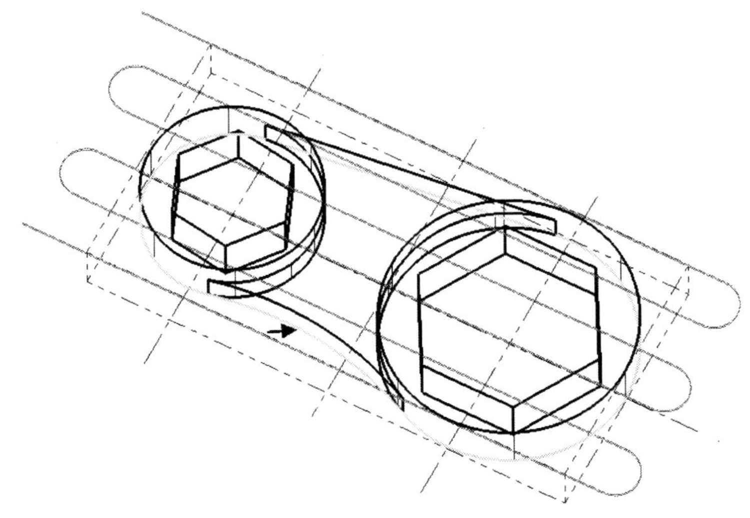

图 4.25　选择外轮廓

②外形铣削参数设置

选择如图 4.26 所示“外形铣削(2D)”对话框中的“外形铣削参数”选项。“要加工的表面”设为“15”,“深度”设为“ -1”,“补偿方向”设为“左”,各参数设置如图 4.27 所示。勾选“Z 轴分层铣深”和“XY 分次铣削”选项。各参数设置如图 4.28 和图 4.29 所示。

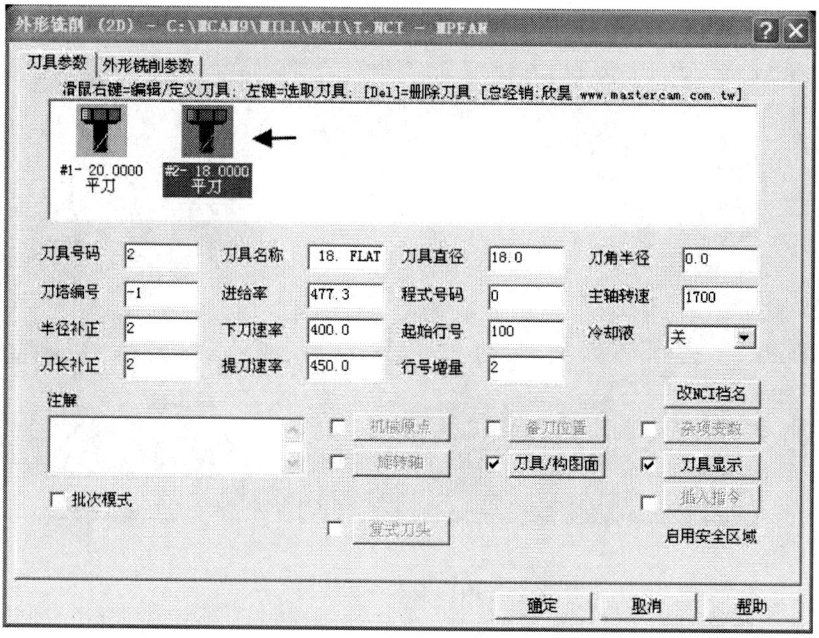

图 4.26 创建 ϕ18 平底刀及设置刀具加工参数

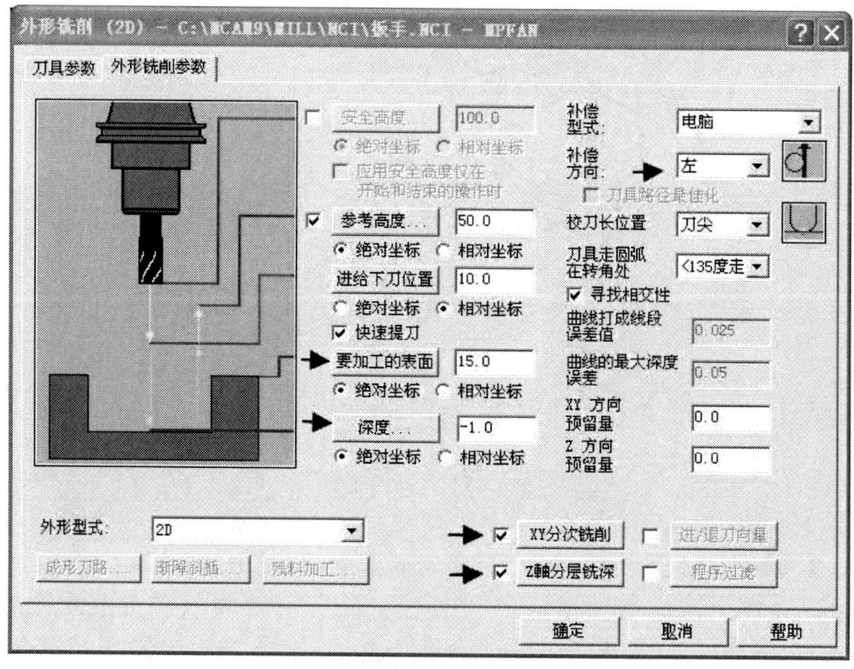

图 4.27 外形铣削参数设置

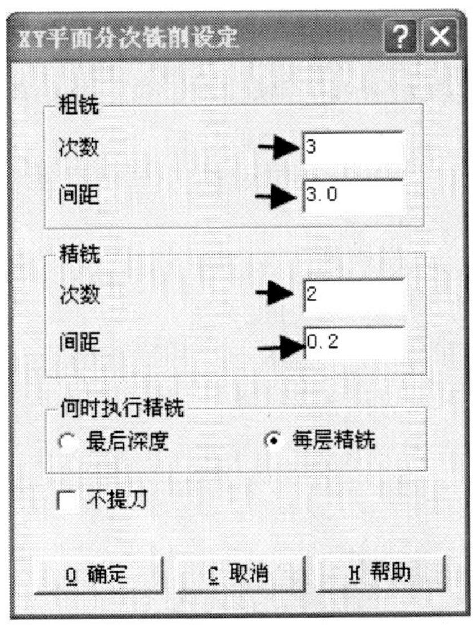

图 4.28　XY 分次铣削参数设置

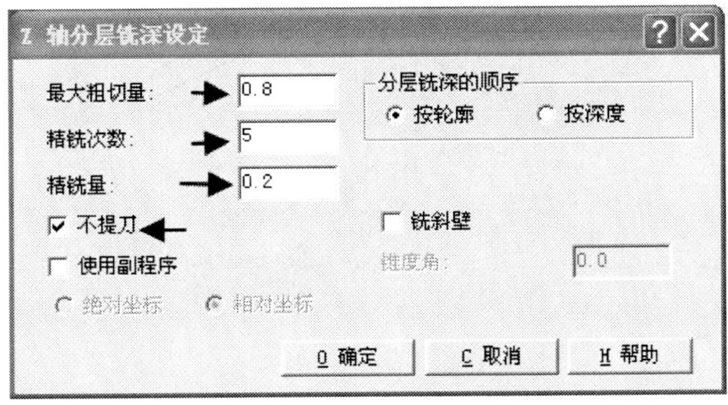

图 4.29　Z 轴分层铣深参数设置

知识链接

刀具圆弧补偿：

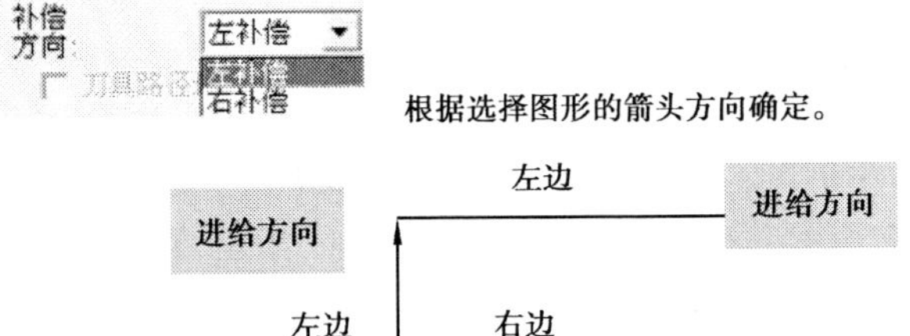

知识点：

外形分层是在 XY 方向分层粗铣和精铣。

粗铣间距：是指在 XY 面上两条刀具路径之间的距离，一般取直径的 50% ~70% 。

粗铣次数：是指最大的切削量除以间距后的数值，取最大整数。

不提刀：选中时指每层切削完毕不提刀。

最大粗切削量：是指在 Z 方向上刀具下降的最大值，一般取 1 ~ 2。

依照轮廓：是指刀具先在一个外形边界铣削设定的铣削深度后，再进行下一个外形边界的铣削；这种方式的抬刀次数和转换次数较少。

依照深度：是指刀具先在一个深度上铣削所有的外形边界，再进行下一个深度的铣削。

4）扳手 $\phi74$ 和 $\phi52$ 凸台的外形铣削

①选择加工类型外形铣削

选择如图 4.14 所示的“刀具路径”菜单中的“外形铣削”选项，用鼠标选择如图 4.30 箭头所示的轮廓。选择“执行”→“执行”选项，弹出“外形铣削（2D）”对话框。创建 $\phi16$ 平底刀及设置刀具加工参数，如图 4.31 所示。

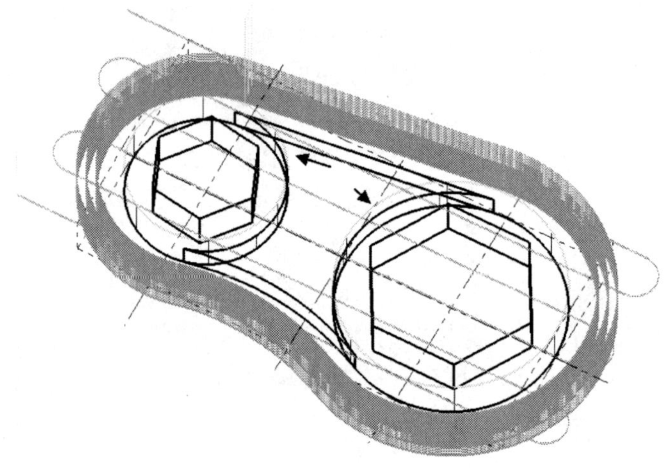

图 4.30　选择外轮廓

②外形铣削参数设置

选择如图 4.31 所示“外形铣削（2D）”对话框中的“外形铣削参数”选项。“要加工的表面”设为“15”，“深度”设为“7”，“补偿方向”为“左”，各参数设置如图 4.32 所示。勾选“Z 轴分层铣深”和“XY 分次铣削”选项。各参数设置如图 4.28 和图 4.29 所示。

5）$\phi50$ 六边形挖槽加工

①选择加工类型挖槽

选择如图 4.14 所示的“刀具路径”菜单中的“挖槽”→“串连”选项，选择图形中 $\phi50$ 和 $\phi32$ 六边形，如图 4.33 所示。选择“执行”选项，弹出“创建刀具”对话框。创建 $\phi10$ 平底刀及设置刀具加工参数，如图 4.34 所示。

②挖槽参数设置

选择“挖槽”对话框中的“挖槽参数”选项，弹出“挖槽参数”对话框。选择“加工类型”选项，“要加工的表面”设为零件的高度“15”，“深度”设为立方体的上表面高度“ -1”。选择“挖槽加工形式”为“一般挖槽”，如图 4.35 所示。勾选“Z 轴分层铣深”选项，弹出“Z 轴分层铣深设定”对话框。将“最大粗切削量”设置为“0.8”，“精修次数”设置为“1”，“精修量”设置为“1.0”。勾选“不提刀”选项，单击“确定”按钮，如图 4.36 所示。选择“挖槽”对话框中

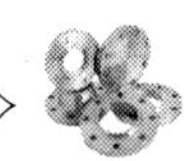

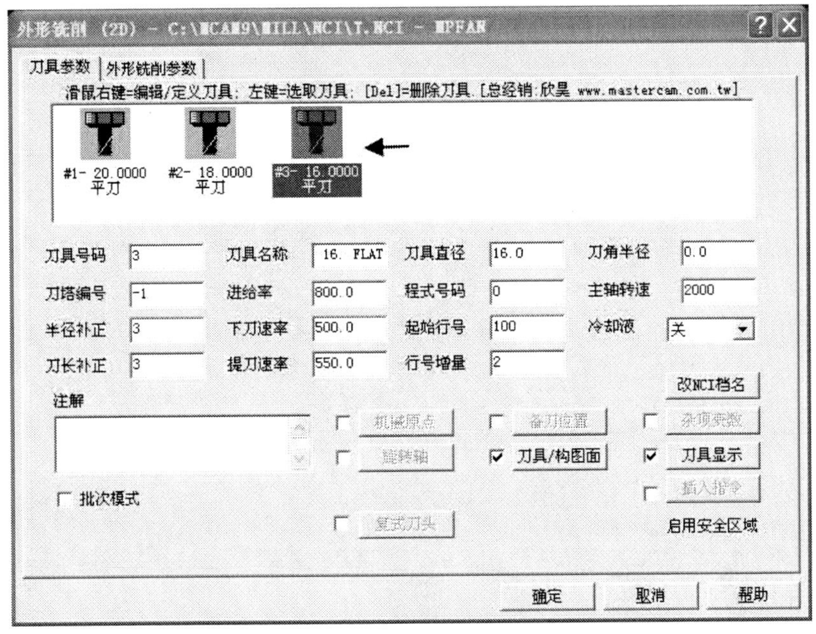

图 4.31　创建 $\phi16$ 平底刀及设置刀具加工参数

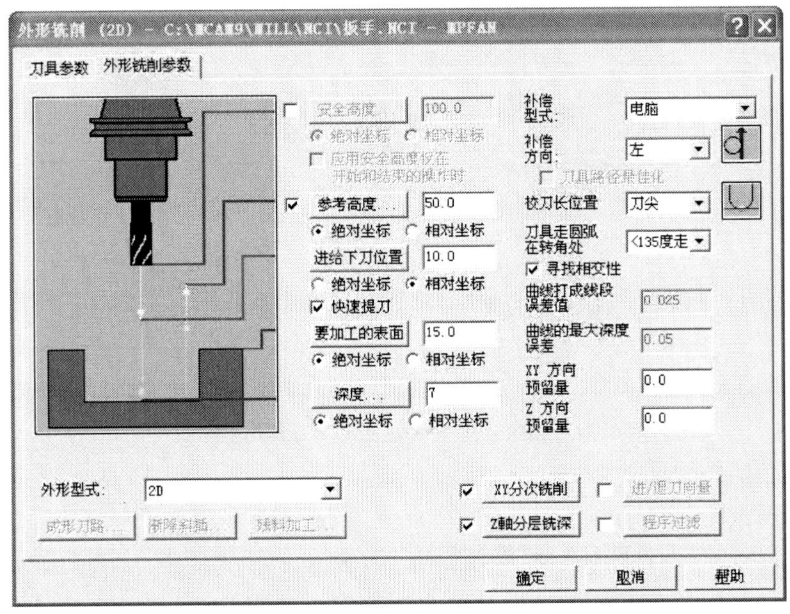

图 4.32　$\phi74$ 和 $\phi52$ 凸台的外形铣削参数设置

的“粗铣/精铣参数”选项卡，弹出“粗铣/精铣参数”对话框。“切削方式”选择“平行环切”，勾选“螺旋式下刀”，其他参数不变，如图 4.37 所示。

③生成刀轨

单击“挖槽”对话框的“确定”按钮，完成挖槽铣削刀具路径的设置，如图 4.38 所示。

6）$\phi32$ 六边形挖槽加工

其方法与加工 $\phi50$ 六边形挖槽是一样的，请同学们自行完成。

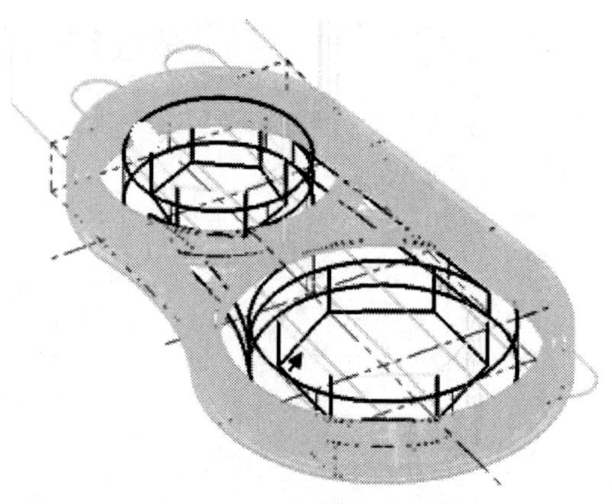

图 4.33　选择 ϕ50 和 ϕ32 六边形上轮廓

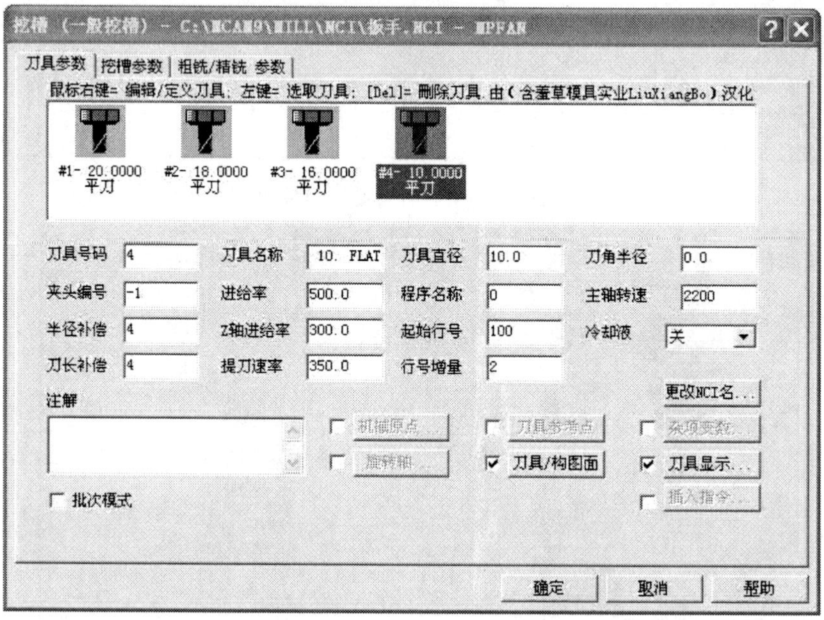

挖槽（一般挖槽）- C:\MCAM9\MILL\NCI\扳手.NCI - MPFAN

刀具参数 | 挖槽参数 | 粗铣/精铣 参数

鼠标右键= 编辑/定义刀具；左键= 选取刀具；[Del]= 删除刀具.由（含蓋草模具实业LiuXiangBo）汉化

#1- 20.0000 平刀　#2- 18.0000 平刀　#3- 16.0000 平刀　#4- 10.0000 平刀

刀具号码 4　刀具名称 10. FLAT　刀具直径 10.0　刀角半径 0.0

夹头编号 -1　进给率 500.0　程序名称 0　主轴转速 2200

半径补偿 4　Z轴进给率 300.0　起始行号 100　冷却液 关

刀长补偿 4　提刀速率 350.0　行号增量 2

更改NCI名...

注解

机械原点...　刀具参考点...　杂项变数...

旋转轴...　刀具/构图面　刀具显示...

批次模式　插入指令...

确定　取消　帮助

图 4.34　创建 ϕ10 平底刀及设置刀具加工参数

7）零件综合实体验证

①实件切削验证

选择主菜单中的“刀具路径”→“操作管理”选项，系统弹出如图 4.39 所示的对话框，勾选“全选”。

选择“实体切削验证”选项，弹出“实体切削验证”窗口，单击“持续执行”按钮。播放实体仿真加工，加工效果如图 4.40 所示。

②后处理

选择主菜单中的“刀具路径”→“操作管理”选项，系统弹出如图 4.39 所示的对话框。选择“执行后处理”选项，弹出“后处理程序”对话框，勾选如图 4.41 所示。单击“确定”按钮，选择保存路径，单击“确定”按钮。生成程序如图 4.42 所示。

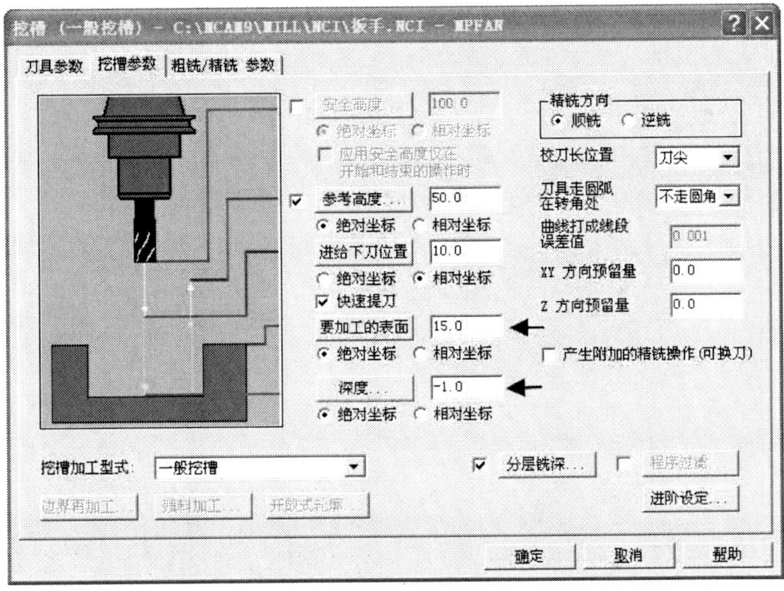

图4.35　挖槽参数设置

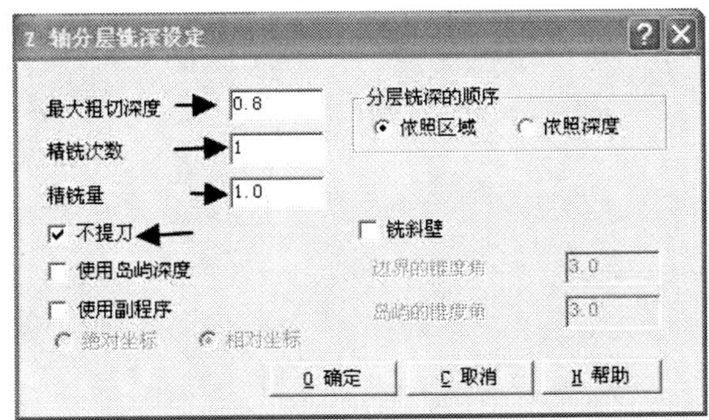

图4.36　Z轴分层铣深参数设置

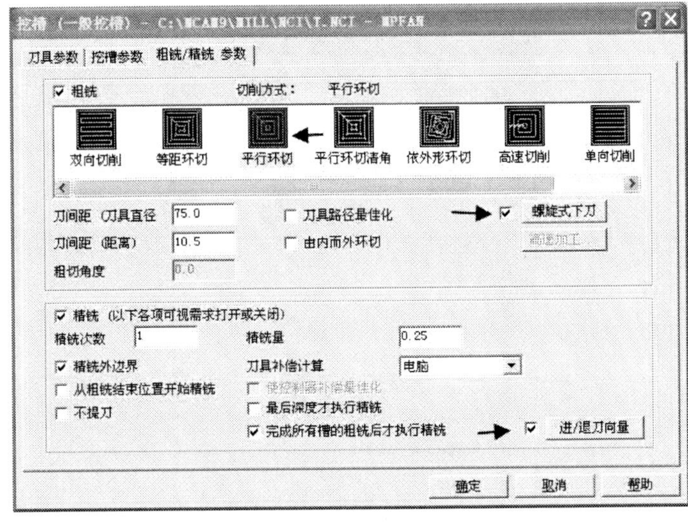

图4.37　粗铣/精铣参数设置

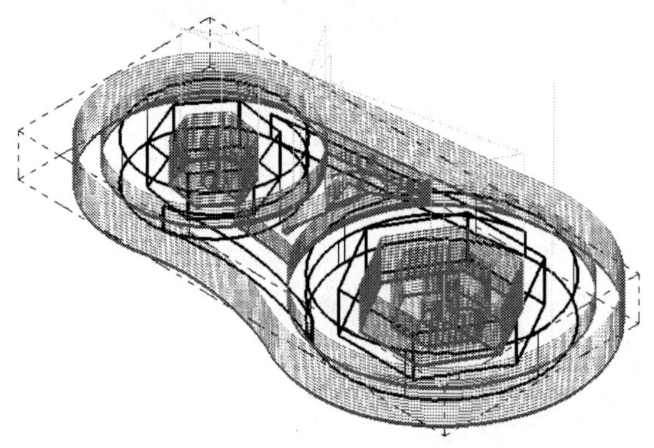

图 4.38　挖槽铣削刀具路径

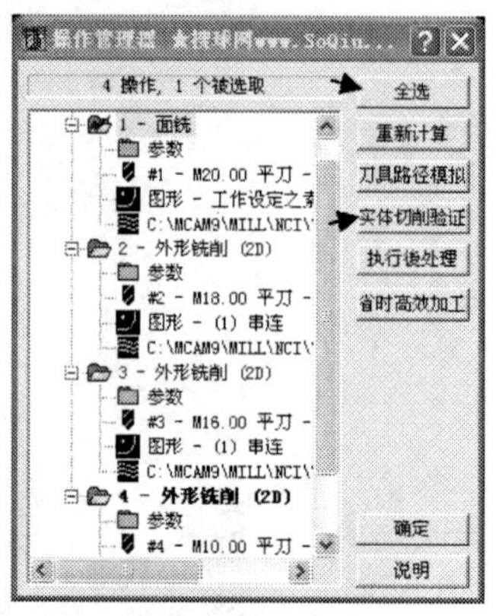

图 4.39　操作管理器

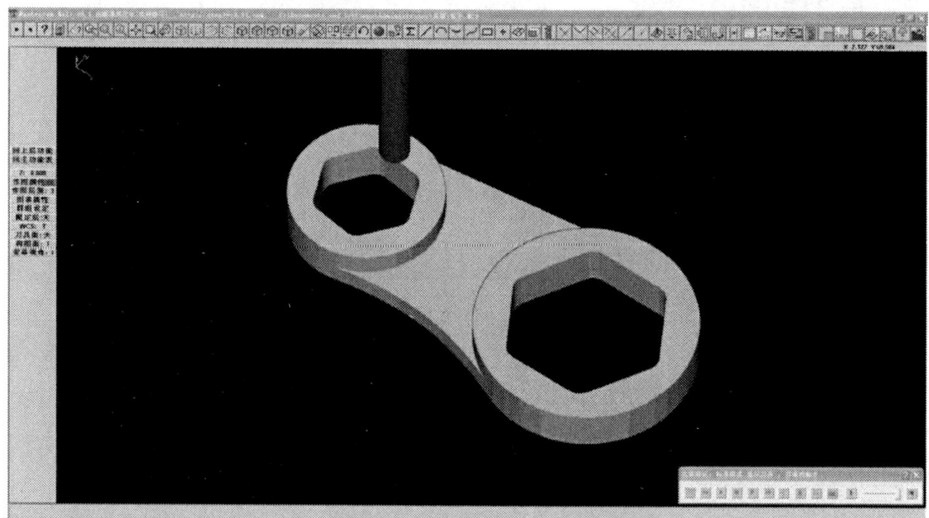

图 4.40　最终仿真效果

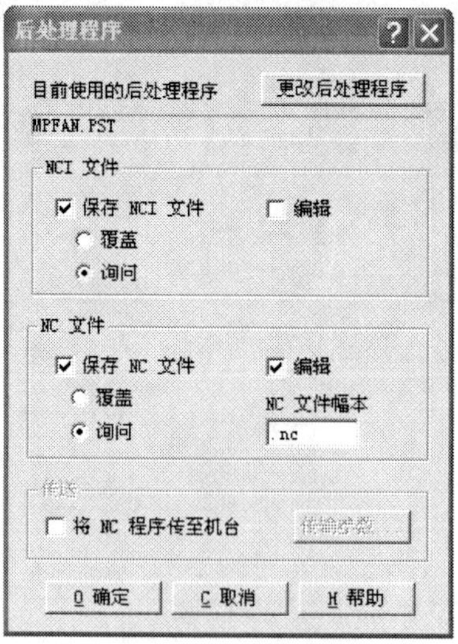

后处理程序
目前使用的后处理程序　更改后处理程序
MPFAN.PST
NCI 文件
保存 NCI 文件　编辑
覆盖
询问
NC 文件
保存 NC 文件　编辑
覆盖　NC 文件幅本
询问　.nc
传送
将 NC 程序传至机台　传输参数
O 确定　C 取消　H 帮助

图 4.41　后处理

```
\Documents and Settings\Administrator\桌面\T.NC001.NC
%
O0000
(PROGRAM NAME - T.NC001)
(DATE=DD-MM-YY - 24-11-13 TIME=HH:MM - 15:39)
N100G21
N102G0G17G40G49G80G90
( 20. FLAT ENDMILL TOOL - 1 DIA. OFF. - 1 LEN. - 1 DIA. - 20.)
N104T1M6
N106G0G90X-72.Y-59.998A0.S200M3
N108G43H1Z50.
N110Z36.
N112G1Z25.F500.
N114X62.F800.
N116G3Y-44.999R7.5
N118G1X-62.
N120G2Y-29.999R7.5
N122G1X62.
N124G3Y-14.999R7.5
N126G1X-62.
N128G2Y0.R7.5
N130G1X62.
N132G3Y14.999R7.5
N134G1X-62.
N136G2Y29.999R7.5
N138G1X62.
```

图 4.42　数控程序

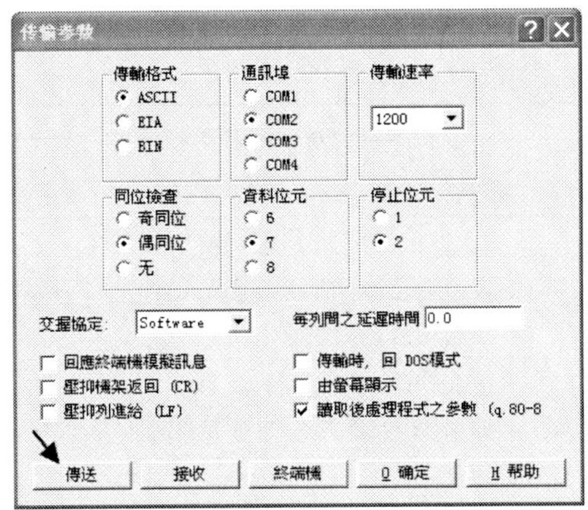

图 4.43　NC 文件传输

③NC 文件传输

选择主菜单中的“档案”→“传输”选项，系统弹出如图 4.43 所示的对话框。根据机床的不同型号和不同系统来选择。然后单击“传送”按钮，即计算机已经向数控铣床传送文件。

(4) 评分标准

检测评分标准见表 4.1。

表 4.1 评分标准

序 号	考核内容	配 分	评分标准	学生自评		教师评价	
				考核结果	得 分	考核结果	得 分
1	启动及退出程序	2	不会启动及退出程序扣全分				
2	工具栏的使用	3	正确使用工具栏,不正确酌情扣分				
3	主菜单的合理运用	6	理解及合理使用主菜单各选项,一项不会使用扣 1 分直至扣除全分				
4	辅助菜单的合理运用	4	理解及合理使用辅助菜单各选项,一项不会使用扣 1 分直至扣除全分				
5	文件的正确编辑	3	打开和关闭文件 1 分,新建、保存和浏览文件 1 分				
6	坐标系的设定	3	工件坐标系设定不正确扣全分				
7	提示区和绘图区的理解和使用	2	不理解提示区和绘图区扣 1 分				
8	获得帮助信息的方法	2	不会利用帮助对话框获得帮助信息扣 1 分				
9	常用图形的绘制	9	点、直线、圆弧、矩形、椭圆、多边形、样条曲线等图形的绘制不合理处酌情扣分				
10	图形的编辑方法	4	选取、删除、恢复、转换、修整等图形编辑不合理处酌情扣分				
11	图形的标注	4	图形的标注每错一处扣 0.5分				
12	设置构图面、视角及构图深度	4	构图面、视角及构图深度设置不合理处酌情扣分				
13	实体造型	9	实体造型不合理处酌情扣分				
14	选择工件及其材料	8	工件外形选择不正确扣 3 分,工件材料选择不准确扣 2 分,夹紧工件方式不合理扣 2 分				

续表

序 号	考核内容	配 分	评分标准	学生自评		教师评价	
				考核结果	得 分	考核结果	得 分
15	刀具选用	6	根据加工工艺卡选用刀具的种类、形状、材料，选用不适当（种类、形状、材料方面）酌情扣分				
16	刀具路径的设置	4	刀具路径的设置不正确扣全分				
17	刀具参数输入与修改	3	刀具参数输入与修改步骤不正确或数据不准确此项不得分				
18	二维铣削加工方法和参数选择	6	加工方法3分、参数选择2分，不合理酌情扣分				
19	二维铣削加工后处理	6	仿真加工3分、后处理方法2分，不合理酌情扣分				
20	铣削加工方法和参数选择	6	加工方法3分、参数选择2分，不合理酌情扣分				
21	铣削加工后处理	6	仿真加工3分、后处理方法2分，不合理酌情扣分				
合 计		100					

任务4.2 定位块的制作

(1)实例概述

零件尺寸如图4.44所示。在MasterCAM软件中，为了编制零件的应用NC加工程序，需要先建立该零件的模型。分析上述零件，只要建立如图4.44所示的俯视图的二维外形模型，根据二维外形模型，结合Z轴的深度(从主视图中获得)，产生零件的二维加工刀具路径轨迹，经过后处理，产生NC加工程序，就可在数控铣床或加工中心上加工出该零件。

(2)操作步骤

1) *R*45和*R*55圆弧的绘制

选择主菜单中的“绘图”→“圆弧”→“点半径”选项，在“半径”命令栏里输入“45”，鼠标单击圆心。返回主菜单继续选择“绘图”→“圆弧”→“点半径”选项，在“半径”命令栏里输

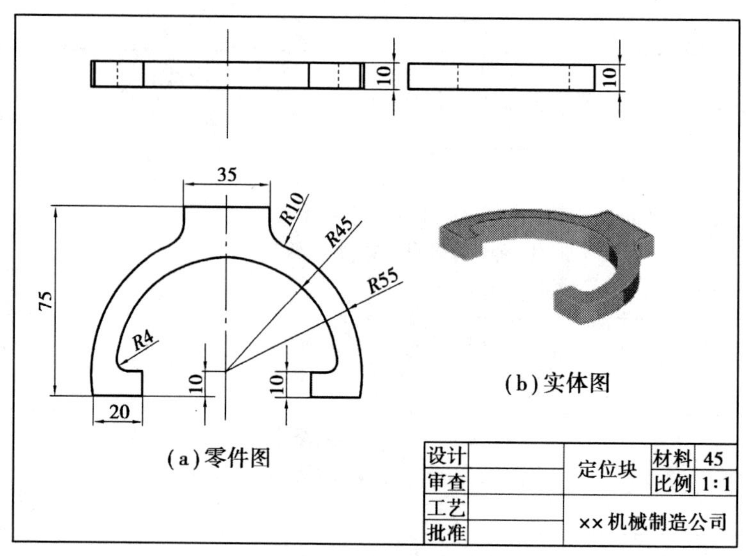

图 4.44　定位块

入“55”,鼠标单击圆心。画好的两个圆弧如图 4.45 所示。

2)绘制长度为 35 凸台

①选择主菜单中的“绘图”→“直线”→“平行线”→“方向/距离”→“请选择线”→“请指定补正方向”→“平行之间的距离”选项,命令栏里输入数值为“75”。需要作 3 条边的平行线,其余两条边与之前所讲一样,请自行完成,如图 4.46 所示。

②选择主菜单中的“绘图”→“圆弧”→“切弧”→“切两物体”选项,命令栏里输入数值为“10”,按“Enter”键。鼠标分别选择如图 4.47 所示的箭头。

③选择主菜单“修整”→“打断”→“打成二段”选项,对切圆进行修整。最后得到 *R*10 的圆弧并相切于 *R*55 的圆弧和直线,如图 4.48 所示。

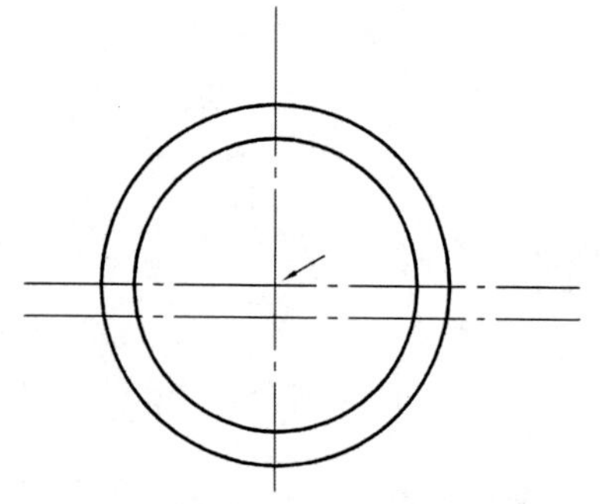

图 4.45　两圆弧的绘制

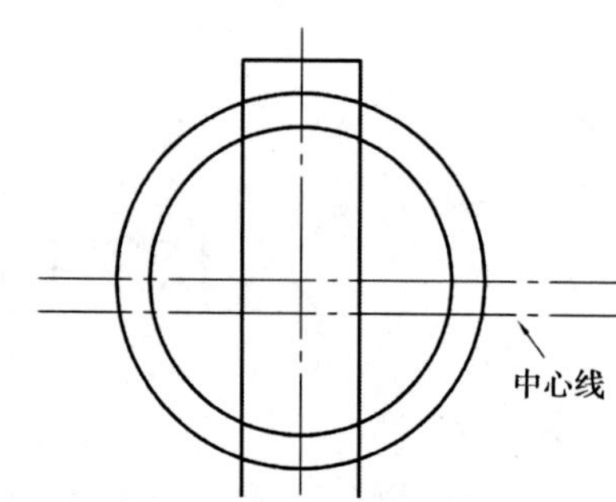

图 4.46　长度为 35 凸台的辅助线

3)绘制高度为 10 的两个凸台

①选择主菜单中的“绘图”→“直线”→“平行线”→“方向/距离”→“请选择线”→“请指定补正方向”→“平行之间的距离”选项,命令栏里输入数值为“34”。返回主菜单中,选择“绘图”→“直线”→“水平线”选项,连接如图 4.49 箭头所示的交点。返回主菜单,选择“修整”→“打断”→“打成二段”选项,对其进行修整,如图 4.50 所示。

②选择主菜单中的“绘图”→“直线”→“极坐标线”选项,鼠标选择刚才创建直线的端点。

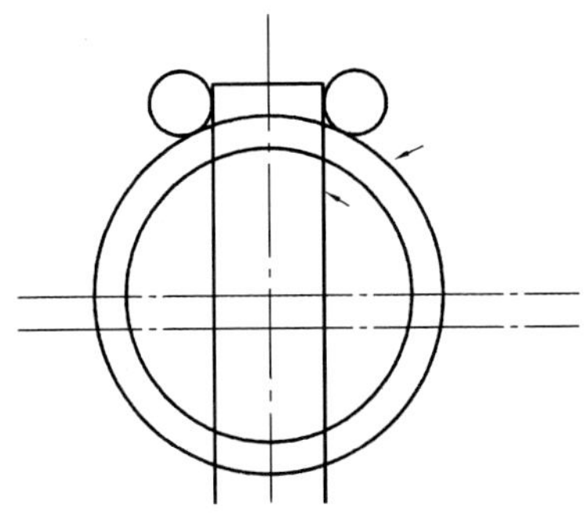

图 4.47　*R*10 切圆的绘制

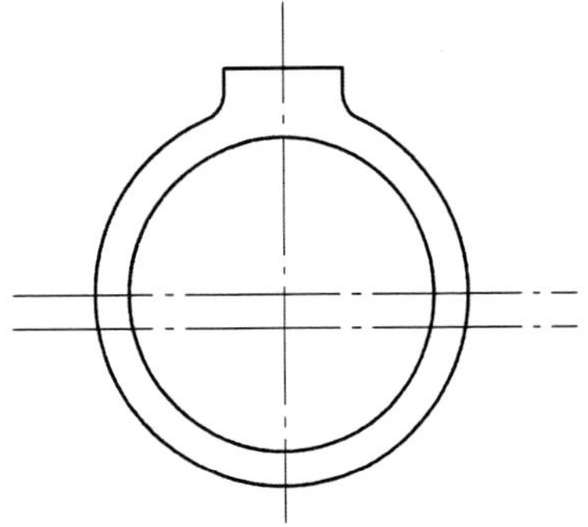

图 4.48　*R*10 切圆的修整

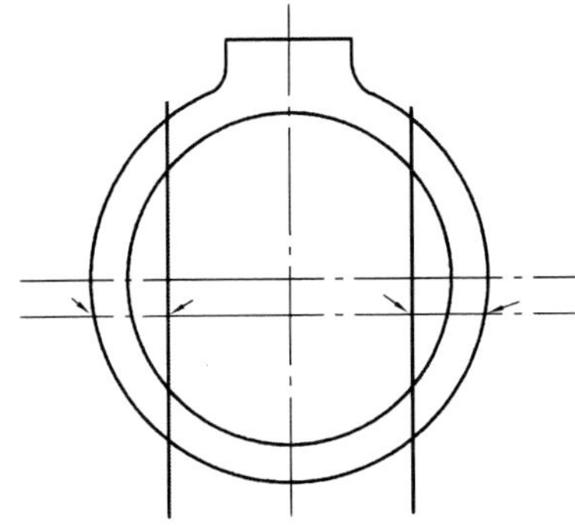

图 4.49　显示的交点

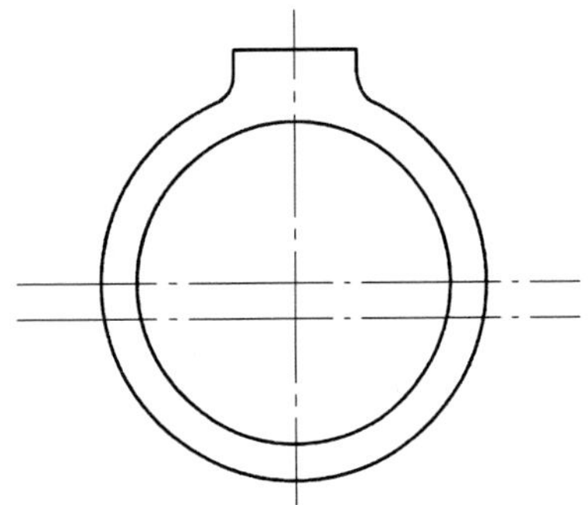

图 4.50　修整后的图形

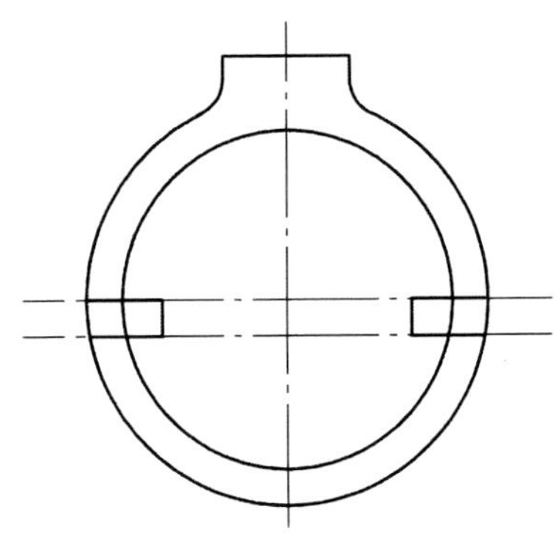

图 4.51　高度为 10 的凸台轮廓

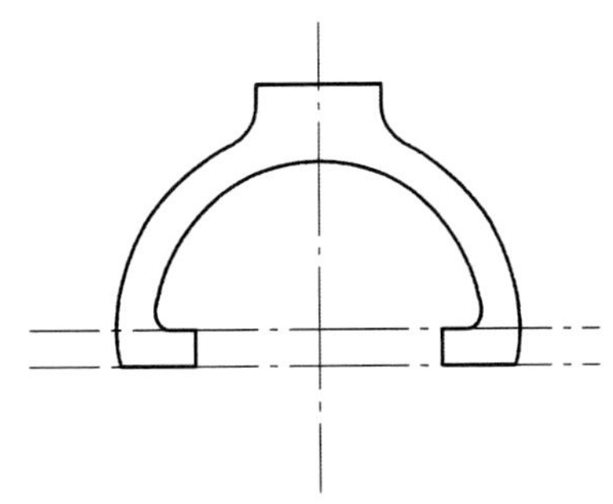

图 4.52　修整后的图形

在命令提示栏"请输入角度"输入"90",按"Enter"键;在"输入线长"输入"10",按"Enter"键。返回主菜单,选择"绘图"→"直线"→"水平线"选项,连接刚刚所创建的直线,如图 4.51 所示。

③选择主菜单中的"绘图"→"圆弧"→"切弧"→"切两物体"选项,命令栏里输入数值为"4",按"Enter"键;鼠标分别选择 *R*45 的圆弧和直线。返回主菜单,选择"修整"→"打断"→"打成二段"选项,对切圆进行修整,如图 4.52 所示。

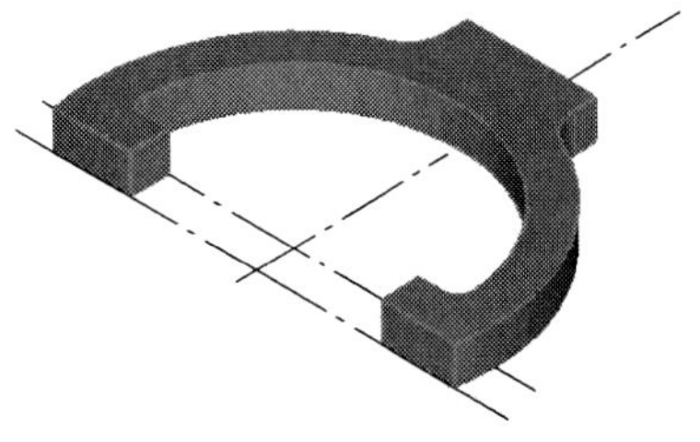

图 4.53　最终零件的实体图

④选择主菜单中"实体"→"挤出"→"串连"选项,鼠标选择如图 4.52 所示的图形。根据图纸几何尺寸来作为数值的标准,如图 4.53 所示。

⑤选择主菜单栏"档案"→"存档"选项，在"文件"对话框中输入文件名"定位块"。按"Enter"键，完成档案保存。

(3)CAM 加工具体操作步骤

1)工件设计

①新建文件

选择主菜单中的"档案"→"取档"选项，系统弹出如图 4.54 所示的对话框。选择"定位块"选项，单击"打开"按钮，如图 4.55 所示。

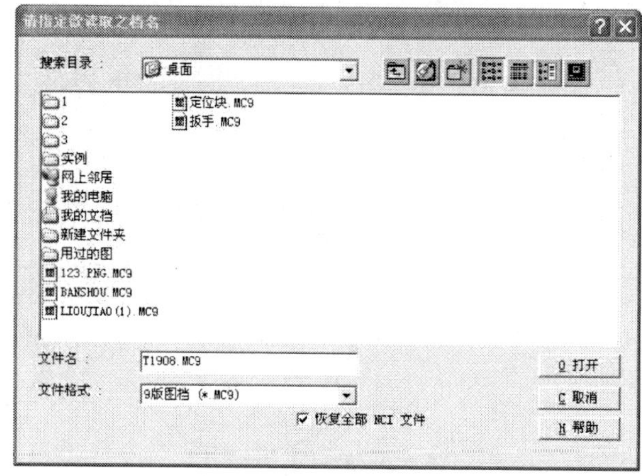

图 4.54　调取档案

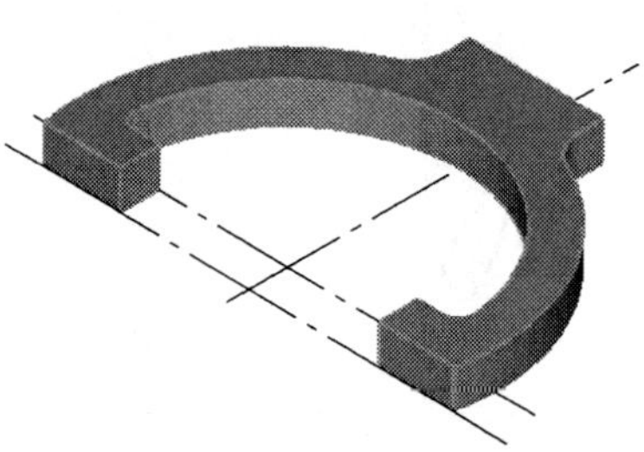

图 4.55　已调取图

②工作设定

选择主菜单"刀具路径"→"工作设定"选项，弹出"工作设定"对话框，如图 4.56 所示。将"工件原点"X 设置为"0"，Y 设置为"27.5"，Z 设为"11"，将工件高度 Z 设置为"11"，勾选"显示工件"选项，单击"确定"按钮。返回主菜单，绘图区的工件上出现红色的虚线框，如图 4.57 所示。

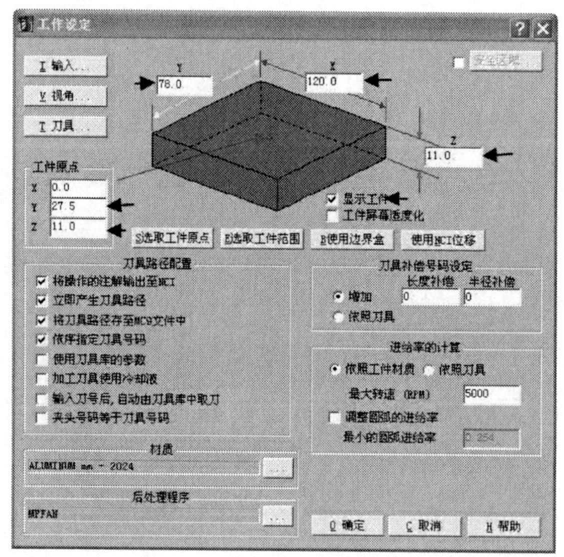

图 4.56　工作设定对话框

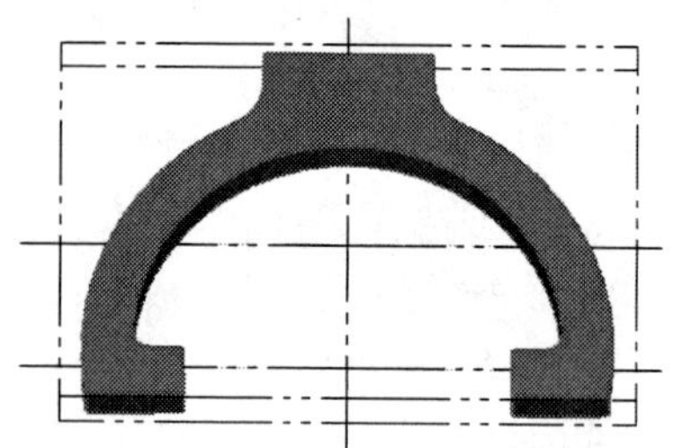

图 4.57　显示工作设定

2）面铣

①选择加工类型

选择主菜单"刀具路径"→"面铣"选项，弹出"面铣选择"菜单。选择"执行"选项，弹出面铣对话框，如图4.58所示。

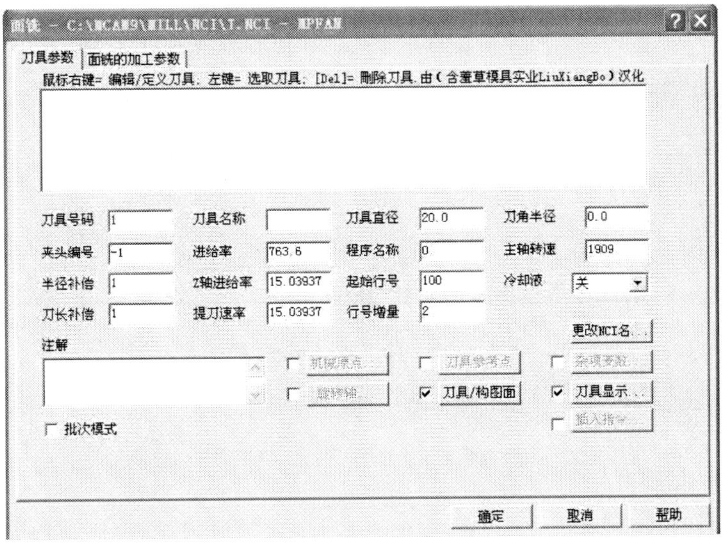

图4.58 面铣

②设置面铣刀具

将鼠标放在"面铣"对话框的空白处，单击鼠标右键，弹出"刀具快捷"菜单，如图4.59所示。选择"快捷菜单"中的"从刀具库中选取刀具"，弹出"刀具管理员"对话框。选择直径为ϕ20的平刀，如图4.60所示。单击"确定"按钮，"面铣"对话框中出现了第一把刀、主轴转速、进给率设置，如图4.61所示。

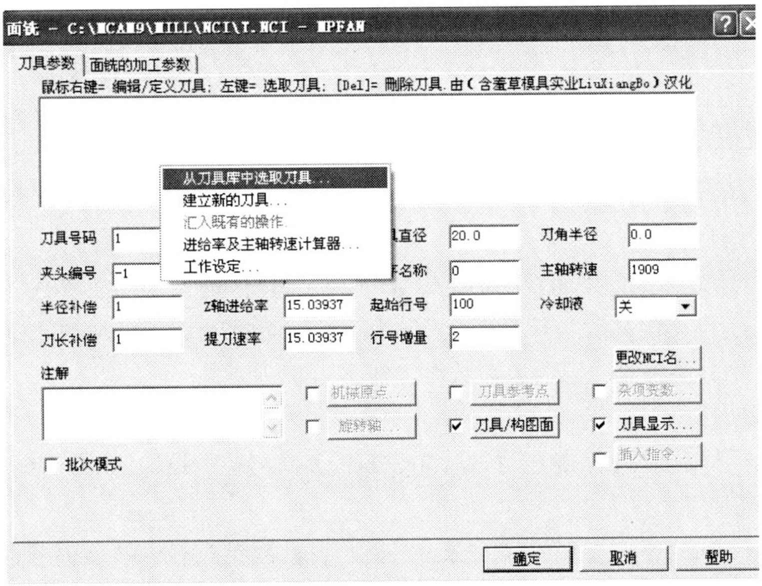

图4.59 选用刀具及设置刀具参数

刀具管理 - C:\MCAM9\MILL\TOOLS\TOOLS_MM.TL9

过滤之设定... ☑ 过滤刀具
显示的刀具数 249 / 249

刀具号码	刀具型式	直径	刀具名称	刀角半径	半径形式
...	平刀	14.0000 mm	14. FLAT ENDMILL	0.000000 mm	平刀
...	平刀	15.0000 mm	15. FLAT ENDMILL	0.000000 mm	平刀
...	平刀	16.0000 mm	16. FLAT ENDMILL	0.000000 mm	平刀
...	平刀	17.0000 mm	17. FLAT ENDMILL	0.000000 mm	平刀
...	平刀	18.0000 mm	18. FLAT ENDMILL	0.000000 mm	平刀
...	平刀	19.0000 mm	19. FLAT ENDMILL	0.000000 mm	平刀
...	平刀	20.0000 mm	20. FLAT ENDMILL	0.000000 mm	平刀
...	平刀	21.0000 mm	21. FLAT ENDMILL	0.000000 mm	平刀
...	平刀	22.0000 mm	22. FLAT ENDMILL	0.000000 mm	平刀
...	平刀	23.0000 mm	23. FLAT ENDMILL	0.000000 mm	平刀
...	平刀	24.0000 mm	24. FLAT ENDMILL	0.000000 mm	平刀
...	平刀	25.0000 mm	25. FLAT ENDMILL	0.000000 mm	平刀
...	球刀	1.0000 mm	1. BALL ENDMILL	0.500000 mm	球刀
...	球刀	2.0000 mm	2. BALL ENDMILL	1.000000 mm	球刀

O 确定　C 取消　H 帮助

图 4.60　选用 ϕ20 平底刀

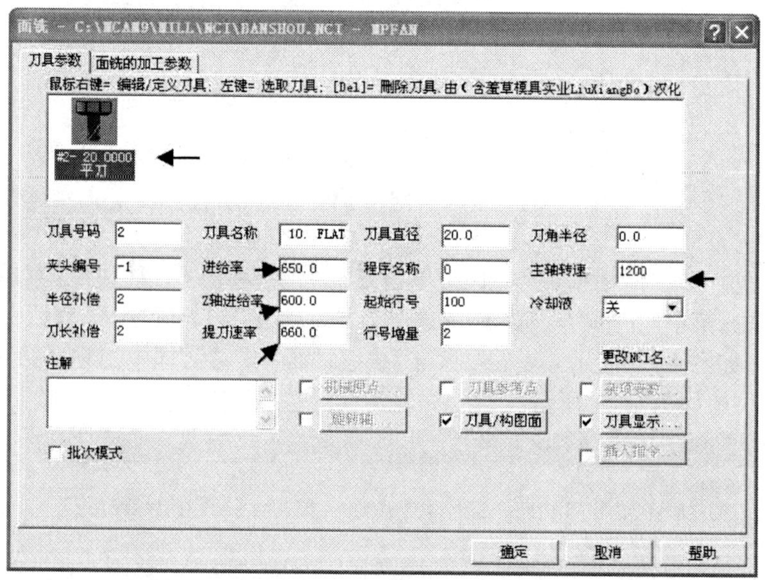

图 4.61　设置刀具加工参数

③面铣参数设置

选择"面铣"对话框中的"面铣的加工参数"选项，弹出"面铣的加工参数"对话框。"要加工的表面"设为毛坯的高度"11"，"深度"设为工件表面的高度"10"，各参数设置如图4.62所示。勾选"Z 轴分层铣深"选项，各参数设置如图 4.63 所示。

④生成刀轨

单击"面铣"对话框中的"确定"按钮，完成面铣刀具路径的设置，如图 4.64 所示。

⑤面铣仿真加工

选择主菜单中的"操作管理"选项，弹出"操作管理"对话框；选择"实体验证"选项，弹出"实体验证"窗口；单击"持续执行"按钮，播放实体仿真加工。加工效果如图 4.65 所示。

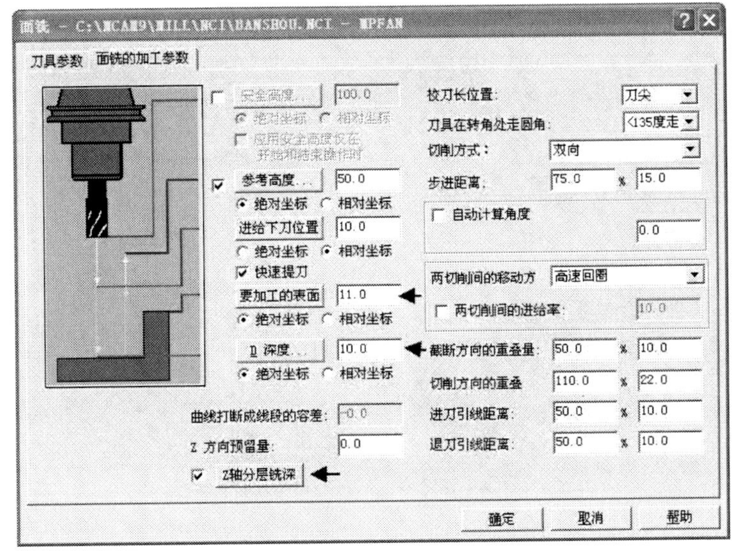

图 4.62 面铣的加工参数设置

3）定位块外形铣削

①选择加工类型外形铣削

选择主菜单"刀具路径"→"外形铣削"→"串连"选项，用鼠标选择如图 4.66 所示的轮廓；选择"执行"→"执行"选项，弹出"外形铣削(2D)"对话框；创建 $\phi16$ 平底刀及设置刀具加工参数，如图 4.67 所示。

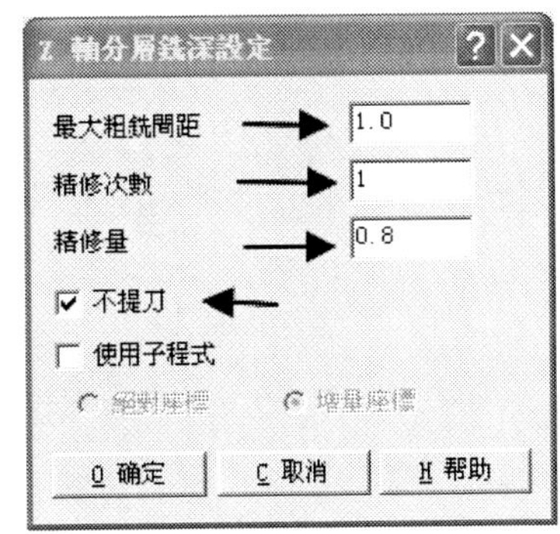

图 4.63 Z 轴分层铣深设定

②外形铣削参数设置

选择如图 4.67 所示"外形铣削(2D)"对话框中的"外形铣削参数"选项。"要加工的表面"设为"10"，"深度"设为"－1"，"补偿方向"为"左"，各参数设置如图4.68所示。勾选"Z 轴分层铣深"和"XY 分次铣削"选项，各参数设置如图 4.29 和图 4.70 所示。

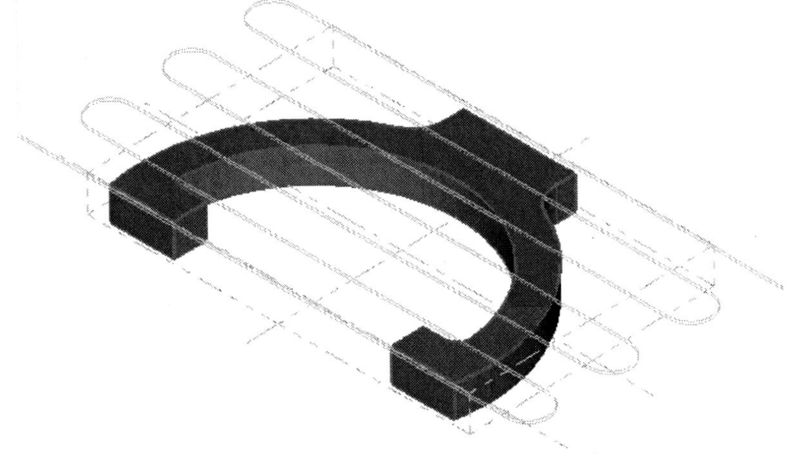

图 4.64 面铣方式生成刀具路径图

图 4.65　面铣加工方式仿真结果

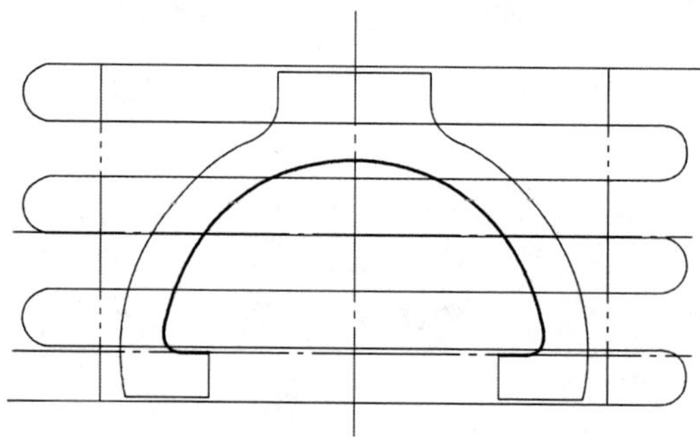

图 4.66　选择外轮廓

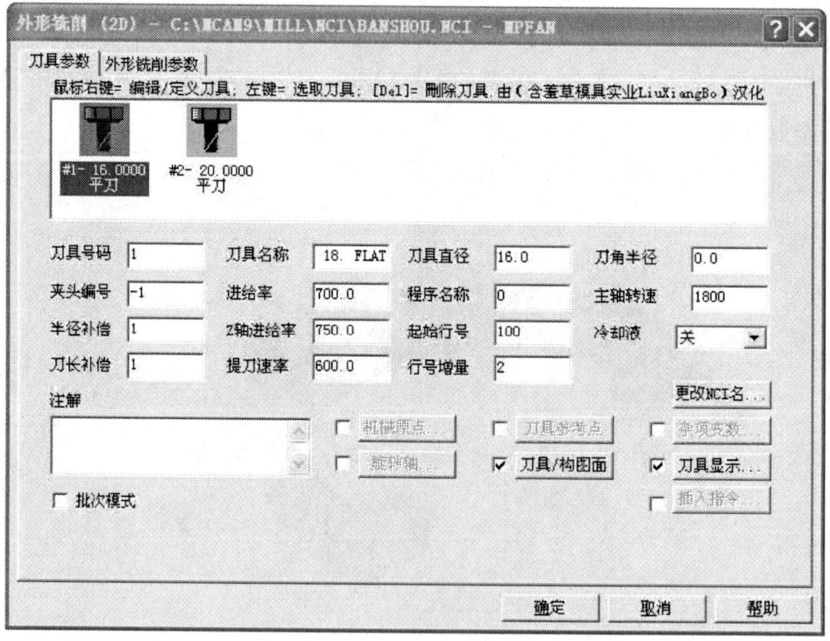

图 4.67　创建 $\phi16$ 平底刀及设置刀具加工参数

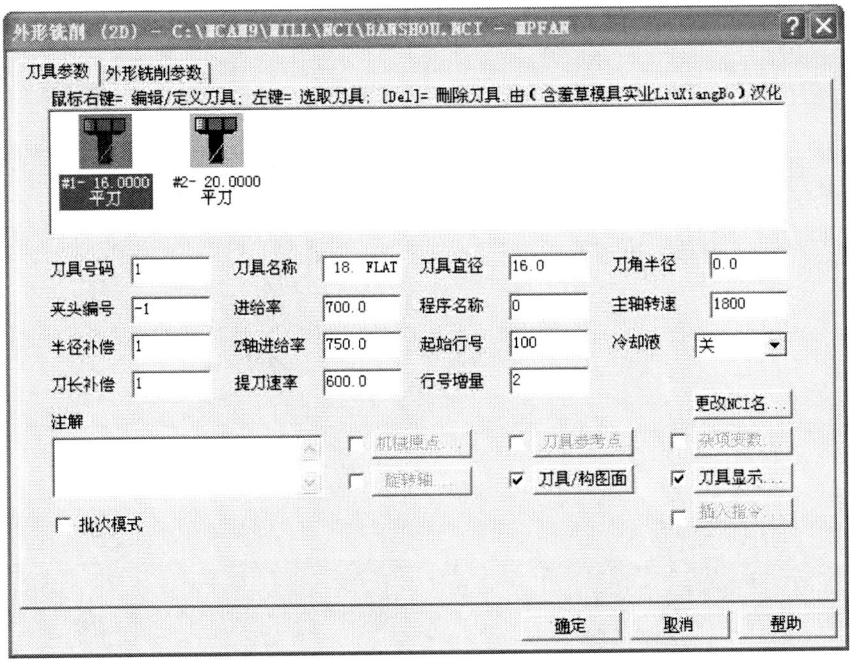

图 4.68　外形铣削参数设置

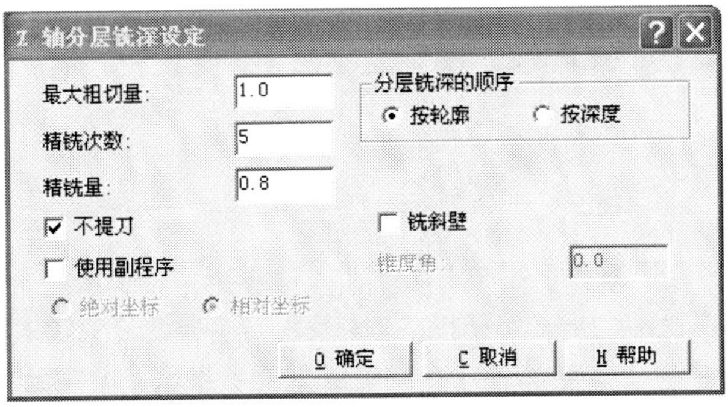

图 4.69　Z 轴分层铣深参数设置

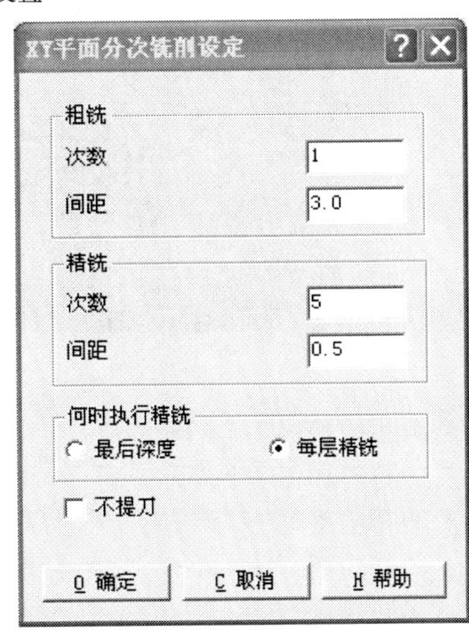

图 4.70　XY 分次铣削参数设置

③生成刀轨

单击“外形铣削(2D)”对话框中的“确定”按钮，完成外形铣削刀具路径的设置，如图 4.71所示。

④外形铣削仿真加工

选择主菜单中的“操作管理”选项，弹出“操作管理”对话框；选择“实体验证”选项，弹出“实体验证”窗口；单击“持续执行”按钮，播放实体仿真加工。加工效果如图 4.72 所示。

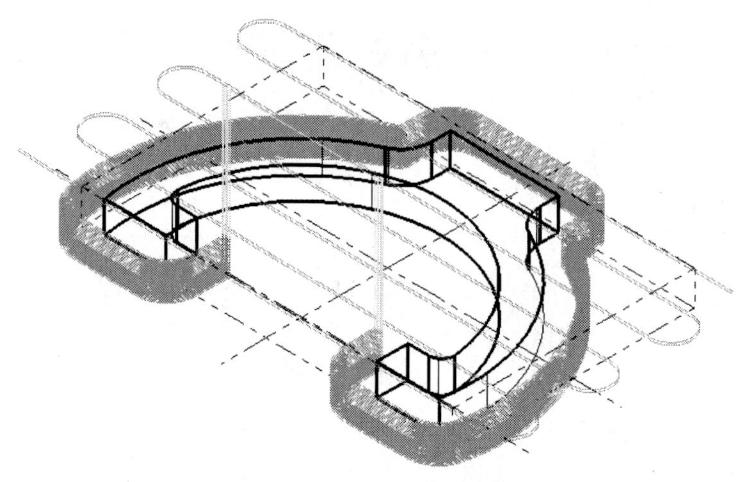

图 4.71 外形铣削方式生成刀具路径图

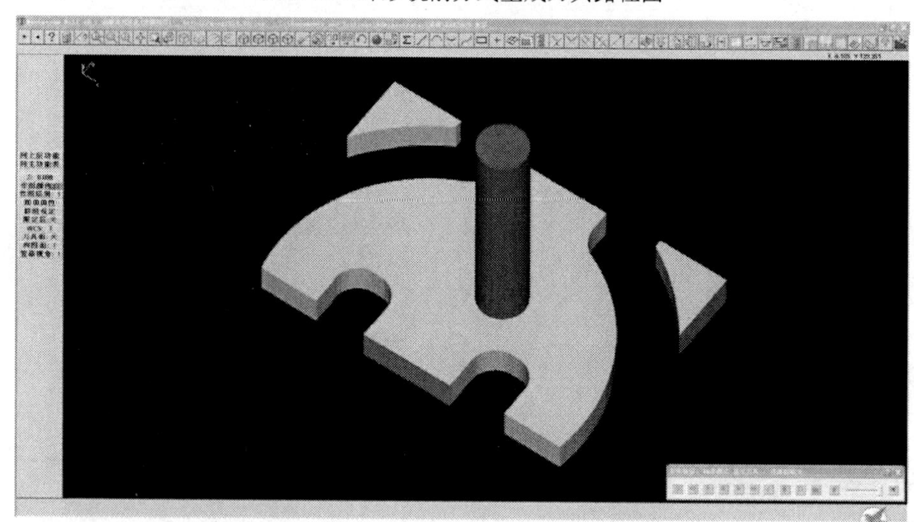

图 4.72 外形铣削加工方式仿真结果

4）定位块内轮廓的铣削

①选择加工类型外形铣削

选择主菜单"刀具路径"→"外形铣削"→"串连"选项，用鼠标选择如图 4.73 所示的轮廓。选择"执行"→"执行"选项，弹出"外形铣削(2D)"对话框。创建 ϕ8 平底刀及设置刀具加工参数，设置方法同上。选择"外形铣削(2D)"对话框中的"外形铣削参数"选项。"要加工的表面"设为"10"，"深度"设为" -1"，"补偿方向"为"右"。勾选"Z 轴分层铣深"和"XY 分次铣削"选项，设置方法同上。

②内轮廓铣削仿真加工

选择主菜单中的"操作管理"选项，弹出"操作管理"对话框；选择"实体验证"选项，弹出"实体验证"窗口；单击"持续执行"按钮，播放实体仿真加工。加工效果如图 4.74 所示。

5）零件综合实体验证

①选择主菜单中的"刀具路径"→"操作管理"选项，系统弹出如图 4.75 所示对话框，勾选"全选"。

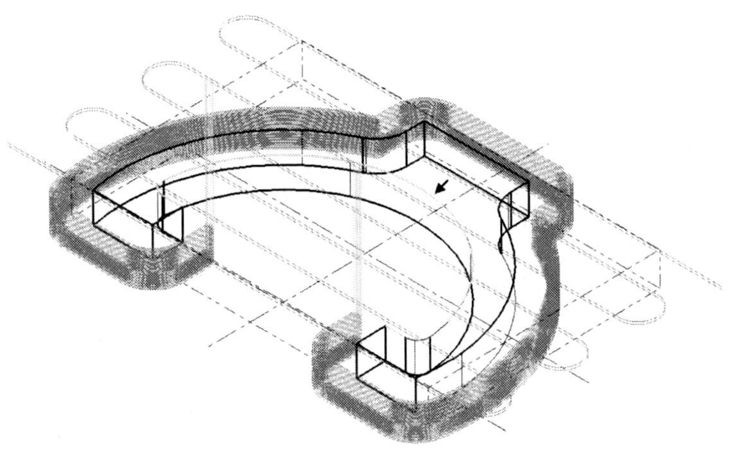

图 4.73 选择定位块内轮廓

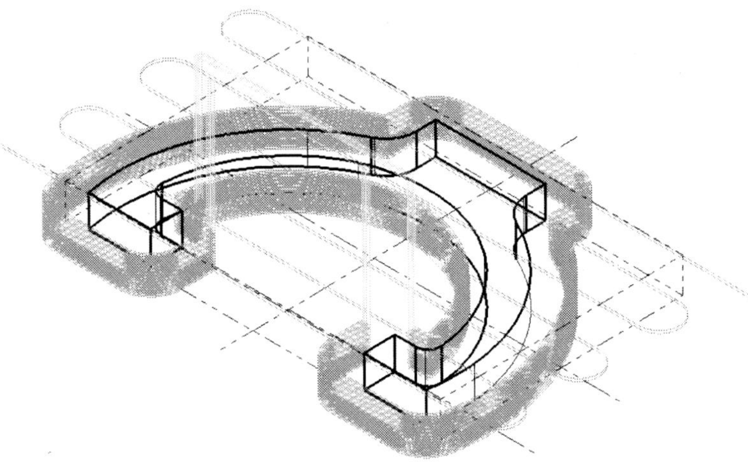

图 4.74 定位块内轮廓铣削刀具路径的生成

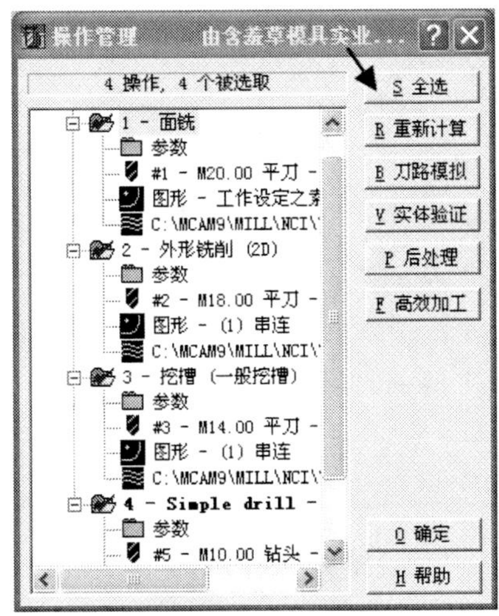

图 4.75 操作管理

②选择“实体验证”选项，弹出“实体验证”窗口；单击“持续执行”按钮，播放实体仿真加工，加工效果如图 4.76 所示。

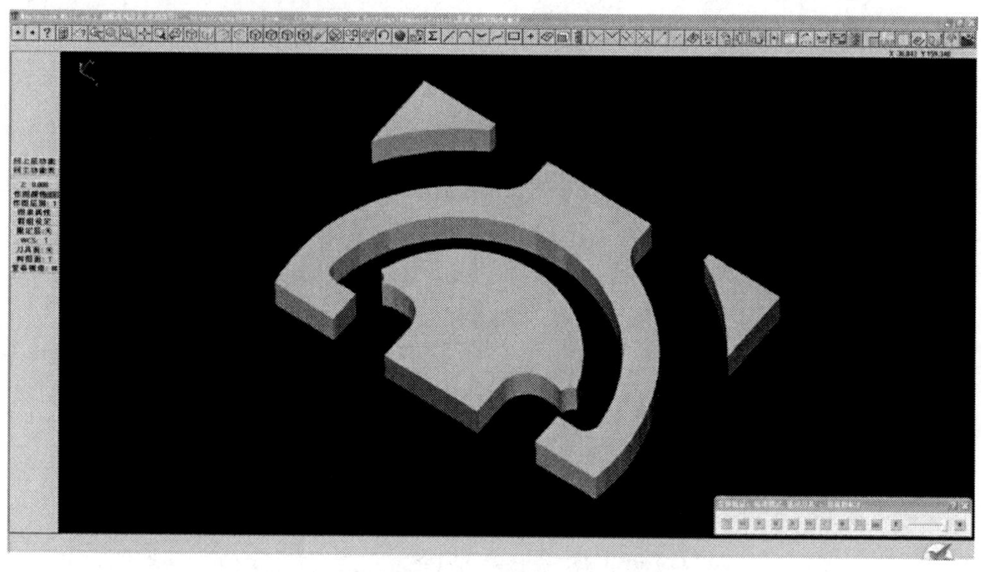

图 4.76　定位块最终仿真结果

③后处理

选择主菜单中的“刀具路径”→“操作管理”选项，系统弹出如图 4.75 所示对话框。选择“后处理”选项，弹出“后处理程序”对话框，勾选如图 4.77 所示。单击“确定”按钮，选择保存路径，再单击“确定”按钮。生成程序如图 4.78 所示。

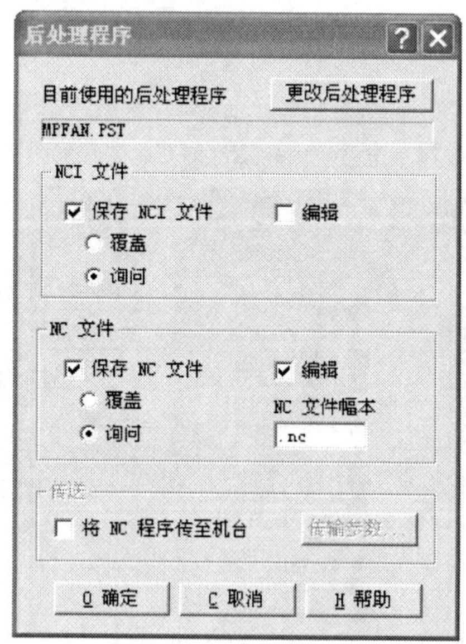

图 4.77　后处理

```
\Documents and Settings\Administrator\桌面\T.NC001.NC
%
O0000
(PROGRAM NAME - T.NC001)
(DATE=DD-MM-YY - 24-11-13 TIME=HH:MM - 15:39)
N100G21
N102G0G17G40G49G80G90
( 20. FLAT ENDMILL TOOL - 1 DIA. OFF. - 1 LEN. - 1 DIA. - 20.)
N104T1M6
N106G0G90X-72.Y-59.998A0.S200M3
N108G43H1Z50.
N110Z36.
N112G1Z25.F500.
N114X62.F800.
N116G3Y-44.999R7.5
N118G1X-62.
N120G2Y-29.999R7.5
N122G1X62.
N124G3Y-14.999R7.5
N126G1X-62.
N128G2Y0.R7.5
N130G1X62.
N132G3Y14.999R7.5
N134G1X-62.
N136G2Y29.999R7.5
N138G1X62.
```

图 4.78 数控程序

④NC 文件传输

选择主菜单中的"档案"→"传输"选项，系统弹出如图 4.43 所示对话框。根据机床的不同型号和不同系统来选择。然后单击"传送"按钮，即计算机已经向数控铣床传送文件。

(4)评分标准

检测评分标准见表 4.2。

表 4.2 评分标准

序 号	考核内容	配 分	评分标准	学生自评		教师评价	
				考核结果	得 分	考核结果	得 分
1	启动及退出程序	2	不会启动及退出程序扣全分				
2	工具栏的使用	3	正确使用工具栏，不正确酌情扣分				
3	主菜单的合理运用	6	理解及合理使用主菜单各选项，一项不会使用扣 1 分直至扣除全分				
4	辅助菜单的合理运用	4	理解及合理使用辅助菜单各选项，一项不会使用扣 1 分直至扣除全分				
5	文件的正确编辑	3	打开和关闭文件 1 分，新建、保存和浏览文件 1 分				
6	坐标系的设定	3	工件坐标系设定不正确扣全分				
7	提示区和绘图区的理解和使用	2	不理解提示区和绘图区扣 1 分				

续表

序　号	考核内容	配　分	评分标准	学生自评		教师评价	
				考核结果	得　分	考核结果	得　分
8	获得帮助信息的方法	2	不会利用帮助对话框获得帮助信息扣1分				
9	常用图形的绘制	9	点、直线、圆弧、矩形、椭圆、多边形、样条曲线等图形的绘制不合理处酌情扣分				
10	图形的编辑方法	4	选取、删除、恢复、转换、修整等图形编辑不合理处酌情扣分				
11	图形的标注	4	图形的标注每错一处扣0.5分				
12	设置构图面、视角及构图深度	4	构图面、视角及构图深度设置不合理处酌情扣分				
13	实体造型	9	实体造型不合理处酌情扣分				
14	选择工件及其材料	8	工件外形选择不正确扣3分,工件材料选择不准确扣2分,夹紧工件方式不合理扣2分				
15	刀具选用	6	根据加工工艺卡选用刀具的种类、形状、材料,选用不适当(种类、形状、材料方面)酌情扣分				
16	刀具路径的设置	4	刀具路径的设置不正确扣全分				
17	刀具参数输入与修改	3	刀具参数输入与修改步骤不正确或数据不准确此项不得分				
18	二维铣削加工方法和参数选择	6	加工方法3分、参数选择2分,不合理酌情扣分				
19	二维铣削加工后处理	6	仿真加工3分、后处理方法2分,不合理酌情扣分				
20	铣削加工方法和参数选择	6	加工方法3分、参数选择2分,不合理酌情扣分				
21	铣削加工后处理	6	仿真加工3分、后处理方法2分,不合理酌情扣分				
合　计		100					

任务 4.3 挡块的制作

(1)实例概述

零件尺寸如图 4.79 所示。在 MasterCAM 软件中,为了编制零件的应用 NC 加工程序,需要先建立该零件的模型。分析上述零件,只要建立如图 4.79 所示的主视图的二维外形模型,根据二维外形模型,结合 Z 轴的深度(从主视图中获得),产生零件的二维加工刀具路径轨迹,经过后处理,产生 NC 加工程序,就可在数控铣床或加工中心上加工出该零件。

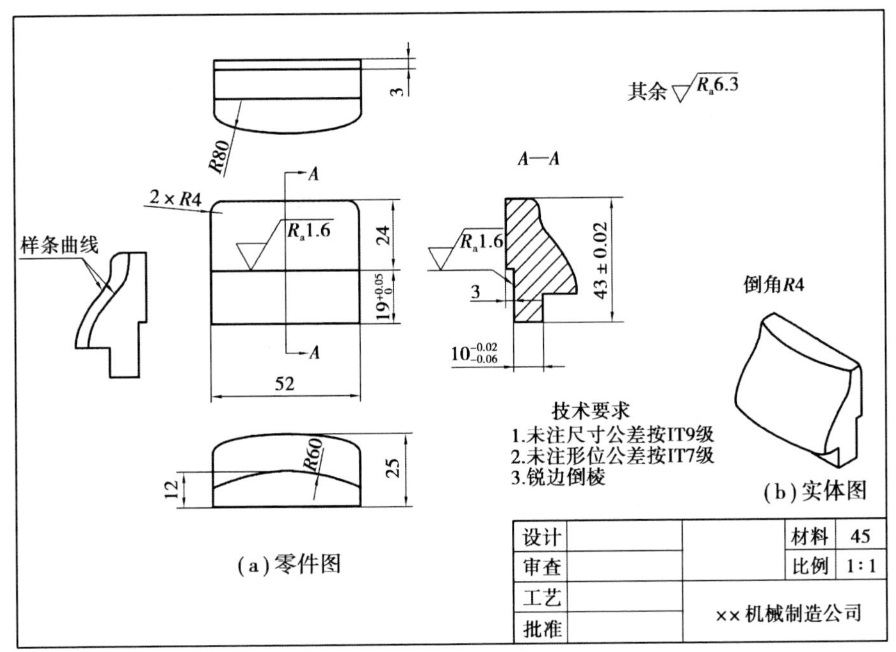

图 4.79 挡块

(2)操作步骤

1)二维模型的绘制

①挡块的绘制

根据图纸尺寸,创建中心线。选择主菜单中的“绘图”→“直线”→“平行线”→“方向/距离”选项,命令提示栏提示“请选择线”,选择中心线;“请指定补正方向”左键单击要平行的方向;“平行之间的距离”输入数值为“5,10,19”。选择主菜单中的“回主功能表”→“修整”→“打断”→“打成二段”→“提示行”选项,选取图素;选择“提示行”选项,指定断点;选择“删除图素”选项,删除多余的线段。选择主菜单中的“绘图”→“直线”→“水平线”选项,绘制如图 4.80 所示的轮廓。

选择主菜单中的“绘图”→“直线”→“平行线”→“方向/距离”选项,命令提示栏提示“请选择线”,选择如图 4.80 箭头所示的两条线;“请指定补正方向”左键单击要平行的方

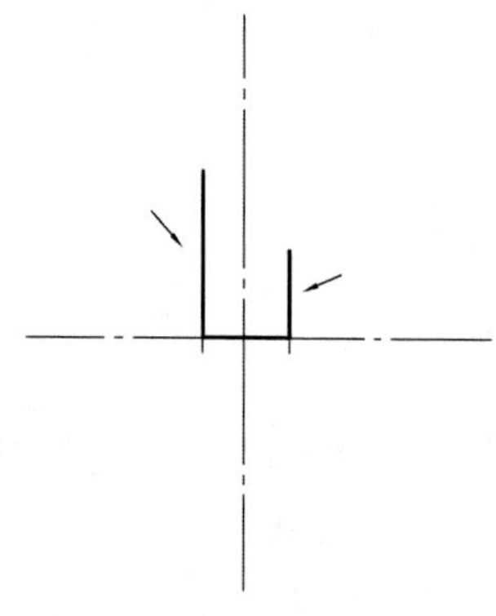

图 4.80　绘制底座的轮廓线 1

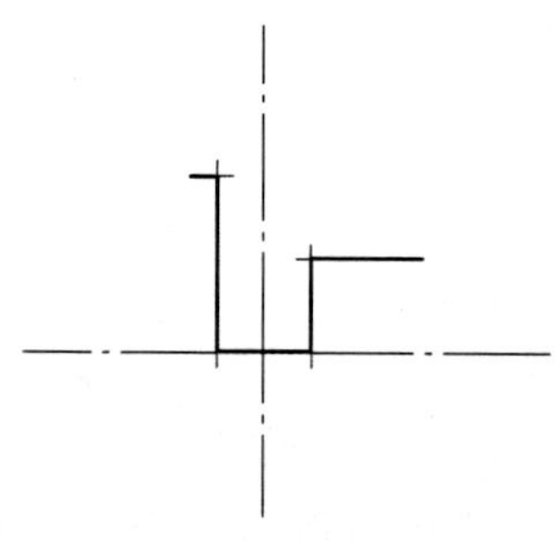

图 4.81　绘制底座的轮廓线 2

向;“平行之间的距离”分别输入数值为“3,12”。重复选择主菜单的“直线”和“修整”命令,如图4.81所示。

根据图纸尺寸,重复选择“绘图”→“直线”→“平行线”→“方向/距离”命令,绘制如图4.82所示的轮廓。

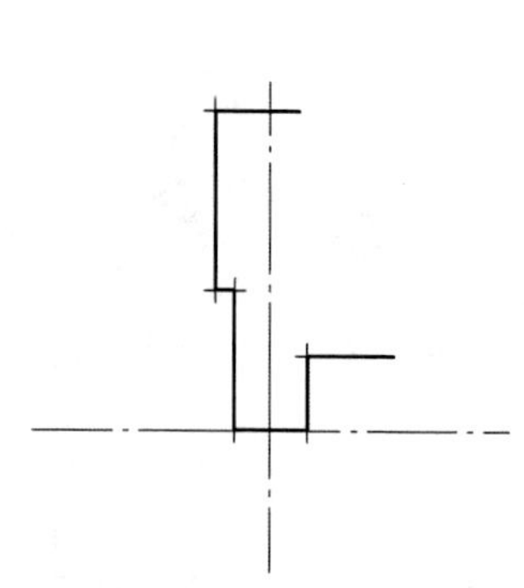

图 4.82　绘制底座的轮廓线 3

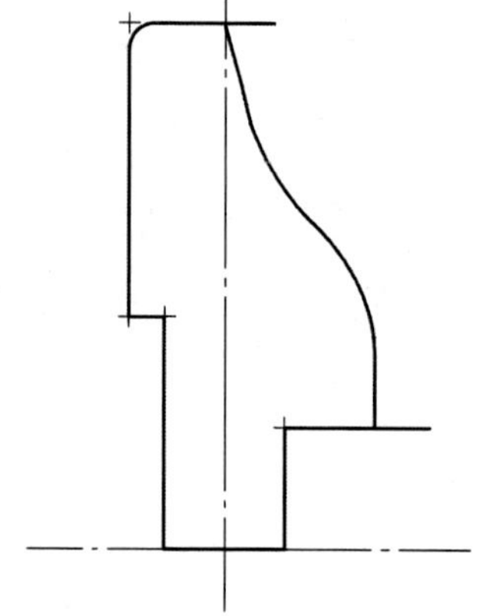

图 4.83　构建样条曲线和倒圆角

根据图纸尺寸,选择主菜单中的“绘图”→“曲线”→“手动输入”选项,画样条曲线。选择主菜单中的“绘图”→“倒圆角”→“圆角半径”选项,在命令提示栏分别输入“2,4”分别倒圆角,如图 4.83 所示。

选择主菜单中的“实体”→“挤出”→“串连”等命令,生成实体,如图 4.84 所示。

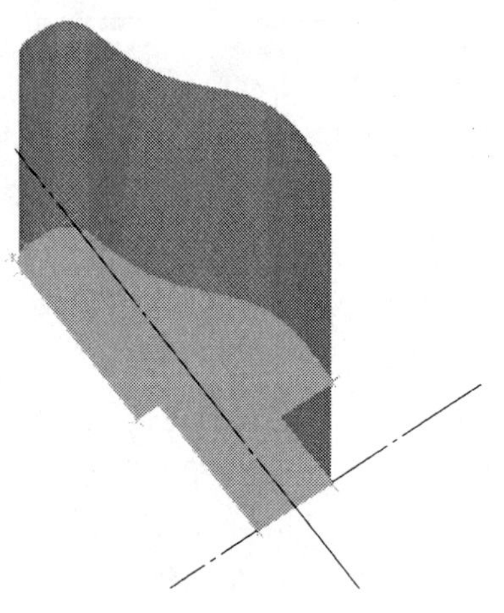

图 4.84　实体的生成

选择主菜单中的“绘图”→“曲线”→“手动输入”选项,画样条曲线,如图 4.85 所示的箭头所指。选择主菜单中的“Z”选项,输入数值为“52”选择主菜单中的“绘图”→“曲线”→“手动输入”选项,画另外一面的样条曲线。

选择主菜单“转换”→“镜像”→“所有的”→“实体”等命令,对楔块进行换面。

选择主菜单“绘图”→“圆弧”→“两点画圆”选项，分别选择两条样条曲线的4个端点，画 *R*60 和 *R*80 的圆弧。注意轮廓的封闭，为构建曲面打基础，如图4.86所示。

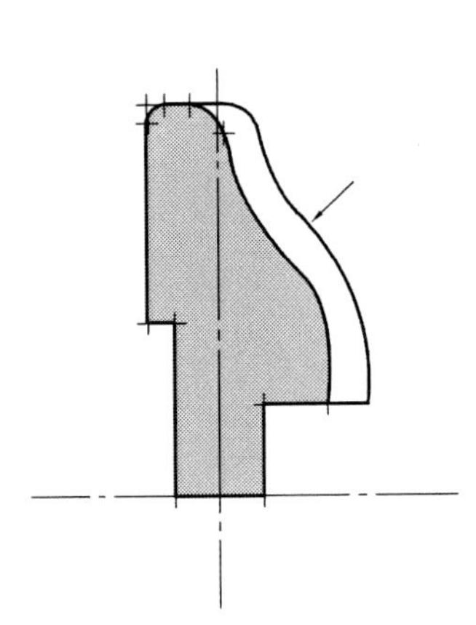

图4.85 样条曲线的绘制

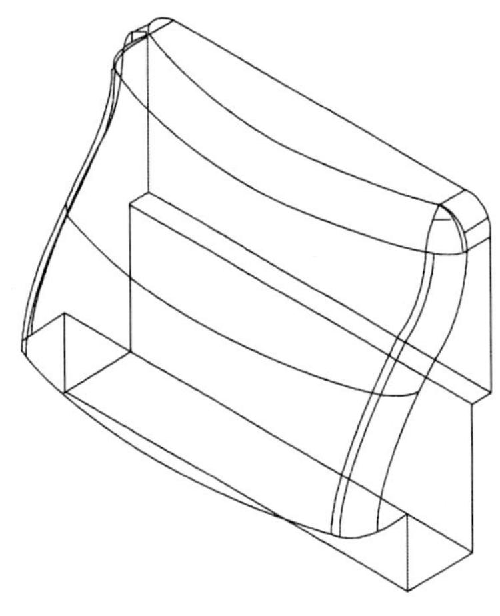

图4.86 *R*60 和 *R*80 圆弧的绘制

②曲面的生成

选择主菜单“绘图”→“曲面”→“昆氏曲面”选项，系统弹出如图4.87所示的对话框，并单击“是”按钮。

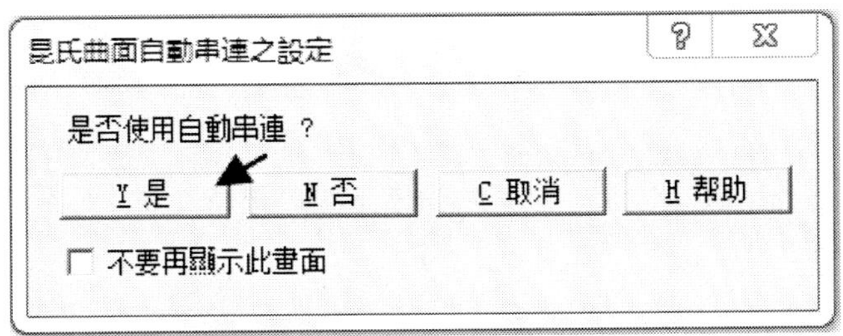

图4.87 昆氏曲面自动串连之设定

单击如图4.88所示箭头所指的轮廓线。

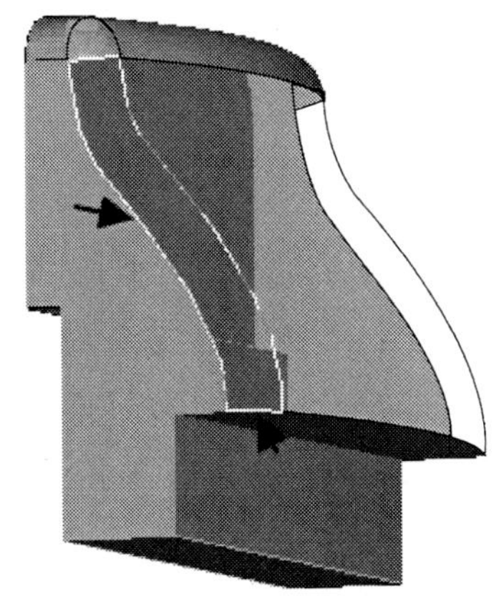

图4.88 选择轮廓线

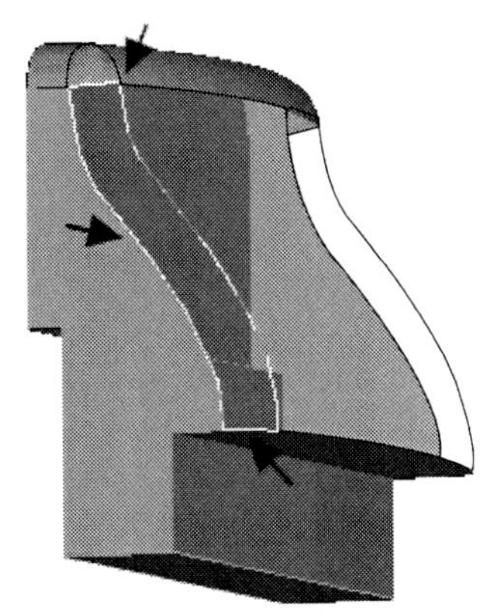

图4.89 选择轮廓线的对角点

单击上一步骤箭头所指轮廓线的对角点,如图 4.89 所示。

选择好轮廓线后,选择主菜单中的“执行”命令,曲面已经生成,如图 4.90 所示的箭头所指。

其余的曲面按以上步骤绘制。如图 4.91 所示为已经画好的图形。

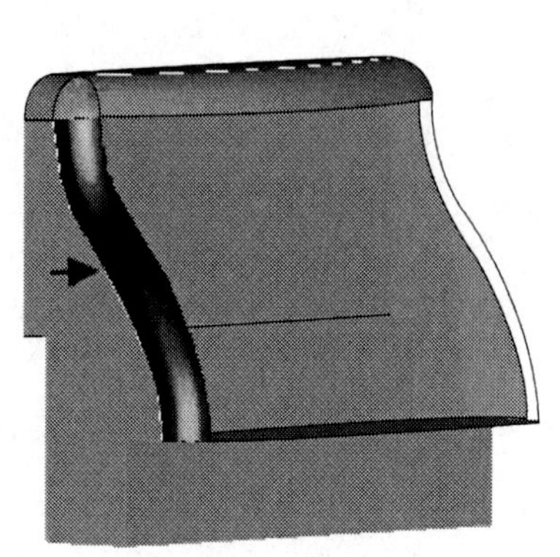

图 4.90　曲面的生成

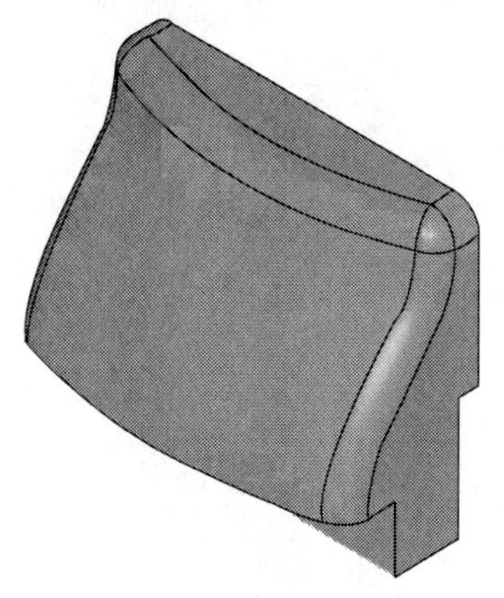

图 4.91　已画好的图形

2)文件保存

选择菜单栏“文件”→“保存文件”选项,在“文件”对话框中输入文件名“挡块”。按“Enter”键,完成文件保存。

(3)CAM 加工具体操作步骤

1)工件设计

①新建文件

选择主菜单中的“档案”→“取档”选项,系统弹出“选取工件”对话框。选择“挡块”选项,单击“打开”按钮。

②进入加工模块

在主菜单上选择“刀具路径”选项,如图 4.92 所示。弹出“刀具路径”菜单,如图 4.93 所示。

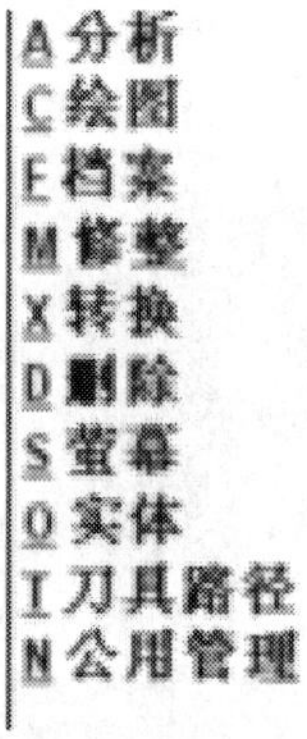

A 分析
C 绘图
F 档案
M 修整
X 转换
D 删除
S 萤幕
O 实体
T 刀具路径
N 公用管理

图 4.92　主菜单

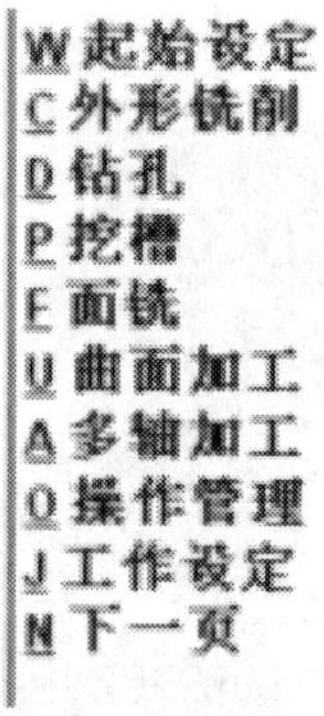

W 起始设定
C 外形铣削
D 钻孔
P 挖槽
F 面铣
U 曲面加工
A 多轴加工
O 操作管理
J 工作设定
N 下一页

图 4.93　刀具路径菜单

③工作设定

选择如图 4.92 所示的“刀具路径”→“工作设定”选项,弹出“工作设定”对话框。将“工件原点”X 设置为“27”,Y 设置为“22.5”,Z 设为“13”,将工件高度 Z 设置为“26”。勾选“显

示工件”选项，其余参数如图 4.94 所示。单击“确定”按钮，返回主菜单。绘图区的工件上出现红色的虚线框，如图 4.95 所示。

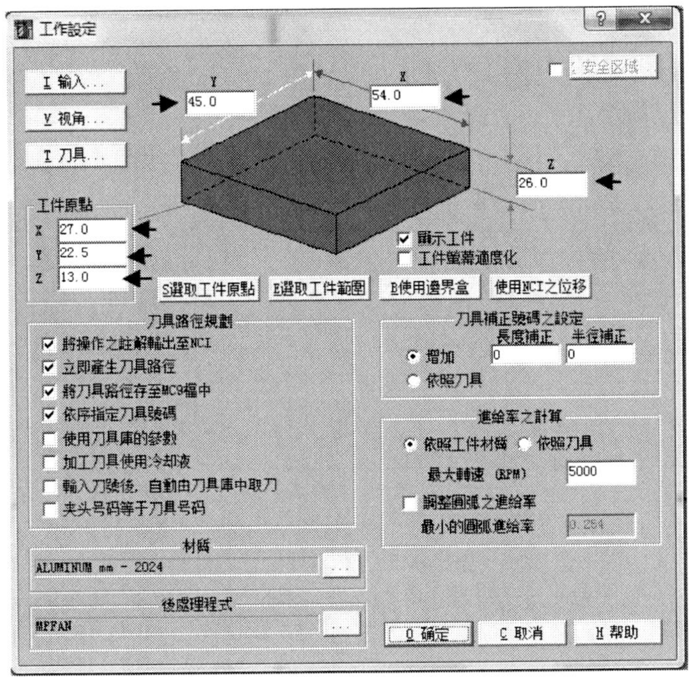

图 4.94　工作设定对话框

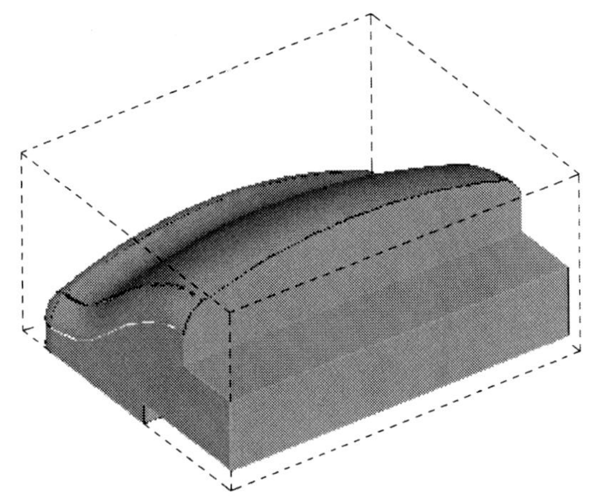

图 4.95　显示工作设定

2) 面铣

前面已经讲述，这里就不再重复。

3) 轮廓等高外形铣削粗加工

选择如图 4.92 所示的“刀具路径”→“曲面加工”→“粗加工”→“等高外形”→“实体”→“实体主体”选项，命令提示栏提示“选取实体之主体或面”，鼠标单击所有轮廓。选择“执行”→“执行”→“刀具路径”选项。此时，系统显示“曲面粗加工-等高外形”对话框。选择 ϕ12 的平刀，并设置刀具参数，如图 4.96 所示。

选择如图 4.96 所示中的“曲面加工参数”选项，系统默认。

选择如图 4.96 所示中的“等高外形粗加工参数”选项，系统默认。

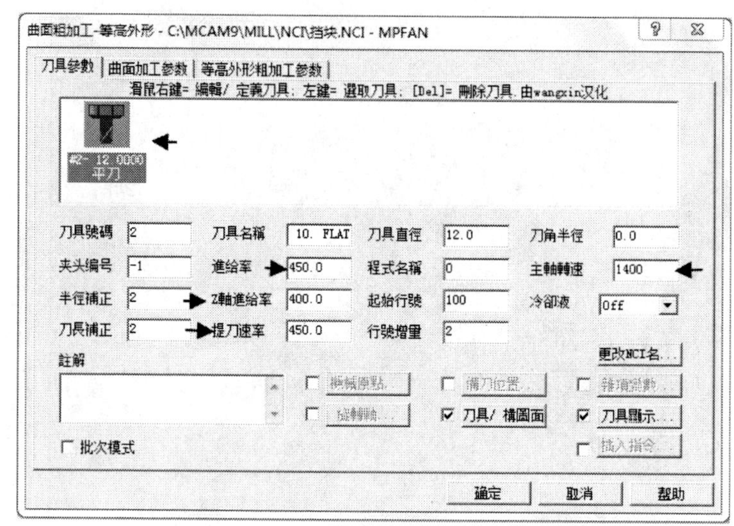

图 4.96　选择 $\phi12$ 的平刀并设置刀具参数

参数设置好后选择主菜单中的“执行”命令。此时，系统正在生成刀具的轨迹路径，如图 4.97 所示。

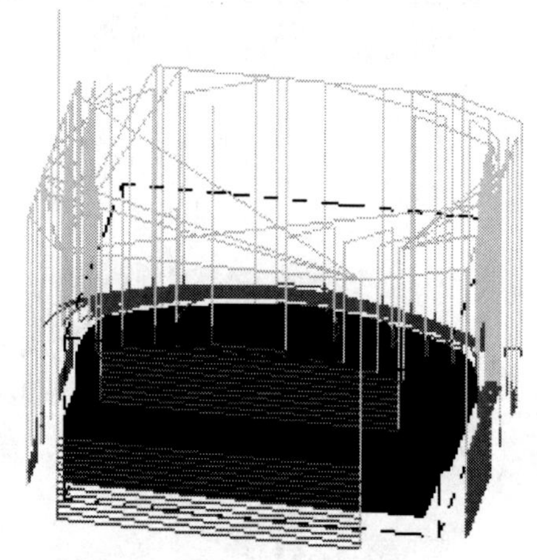

图 4.97　等高外形铣削粗加工刀具路径生成

刀具路径生成好后，选择主菜单的“上层功能表”→“操作管理”选项，系统弹出“操作管理”对话框。勾选“全选”“实体验证”选项，进行仿真加工，如图 4.98 所示。

4）轮廓等高外形铣削粗加工

选择 $\phi8$ 平刀，重复步骤“3）”的内容，如图 4.99 所示。

5）曲面的加工

选择如图 4.92 所示的“刀具路径”→“曲面加工”→“精加工”→“平行铣削”→“所有的”→“曲面”选项，此时系统会自动选取曲面，如图 4.100 所示。选择“执行”选项，系统显示如图 4.101 所示的对话框。选择 $\phi6$ 的球头刀，并设置刀具参数。

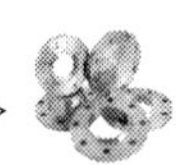

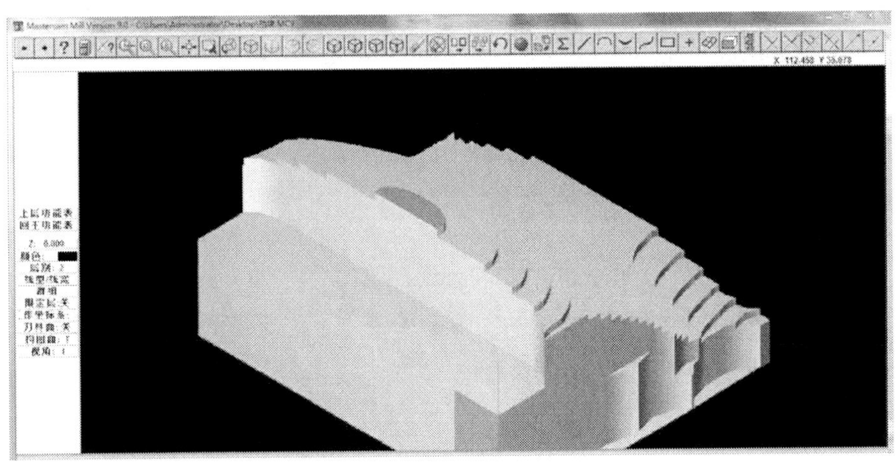

图4.98　轮廓粗加工的仿真

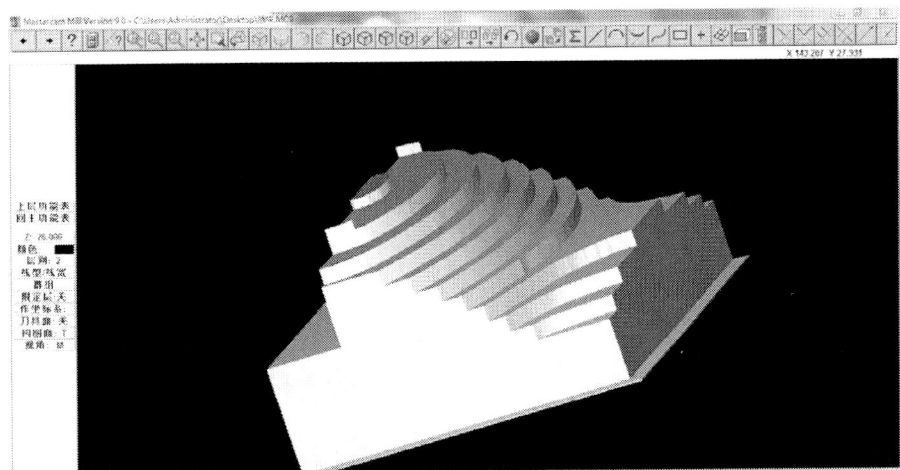

图4.99　轮廓等高外形铣削粗加工

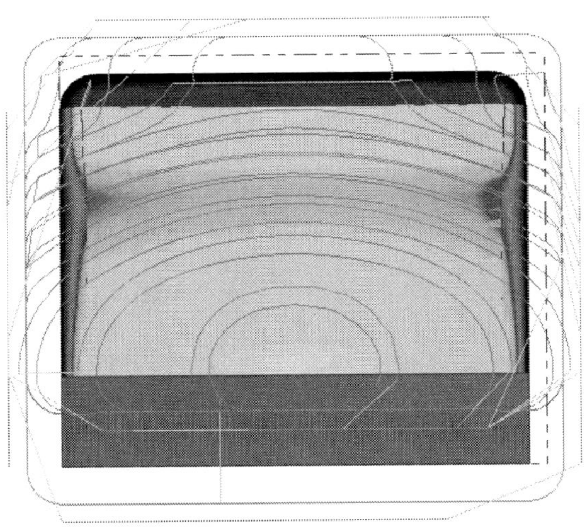

图4.100　选择曲面

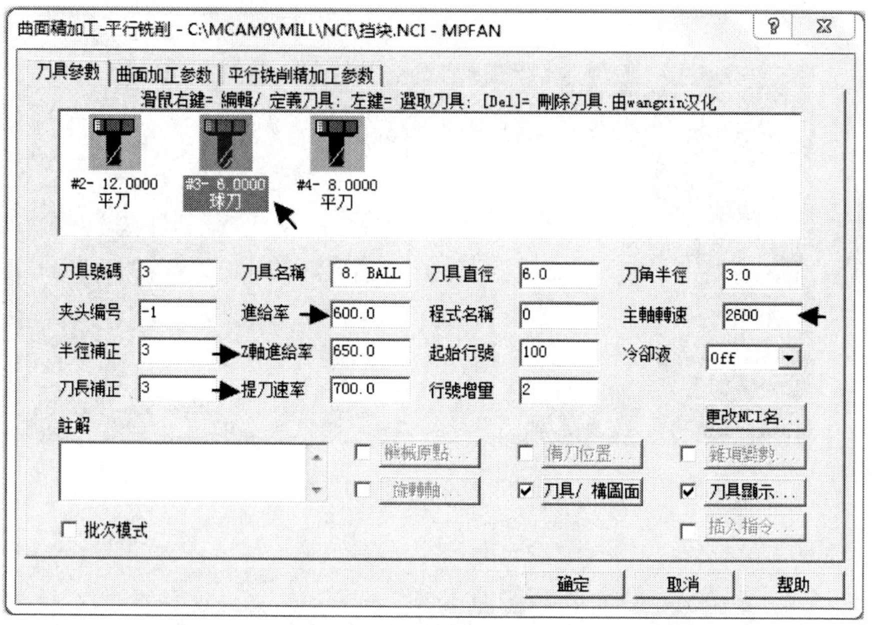

图 4.101　选择 $\phi 6$ 的球头刀并设置刀具参数

选择如图 4.101 所示中的“曲面加工参数”选项，并设置加工参数，如图 4.102 所示。

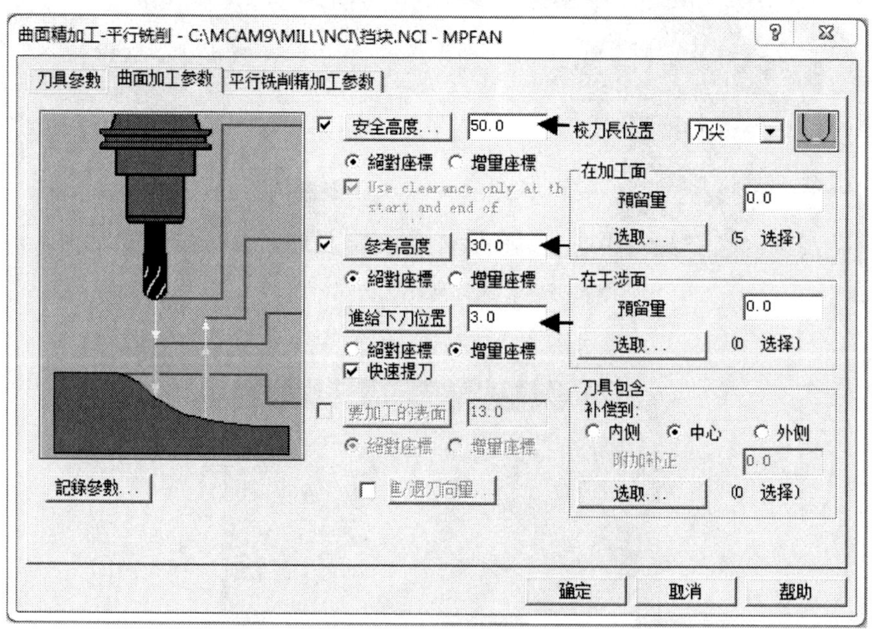

图 4.102　曲面加工参数设置

选择如图 4.101 所示中的“平行铣削精加工参数”选项，并设置加工参数，如图 4.103 所示。

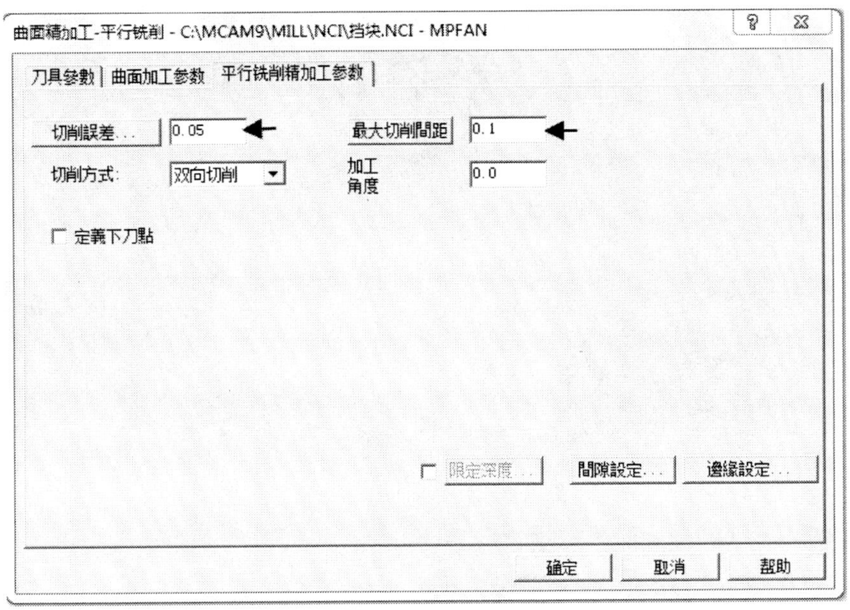

图 4.103　平行铣削精加工参数设置

选择主菜单“执行”选项，系统显示如图 4.104 所示。单击两次“Yes”按钮，再选择主菜单“执行”选项，显示曲面刀具路径的生成，如图 4.105 所示。

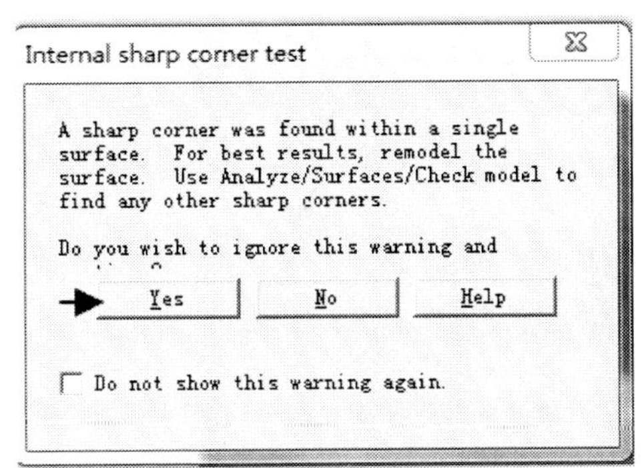

图 4.104　曲面对话框

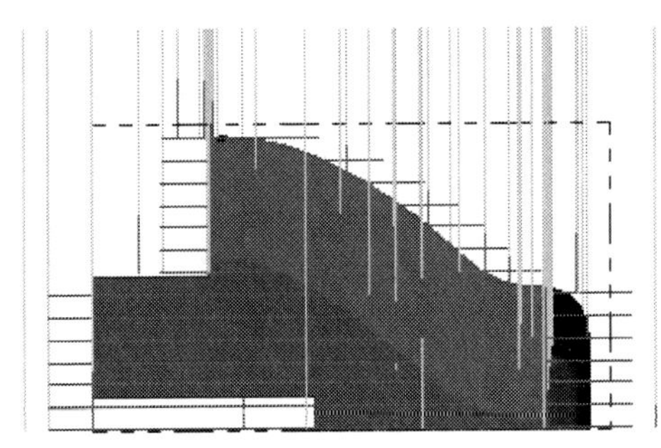

图 4.105　曲面刀具路径的生成

选择主菜单中的“刀具路径”→“操作管理”选项，进行曲面加工仿真操作，如图 4.106 所示。

6) *R*80、*R*4 实体圆弧的加工

选择如图 4.92 所示的“刀具路径”→“曲面加工”→“精加工”→“平行铣削”→“实体”→“实体面”选项，鼠标选择“*R*80，*R*40”，选择“执行”→“执行”选项。此时，系统显示“曲面精加工-平行铣削”对话框。选择 $\phi 4$ 的球头刀，并设置刀具参数，如图 4.107 所示。

选择如图 4.107 所示中的“曲面加工参数”选项，并设置加工参数，如图 4.108 所示。

选择如图 4.107 所示中的“平行铣削精加工参数”选项，并设置加工参数，如图 4.109 所示。

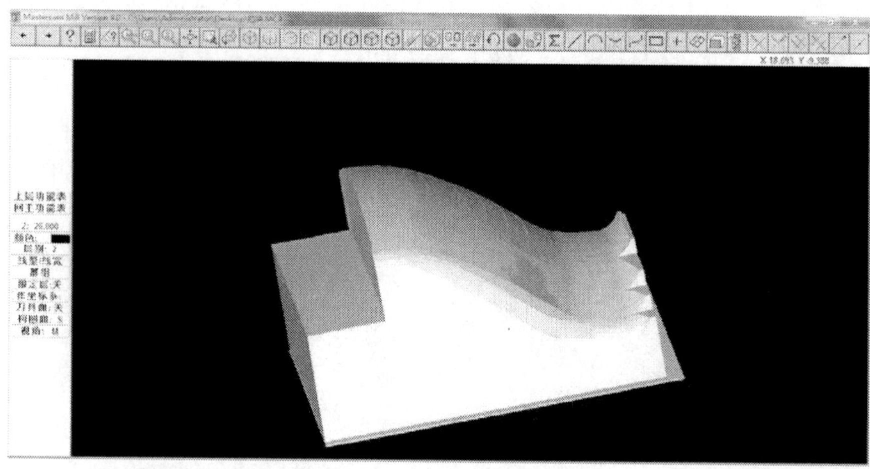

图 4.106　曲面加工仿真

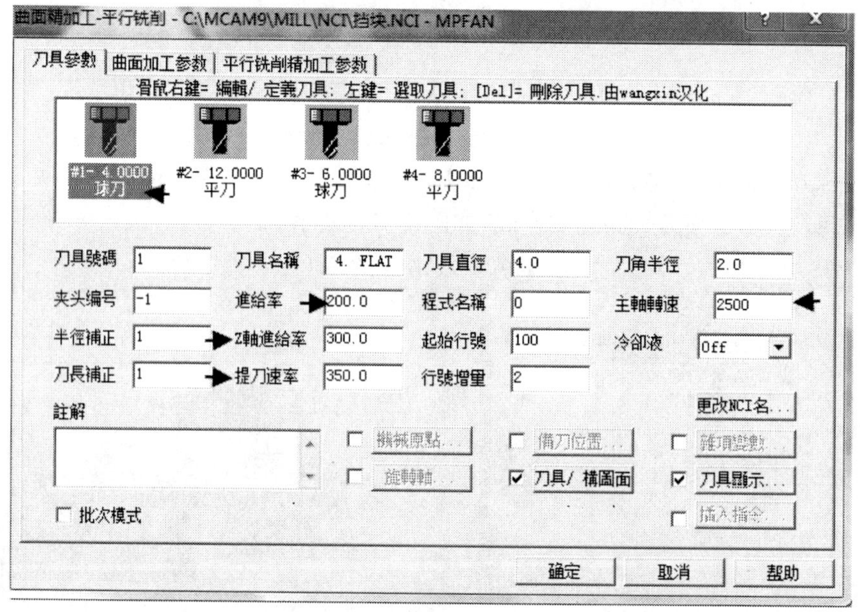

图 4.107　选择 $\phi4$ 的球头刀并设置刀具参数

参数设置好后选择主菜单中的“执行”命令。此时，系统正在生成刀具的轨迹路径，如图 4.110 所示。

刀具路径生成好后，选择主菜单的“上层功能表”→“操作管理”选项，系统弹出“操作管理”对话框。勾选“全选”“实体验证”选项，进行仿真加工，如图 4.111 所示。

7）后处理

选择主菜单中的“刀具路径”→“操作管理”选项，系统弹出如图 4.112 所示的对话框。选择“后处理”选项，弹出“后处理程序”对话框。勾选如图 4.113 所示，单击“确定”选项。选择保存路径，单击“确定”按钮。生成程序如图 4.114 所示。

选择主菜单中的“档案”→“传输”选项，系统弹出如图 4.115 所示的对话框。根据机床

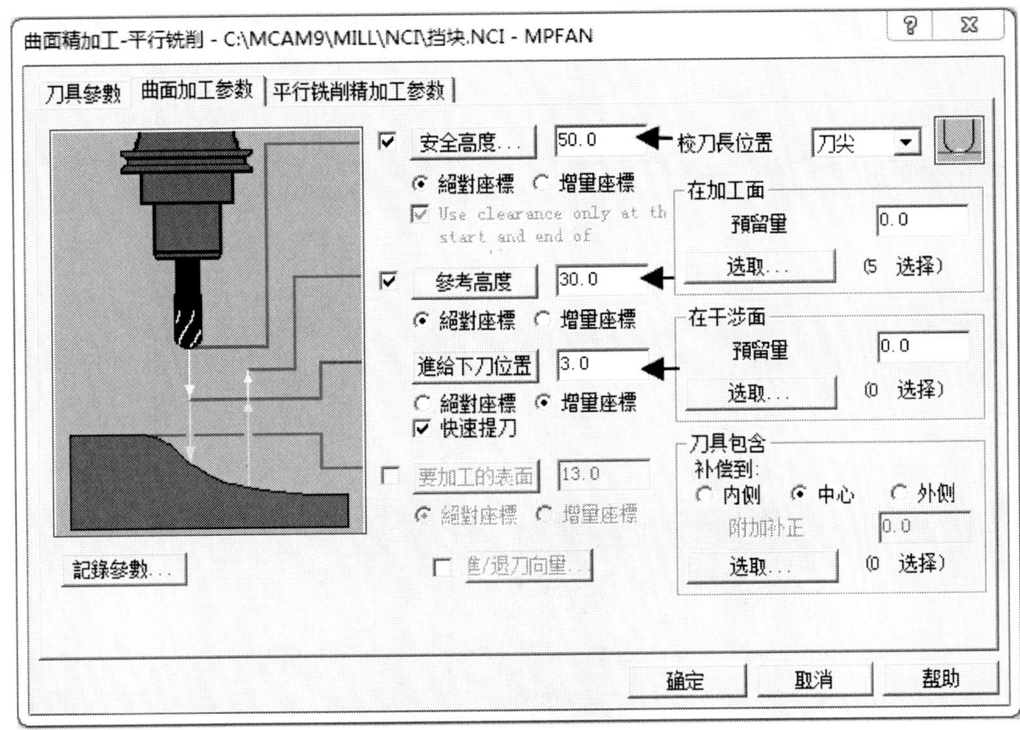

图 4.108 曲面加工参数设置

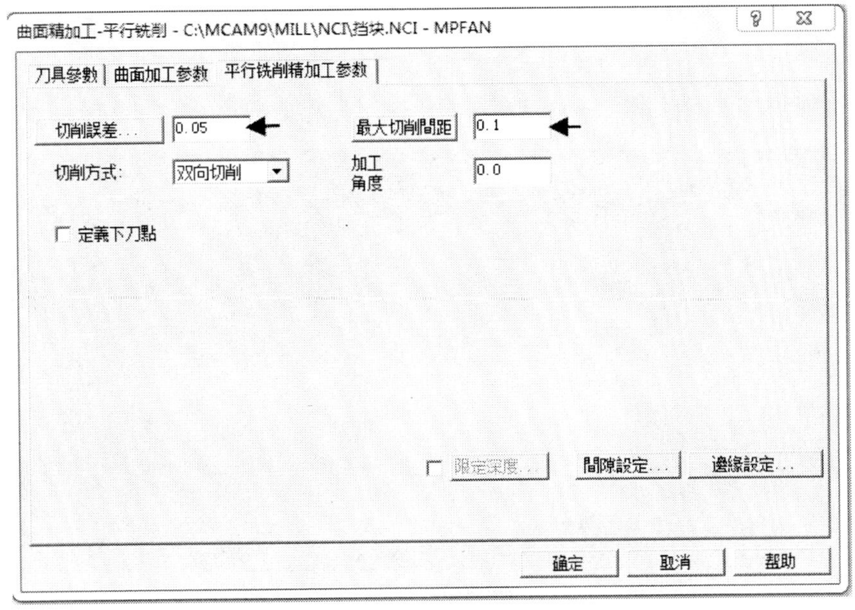

图 4.109 平行铣削精加工参数

的不同型号和不同系统来选择。然后单击“传送”按钮,即计算机已经向数控铣床传送文件。

8)工件另一面的加工

选择主菜单中的“转换”→“镜像”→“平移”等命令,使工件翻转。

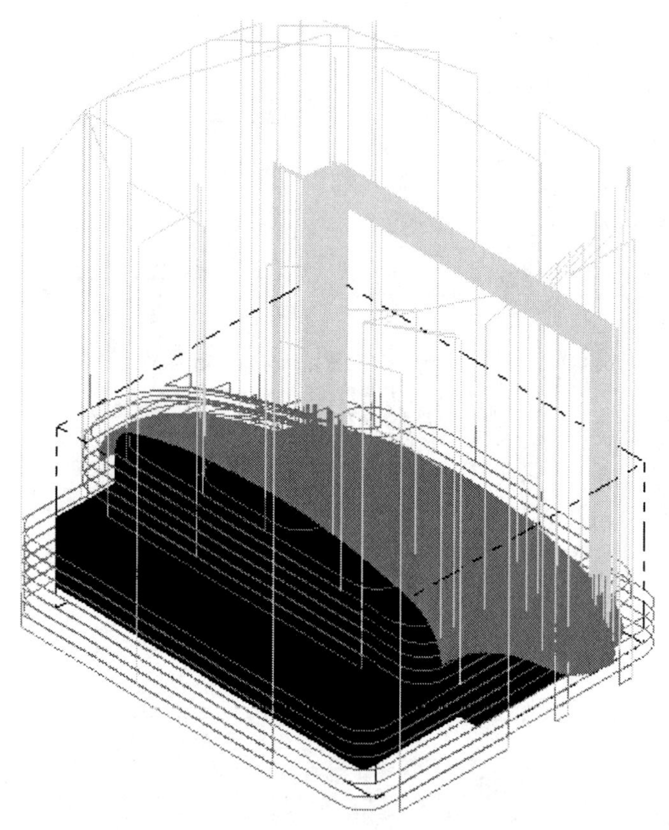

图 4.110　*R*80,*R*4 实体圆弧刀具路径的生成

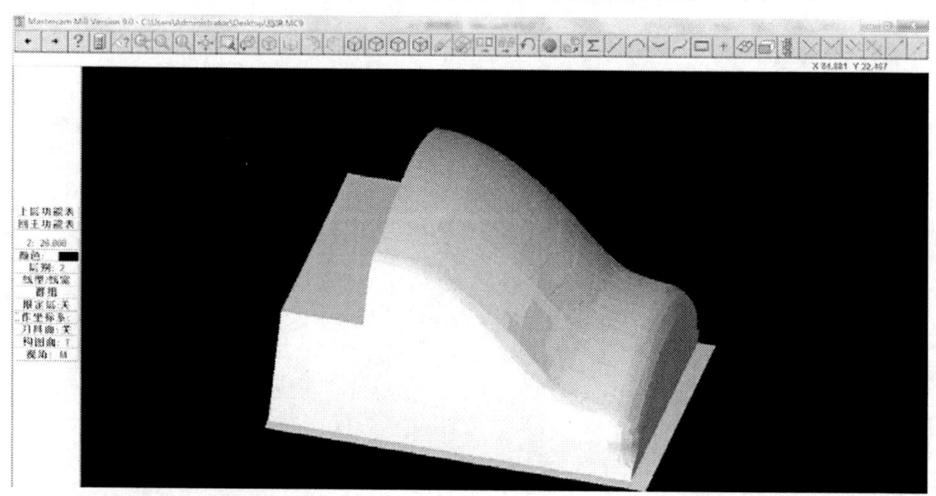

图 4.111　挡块加工的仿真

选择主菜单中的“曲面加工”→“粗加工”→“等高外形”→“实体”→“实体面”选项,命令提示栏提示“选取实体之主体或面”,鼠标单击所有轮廓。选择“执行”→“执行”→“刀具路径”。此时,系统显示“曲面粗加工-等高外形”对话框。选择 ϕ20 的平刀,并设置刀具参数,如图 4.116 所示。

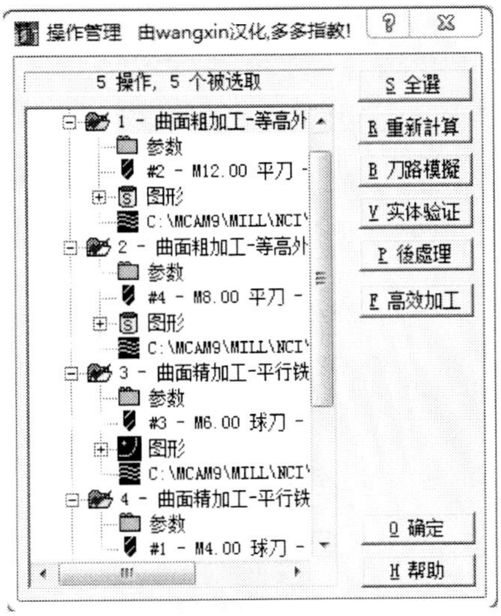

图 4.112　操作管理

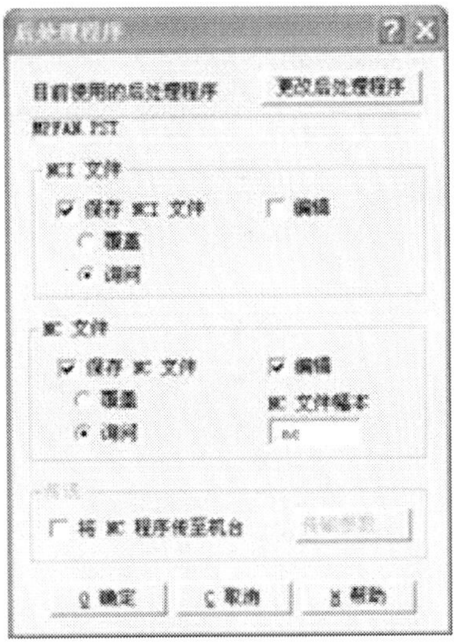

图 4.113　后处理

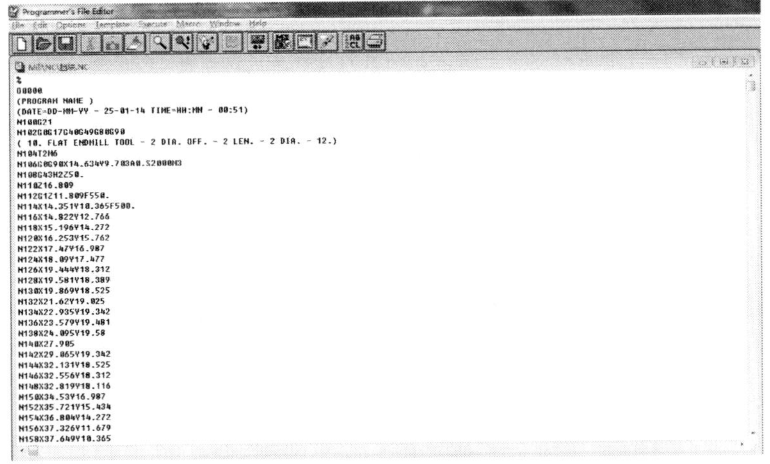

图 4.114　数控程序

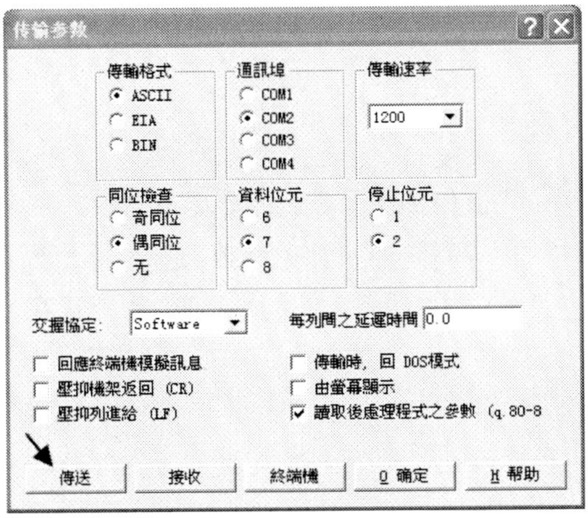

图 4.115　NC 文件传输

曲面粗加工-等高外形 - C:\MCAM9\MILL\NCI\SANWEITU111.NCI - MPFAN

刀具参数 | 曲面加工参数 | 等高外形粗加工参数

滑鼠右鍵= 編輯/ 定義刀具; 左鍵= 選取刀具; [Del]= 刪除刀具.由wangxin汉化

#1- 12.0000 平刀　#2- 8.0000 平刀　#3- 6.0000 球刀　#4- 4.0000 球刀　#5- 20.0000 平刀

刀具號碼	5	刀具名稱	20. FLAT	刀具直徑	20.0	刀角半徑	0.0
夹头编号	-1	進給率	700.0	程式名稱	0	主軸轉速	1600
半徑補正	5	Z軸進給率	800.0	起始行號	100	冷卻液	Off
刀長補正	5	提刀速率	800.0	行號增量	2		

更改NCI名...

註解

機械原點...　備刀位置...　雜項變數...

旋轉軸...　☑ 刀具/ 構圖面　☑ 刀具顯示...

批次模式　插入指令...

確定　取消　幫助

图 4.116　选择 ϕ20 的平刀并设置刀具参数

图 4.117　生成刀具的轨迹路径

选择如图 4.116 所示中的“曲面加工参数”选项，系统默认。

选择如图 4.116 所示中的“等高外形粗加工参数”选项，系统默认。

参数设置好后，选择主菜单中的“执行”命令。此时，系统正在生成刀具的轨迹路径，如图 4.117 所示。

刀具路径生成好后，选择主菜单的“上层功能表”→“操作管理”选项，系统弹出“操作管理”对话框。勾选“全选”“实体验证”选项，进行仿真加工，如图 4.118 所示。

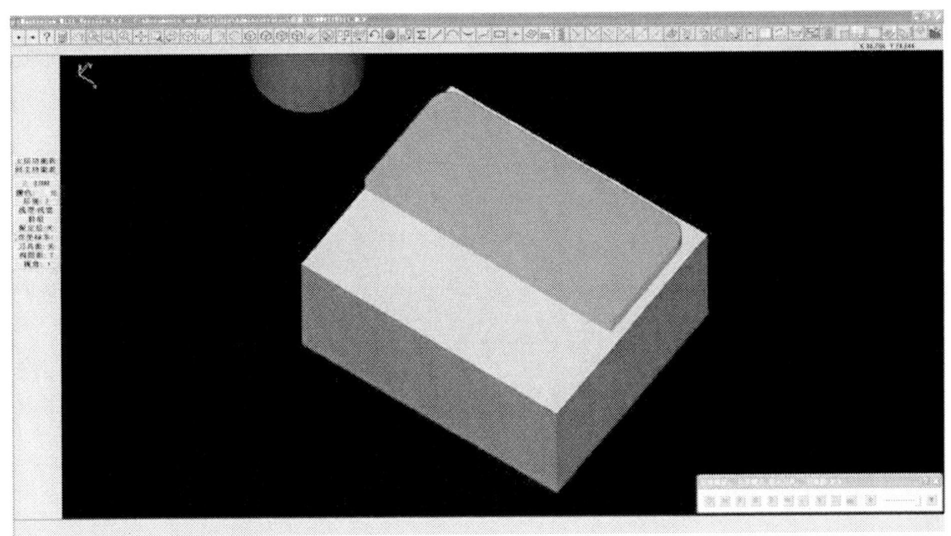

图 4.118　轮廓粗加工的仿真

9）后处理

选择主菜单中的“刀具路径”→“操作管理”选项，系统弹出如图 4.119 所示的对话框。选择“后处理”选项，弹出“后处理程式”对话框。勾选如图 4.120 所示，单击“确定”按钮。选择保存路径，单击“确定”按钮。生成程序如图 4.121 所示。

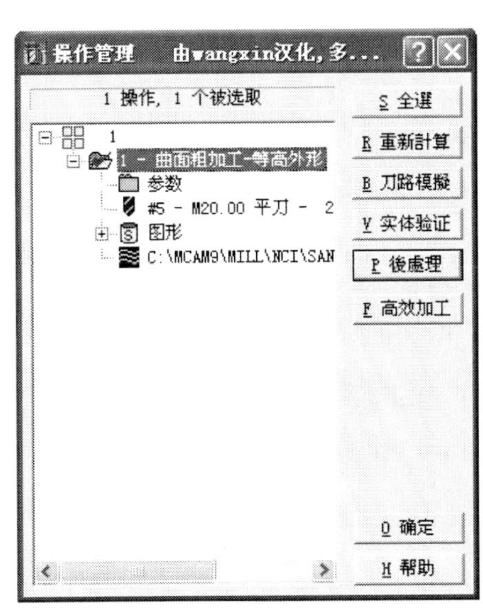

图 4.119　操作管理

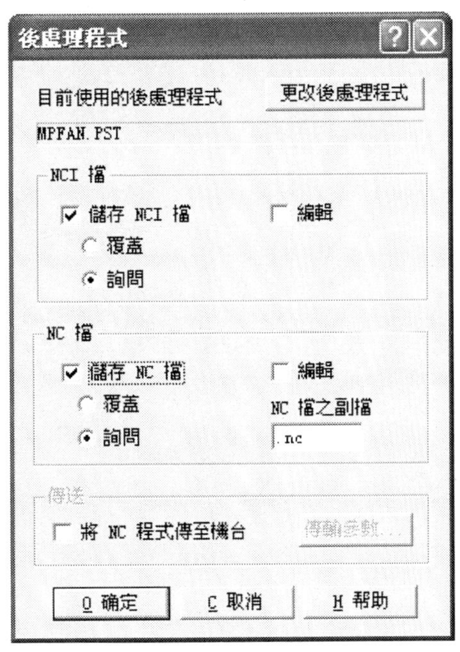

图 4.120　后处理

10）NC 文件传输

选择主菜单中的“档案”→“传输”选项，系统弹出如图 4.122 所示的对话框，根据机床的不同型号和不同系统来选择。然后单击“传送”按钮，即计算机已经向数控铣床传送文件。

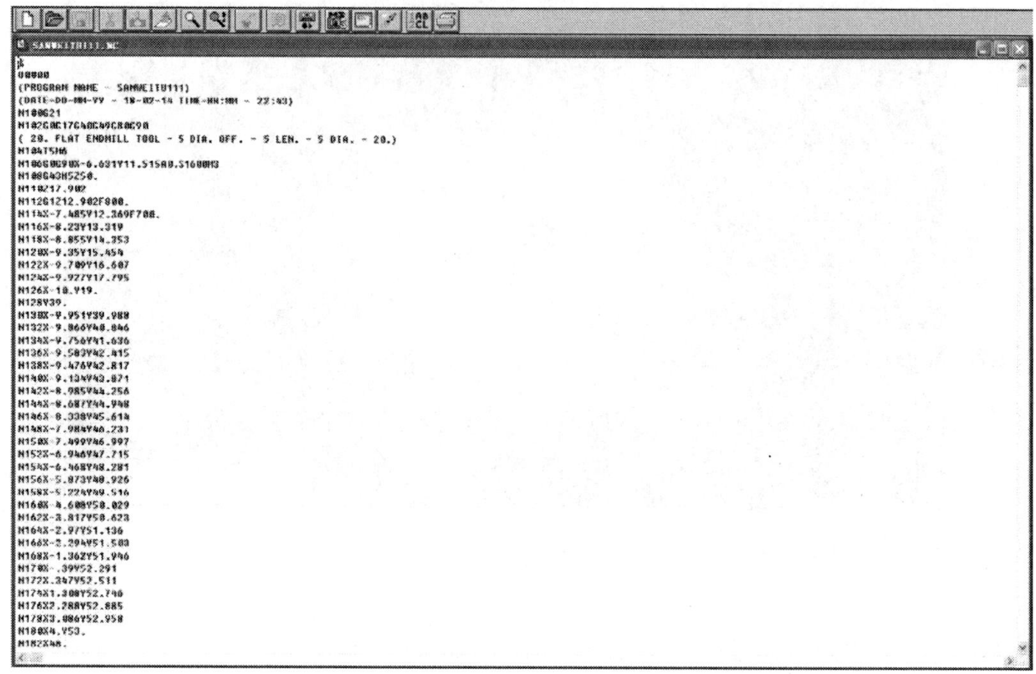

```
%
O0000
(PROGRAM NAME - SAMWEITU111)
(DATE=DD-MM-YY - 10-02-14 TIME=HH:MM - 22:43)
N100G21
N102G0G17G40G49G80G90
( 20. FLAT ENDMILL TOOL - 5 DIA. OFF. - 5 LEN. - 5 DIA. - 20.)
N104T5M6
N106G0G90X-6.631Y11.515A0.S1600M3
N108G43H5Z50.
N110Z17.902
N112G1Z12.902F800.
N114X-7.485Y12.369F700.
N116X-8.23Y13.319
N118X-8.855Y14.353
N120X-9.35Y15.454
N122X-9.709Y16.607
N124X-9.927Y17.795
N126X-10.Y19.
N128Y39.
N130X-9.951Y39.988
N132X-9.866Y40.846
N134X-9.756Y41.636
N136X-9.583Y42.415
N138X-9.476Y42.817
N140X-9.134Y43.871
N142X-8.985Y44.256
N144X-8.687Y44.948
N146X-8.338Y45.614
N148X-7.984Y46.231
N150X-7.499Y46.997
N152X-6.946Y47.715
N154X-6.468Y48.281
N156X-5.873Y48.926
N158X-5.224Y49.516
N160X-4.608Y50.029
N162X-3.817Y50.623
N164X-2.97Y51.136
N166X-2.294Y51.503
N168X-1.362Y51.946
N170X-.39Y52.291
N172X.347Y52.511
N174X1.308Y52.746
N176X2.288Y52.885
N178X3.086Y52.958
N180X4.Y53.
N182X48.
```

图 4.121　数控程序

传输参数

傳輸格式：ASCII　EIA　BIN
通訊埠：COM1　COM2　COM3　COM4
傳輸速率：1200
同位檢查：奇同位　偶同位　无
資料位元：6　7　8
停止位元：1　2
交握協定：Software
每列間之延遲時間 0.0
回應終端機模擬訊息
壓抑機架返回 (CR)
壓抑列進給 (LF)
傳輸時，回 DOS模式
由螢幕顯示
讀取後處理程式之參數 (q.80-8
傳送　接收　終端機　O 确定　H 帮助

图 4.122　NC 文件传输

(4)评分标准

检测评分标准见表4.3。

表4.3 评分标准

序号	考核内容	配分	评分标准	学生自评		教师评价	
				考核结果	得分	考核结果	得分
1	启动及退出程序	2	不会启动及退出程序扣全分				
2	工具栏的使用	3	正确使用工具栏,不正确酌情扣分				
3	主菜单的合理运用	6	理解及合理使用主菜单各选项,一项不会使用扣1分直至扣除全分				
4	辅助菜单的合理运用	4	理解及合理使用辅助菜单各选项,一项不会使用扣1分直至扣除全分				
5	文件的正确编辑	3	打开和关闭文件1分,新建、保存和浏览文件1分				
6	坐标系的设定	3	工件坐标系设定不正确扣全分				
7	提示区和绘图区的理解和使用	2	不理解提示区和绘图区扣1分				
8	获得帮助信息的方法	2	不会利用帮助对话框获得帮助信息扣1分				
9	常用图形的绘制	9	点、直线、圆弧、矩形、椭圆、多边形、样条曲线等图形的绘制不合理处酌情扣分				
10	图形的编辑方法	4	选取、删除、恢复、转换、修整等图形编辑不合理处酌情扣分				
11	图形的标注	4	图形的标注每错一处扣0.5分				
12	设置构图面、视角及构图深度	4	构图面、视角及构图深度设置不合理处酌情扣分				
13	实体造型	9	实体造型不合理处酌情扣分				

续表

序　号	考核内容	配　分	评分标准	学生自评		教师评价	
				考核结果	得　分	考核结果	得　分
14	选择工件及其材料	8	工件外形选择不正确扣3分,工件材料选择不准确扣2分,夹紧工件方式不合理扣2分				
15	刀具选用	6	根据加工工艺卡选用刀具的种类、形状、材料,选用不适当(种类、形状、材料方面)酌情扣分				
16	刀具路径的设置	4	刀具路径的设置不正确扣全分				
17	刀具参数输入与修改	3	刀具参数输入与修改步骤不正确或数据不准确此项不得分				
18	二维铣削加工方法和参数选择	6	加工方法3分、参数选择2分,不合理酌情扣分				
19	二维铣削加工后处理	6	仿真加工3分、后处理方法2分,不合理酌情扣分				
20	铣削加工方法和参数选择	6	加工方法3分、参数选择2分,不合理酌情扣分				
21	铣削加工后处理	6	仿真加工3分、后处理方法2分,不合理酌情扣分				
合　计		100					

任务4.4　实体制作练习

(1)练习1

①数控铣床实训图一如图4.123所示。毛坯为100 mm×100 mm×20 mm的45钢,6个面为已加工表面。

②实训目的:能根据零件图的要求完成图形的绘制、实体的生成及自动编程,并完成加工。

③编程操作加工时间：

绘图时间 45 min，编程时间 45 min，操作加工时间 120 min。

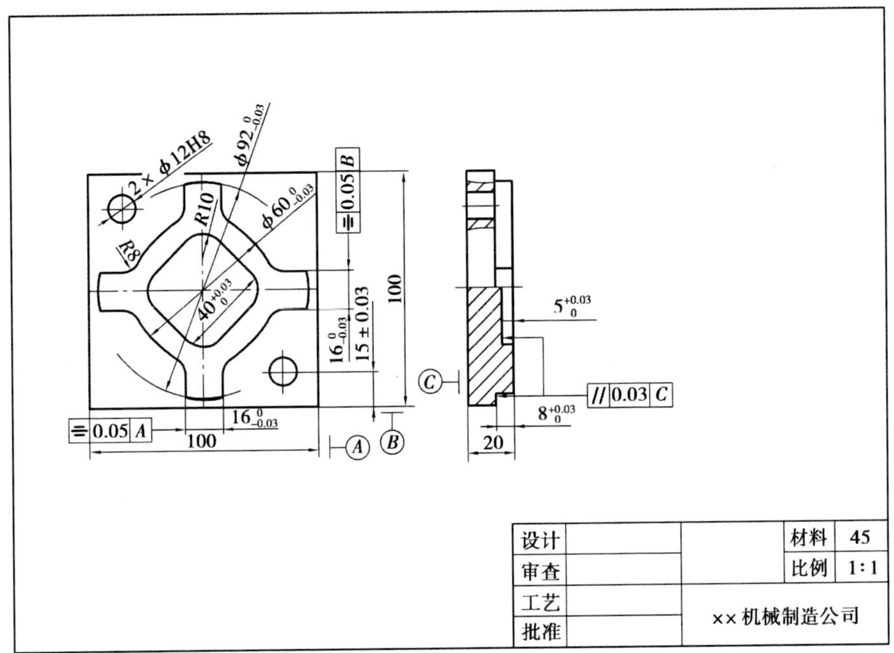

图 4.123　实训图一

(2)练习 2

①数控铣床实训图二如图 4.124 所示。毛坯为 98 mm×100 mm×25 mm 的 45 钢，6 个面为已加工表面。

②实训目的：能根据零件图的要求完成图形的绘制、实体的生成及自动编程，并完成加工。

③编程操作加工时间：

绘图时间 45 min，编程时间 45 min，操作加工时间 120 min。

(3)练习 3

①数控铣床实训图三如图 4.124 所示。毛坯为 72 mm×75 mm×20 mm 的 45 钢，6 个面为已加工表面。

②实训目的：能根据零件图的要求完成图形的绘制、实体的生成及自动编程，并完成加工。

③编程操作加工时间：

绘图时间 45 min，编程时间 45 min，操作加工时间 120 min。

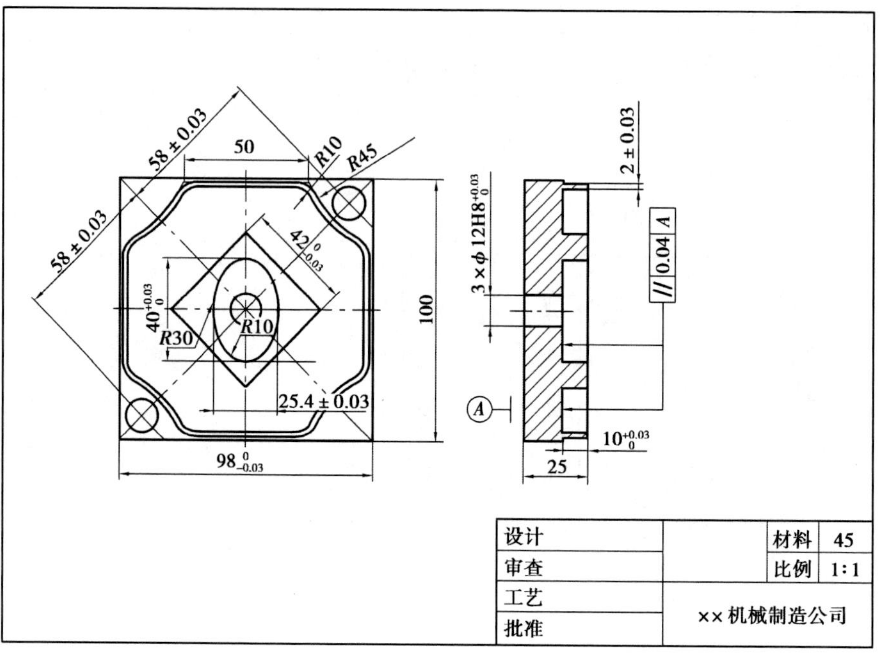

设计		材料	45
审查		比例	1:1
工艺	××机械制造公司		
批准			

图 4.124　实训图二

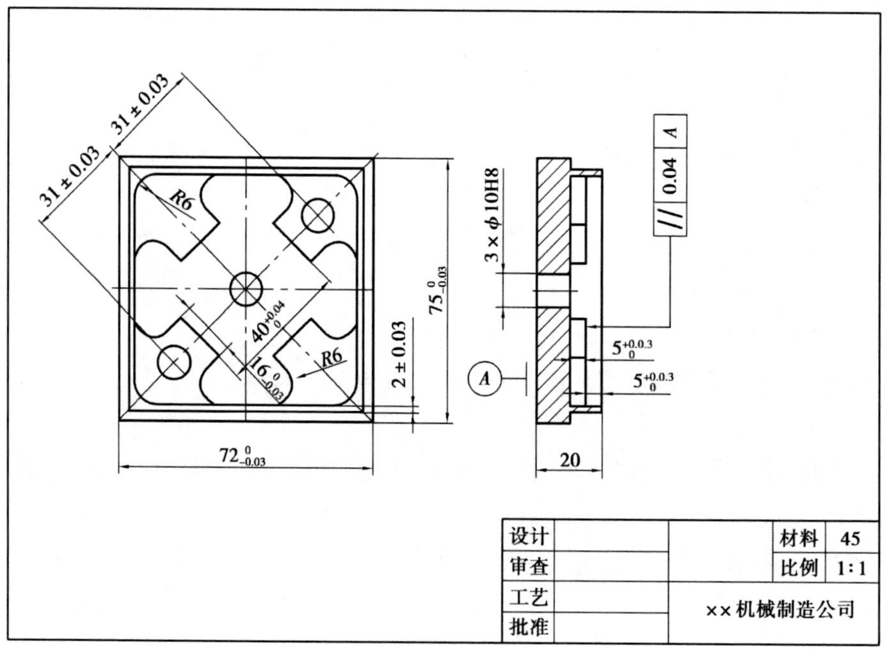

设计		材料	45
审查		比例	1:1
工艺	××机械制造公司		
批准			

图 4.125　实训图三

第 3 篇

综合应用

项目5

技能鉴定试题解析

●项目描述

1. 实体造型重要步骤。

2. 2D 铣削加工的操作步骤及参数的设定。

●项目目标

知识目标：

1. 能掌握 MasterCAM 二维图形的各种指令绘制方法。

2. 能掌握 2D 零件图的加工方法和操作步骤。

技能目标：

1. 会正确选择绘图功能中的各种指令绘制图形。

2. 会灵活运用编程指令。

情感目标：

1. 学生通过完成本项目学习任务的体验过程，增强学生对完成本课程学习的热情。

2. 学会独立完成任务，学会思考。

3. 培养学生团队意识。

●项目实施过程

任务5.1　数控铣床中级职业技能鉴定试题解析

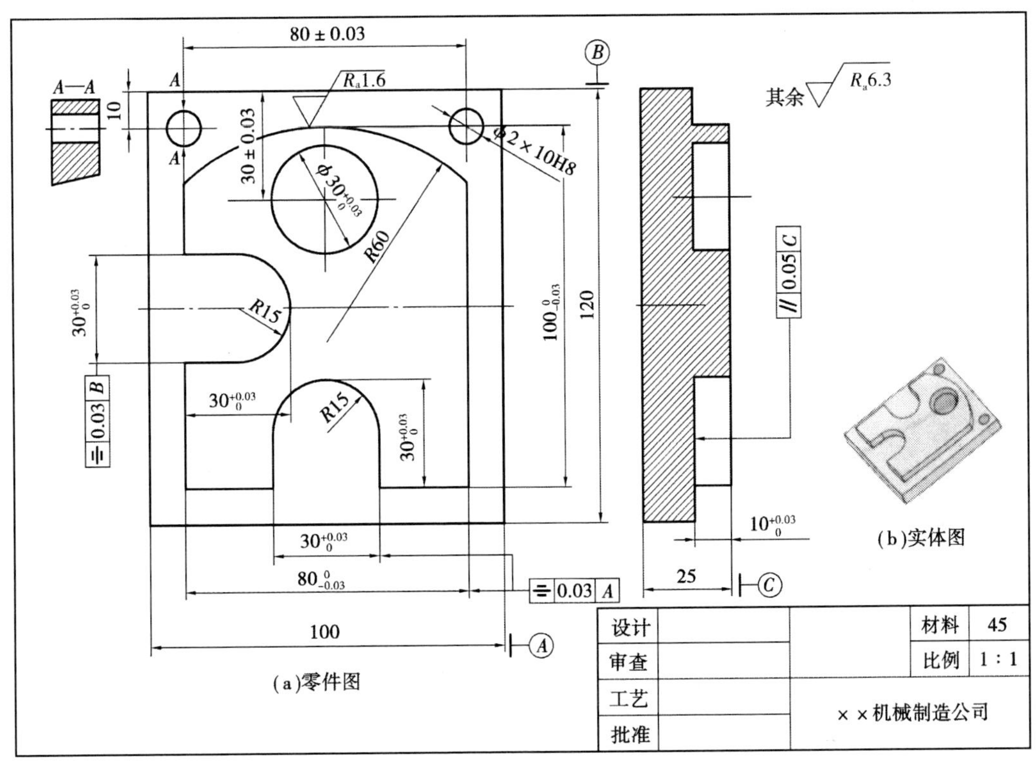

图5.1　数控铣床中级职业技能鉴定试题

(1)实例概述

零件尺寸如图5.1所示。在MasterCAM软件中,为了编制零件的应用NC加工程序,需要先建立该零件的模型。分析上述零件,只要建立如图5.1所示主视图的二维外形模型,根据二维外形模型,结合Z轴的深度(从左视图中获得),产生零件的二维加工刀具路径轨迹,经过后处理,产生NC加工程序,就可在数控铣床或加工中心上加工出该零件。

(2)操作步骤

1)二维模型的绘制

①绘制实体

选择主菜单中的"绘图"→"矩形"→"一点"→"矩形之宽度"选项,输入数值"100",按"Enter"键。选择"在矩形之高度"选项,输入数值"120",按"Enter"键,单击"确定"按钮。选择主菜单中点的选项为"原点",将鼠标移动到中心线交点处,左键单击,按"Esc"键,选择

"上一层功能表"→"实体"→"挤出"→"串连"选项,选择图轮廓线,选择"执行"→"执行"选项。此时,显示对话框,在"距离"一栏中,输入数值"15",单击"确定"按钮。应用快捷组合键"Alt + s"来观察实体挤出的情况,如图 5.2 所示。如果想切换零件轮廓线,则继续按"Alt + s"组合键。

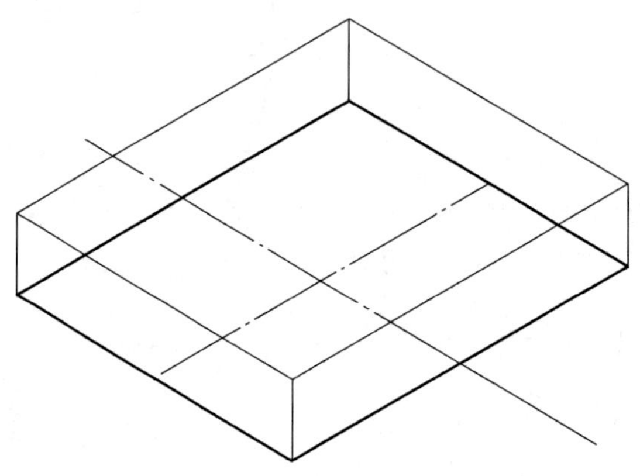

图 5.2　挤出后的实体

选择次菜单"Z"选项,输入数值"15",将要在原点坐标(0,0,15)的平面上画图,为以后的实体生成,布林运算打下基础。选择主菜单中的"绘图"→"直线"→"平行线"→"方向/距离"选项,选择如图 5.3 所示箭头的一条边。选项"请选择线"→"请指定补正方向"→"平行之间的距离"选项,提示行输入数值为"10"。需要作 3 条边的平行线,其余两条边和之前所讲一样,请同学们自行完成,如图 5.4 所示。

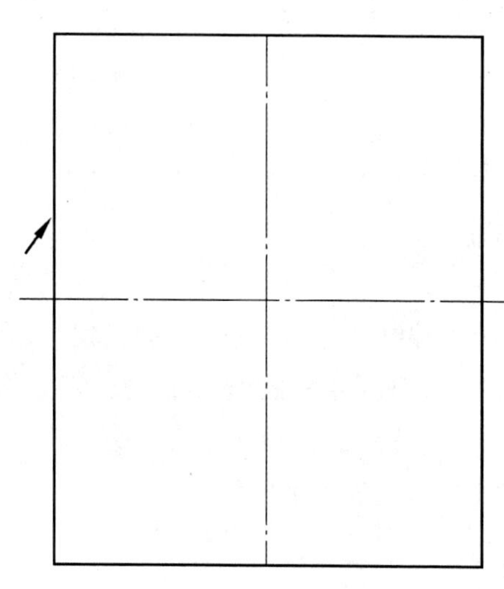

图 5.3　选择边作平行线

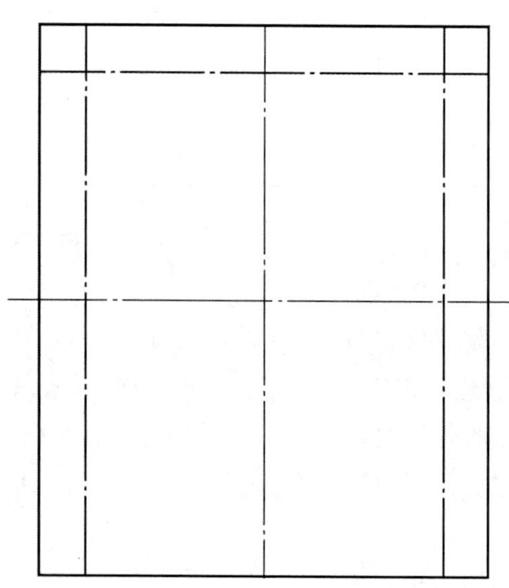

图 5.4　已完成辅助线

②绘制两个 $\phi10$ 孔

选择主菜单中的"回主功能表"→"绘图"→"圆弧"→"点直径圆"选项,提示行输入数值为"10",按"Enter"键。选择"交点"选项。单击已经画好的辅助线。选择主菜单中的"回

主功能表”→“实体”→“挤出”→“串连”选项，选择两个圆，选择“执行”→“执行”选项。在“距离”一栏中，输入数值“15”。选择主菜单中的“回主功能表”→“实体”→“布林运算”→“切割”选项。提示栏分别出现“请选取要布林运算的目标主体”→“请选取要布林运算的工件主体”选项，选择如图5.5箭头所示。布林运算的结果如图5.6所示。

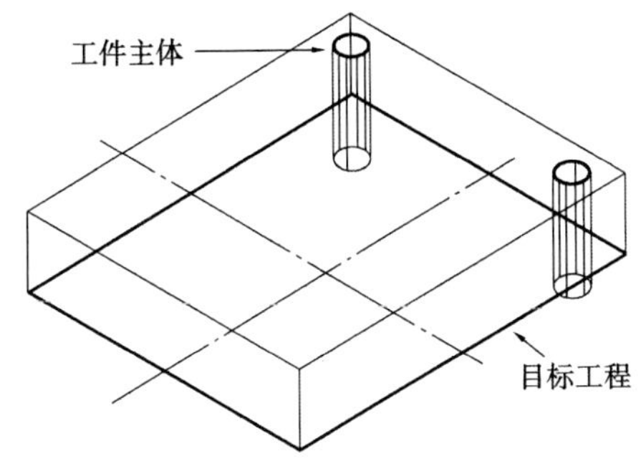

图5.5 布林运算

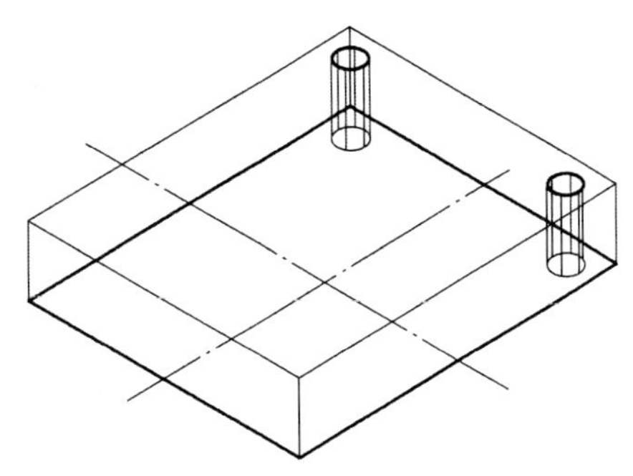
图5.6 孔的生成

③绘制凸台轮廓

绘制上面长方体与绘制下面长方形的方法一样，请同学们自行完成。

④绘制两个$R15$圆弧

根据图纸的几何尺寸，作辅助线，为画两个$R15$的圆弧作铺垫，其方法与前所讲一致，这里就不再讲述。

选择主菜单中的“回主功能表”→“绘图”→“圆弧”→“点半径圆”选项，提示行输入数值为“15”，按“Enter”键。选择“交点”选项，按“Esc”键，选择主菜单中的“回主功能表”→“修整”→“打断”→“打成二段”选项，提示行请选取图素，提示行请指定断点。选择“删除图素”选项，删除多余的线段，如图5.7所示。

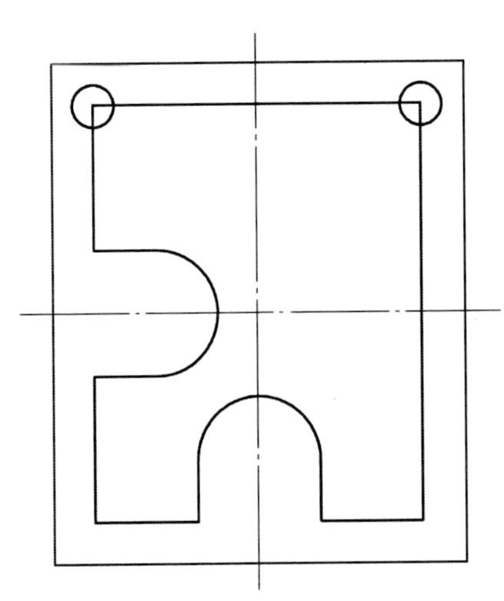
图5.7 绘制两个$R15$的圆弧

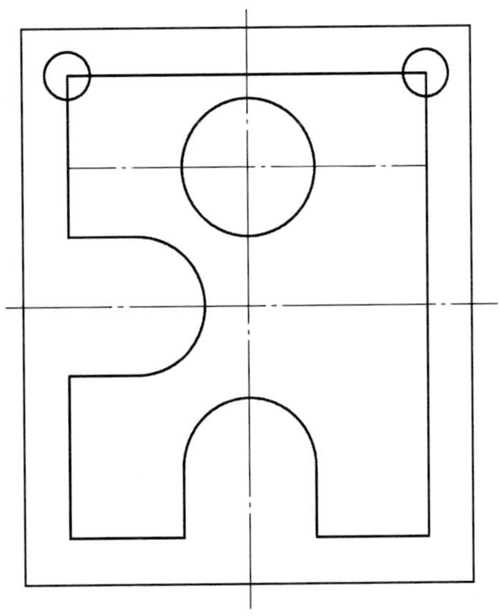
图5.8 绘制$\phi30$孔

⑤绘制 $\phi30$ 孔

根据图纸的几何尺寸，作辅助线，为画 $\phi30$ 孔的圆弧作铺垫，其方法与前所讲一致，这里就不再讲述。

选择主菜单中的“回主功能表”→“绘图”→“圆弧”→“点直径圆”选项，提示行输入数值为“30”，按“Enter”键，选择“中点”选项，按“Esc”键，并选择主菜单中的“回主功能表”→“修整”→“打断”→“打成二段”，提示行请选取图素，提示行请指定断点。选择“删除图素”选项，删除多余的线段，如图 5.8 所示。

⑥绘制 $R60$ 的圆弧

根据图纸的几何尺寸，作辅助线，为画 $R60$ 的圆弧作铺垫，其方法与前所讲一致，这里就不再讲述。

选择主菜单中的“回主功能表”→“绘图”→“圆弧”→“点半径圆”选项，提示行输入数值为”60“，按“Enter”键。选择“中点”选项，按“Esc”键，并选择主菜单中的“回主功能表”→“修整”→“打断”→“打成二段”，提示行请选取图素，提示行请指定断点。选择“删除图素”选项，对打断的轮廓线和中心线分别作删除处理，使得显示出零件的轮廓，如图 5.9 所示。

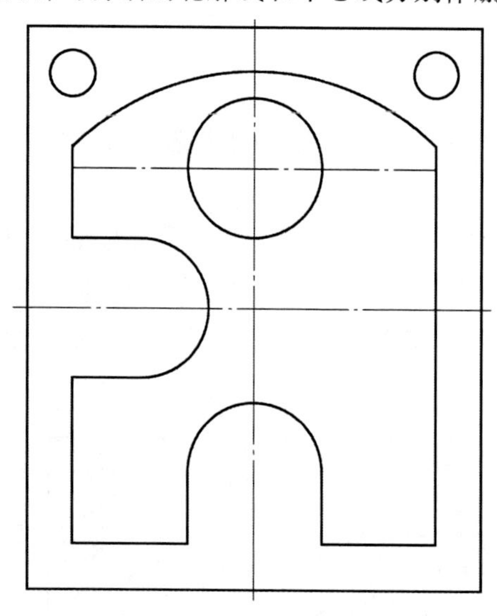

图 5.9　绘制 $R60$ 的圆弧

图 5.10　最终的零件实体造型

⑦实体生成

选择主菜单中的“回主功能表”→“实体”→“挤出”选项，选择凸台上全部轮廓线，根据图纸几何尺寸来作为数值的标准。选择主菜单中的“回主功能表”→“实体”→“布林运算”→“切割”或“实体”→“布林运算”→“结合”等命令，完成最终的零件实体造型，如图 5.10 所示。

2）文件保存

选择菜单栏“文件”→“保存文件”选项，在“文件”对话框中输入文件名“二维图形绘制”，按“Enter”键，完成文件保存。

(3)CAM 加工设置

1)加工工艺分析

不管是手工编程还是计算机辅助编程,加工工艺都是必须关注的。MasterCAM 软件的CAM 功能主要是自动产生刀具路径,加工工艺还需要编程人员事先制订。如图 5.1 所示的零件,毛坯是经过预先铣削加工过的规则 45#钢,尺寸为 100 mm×120 mm×25 mm。

①装夹方法。此零件毛坯规则,采用平口钳装夹。

②加工路线分析。根据图样,确定加工顺序:台阶轮廓外形铣削粗加工→台阶轮廓外形铣削精加工→ϕ30 孔挖槽加工→钻削 ϕ10 两个通孔。

③刀具选用。根据工件的尺寸及形状,选用刀具如下:直径 ϕ20 mm 的双刃平铣刀,用于加工毛坯平面。直径 ϕ10 mm 的双刃平铣刀(用于粗加工),直径 ϕ8 mm 的四刃平铣刀(用于精加工)。直径 ϕ10 mm 的中心钻(用于打定位孔),直径 ϕ10 mm 的钻头(用于钻两个通孔)。

④加工时,所需的工具、量具见表 5.1。

表 5.1　工具、量具清单

序　号	名　称	规　格	数　量	备　注
1	游标卡尺	0~150　0.02	1	
2	万能量角器	0~320°　2′	1	
3	千分尺	0~25,25~50,50~75　0.01	各1	
4	内径量表	18~35　0.01	1	
5	内径千分尺	25~50　0.01	1	
6	止通规	ϕ10H8	1	
7	深度游标卡尺	0.02	1	
8	深度千分尺	0~25　0.01	1	
9	百分表、磁性表座	0~10　0.01	各1	
10	*R* 规	*R*15~25	各1	
11	塞尺	0.02~1	1副	

2)CAM 加工具体操作步骤

①工件设计

选择主菜单中的“档案”→“取档”选项,系统弹出入如图 5.11 所示对话框。选择“二维图形绘制”选项,单击“打开”按钮,如图 5.12 所示。

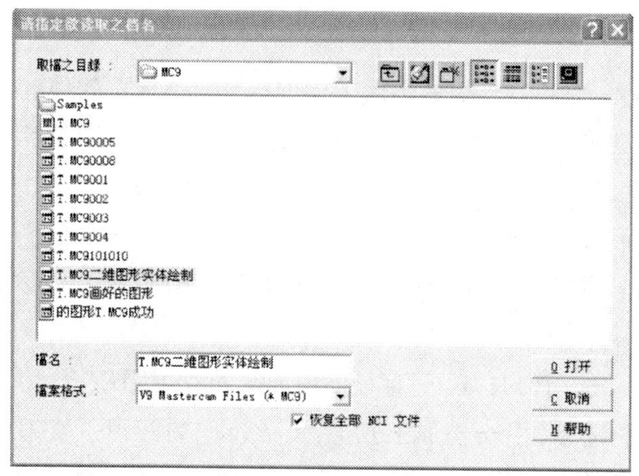

图 5.11　调取档案

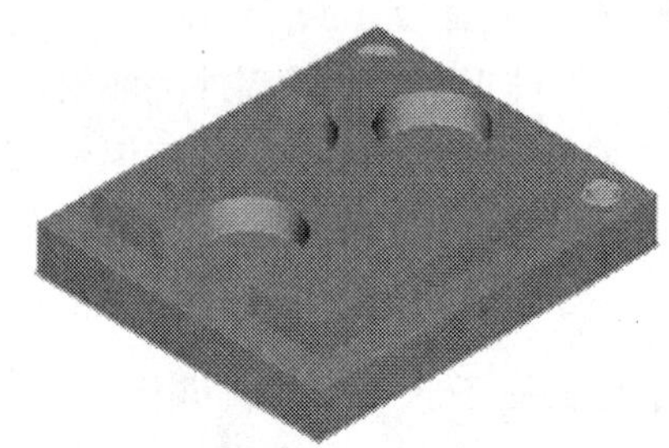

图 5.12　已调取图形

在主菜单上选择“刀具路径”选项，如图 5.13 所示。弹出“刀具路径”菜单，如图 5.14 所示。

A 分析
C 绘图
F 档案
M 修整
X 转换
D 删除
S 萤幕
O 实体
T 刀具路径
N 公用管理

图 5.13　主菜单

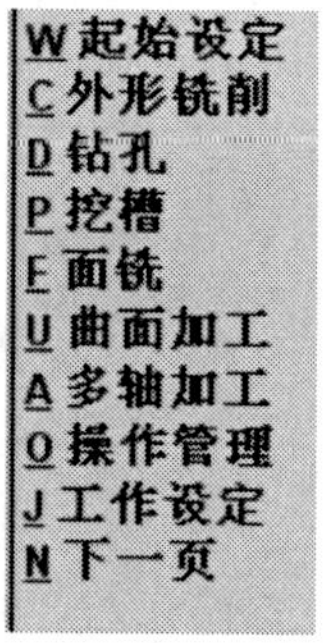

W 起始设定
C 外形铣削
D 钻孔
P 挖槽
F 面铣
U 曲面加工
A 多轴加工
O 操作管理
J 工作设定
N 下一页

图 5.14　刀具路径菜单

②工作设定

选择如图 5.14 所示的“刀具路径”菜单中的“工作设定”选项，弹出“工作设定”对话框，如图 5.15 所示。将“工件原点”X 设置为“0”，Y 设置为“0”，Z 设为“26”，将工件高度 Z 设置为“26”，勾选“显示工件”选项单击“确定”按钮，返回主菜单。绘图区的工件上出现红色的虚线框，如图 5.16 所示。

③面铣

选择如图 5.14 所示的“刀具路径”菜单中的“面铣”选项，弹出“面铣选择”菜单，选择“执行”选项，弹出“面铣”对话框，如图 5.17 所示。

将鼠标放在“面铣”对话框的空白处，单击鼠标右键，弹出“刀具快捷”菜单，如图 5.18 所示。选择快捷菜单中的“从刀具库中选取刀具”选项，弹出“刀具管理”对话框。选择直径为“20”的平刀，如图 5.19 所示。单击“确定”按钮，“面铣”对话框中出现了第一把刀、主轴转速、进给率设置，如图 5.20 所示。

选择“面铣”对话框中的“面铣的加工参数”选项，弹出“面铣之加工参数”对话框。“要

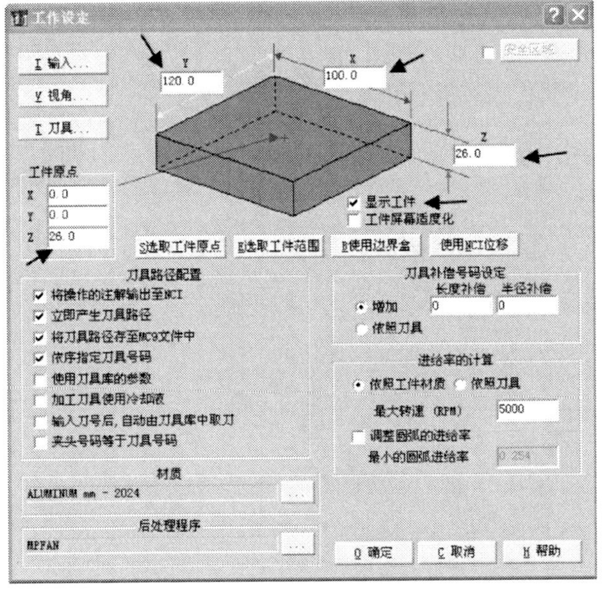

图5.15　工作设定对话框

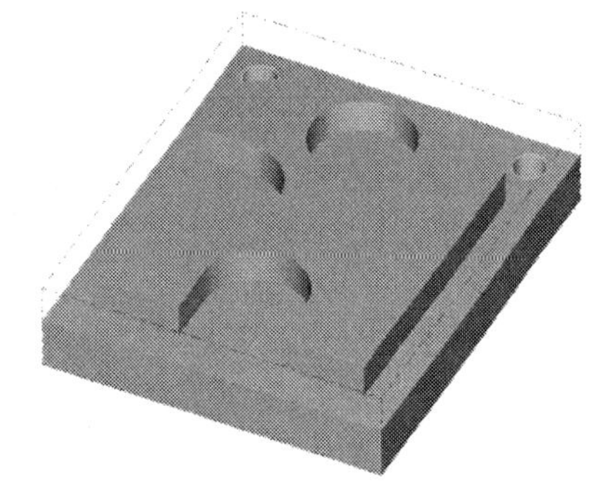

图5.16　显示工作设定

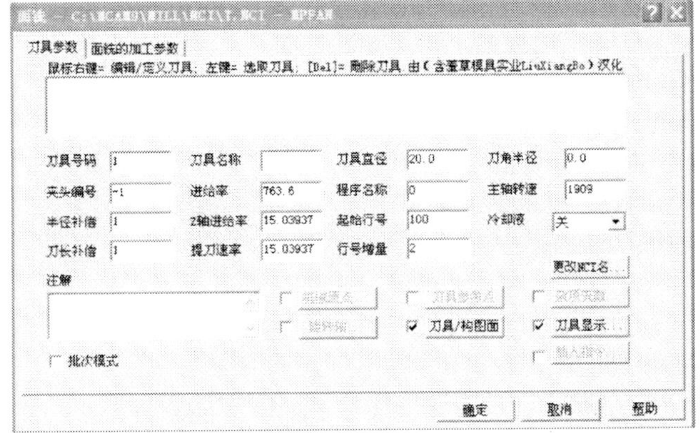

图5.17　面铣

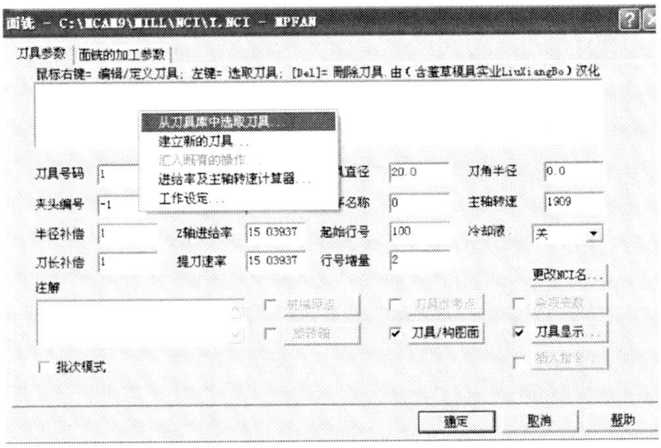

图5.18　选用刀具及设置刀具参数

刀具管理 - C:\MCAM9\MILL\TOOLS\TOOLS_MM.TL9

過濾之設定... ☑ 過濾刀具
显示的刀具数 249 / 249

刀具号码	刀具型式	直径	刀具名称	刀角半径	半径形式
...	平刀	14.0000 mm	14. FLAT ENDMILL	0.000000 mm	平刀
...	平刀	15.0000 mm	15. FLAT ENDMILL	0.000000 mm	平刀
...	平刀	16.0000 mm	16. FLAT ENDMILL	0.000000 mm	平刀
...	平刀	17.0000 mm	17. FLAT ENDMILL	0.000000 mm	平刀
...	平刀	18.0000 mm	18. FLAT ENDMILL	0.000000 mm	平刀
...	平刀	19.0000 mm	19. FLAT ENDMILL	0.000000 mm	平刀
...	平刀	20.0000 mm	20. FLAT ENDMILL	0.000000 mm	平刀
...	平刀	21.0000 mm	21. FLAT ENDMILL	0.000000 mm	平刀
...	平刀	22.0000 mm	22. FLAT ENDMILL	0.000000 mm	平刀
...	平刀	23.0000 mm	23. FLAT ENDMILL	0.000000 mm	平刀
...	平刀	24.0000 mm	24. FLAT ENDMILL	0.000000 mm	平刀
...	平刀	25.0000 mm	25. FLAT ENDMILL	0.000000 mm	平刀
...	球刀	1.0000 mm	1. BALL ENDMILL	0.500000 mm	球刀
...	球刀	2.0000 mm	2. BALL ENDMILL	1.000000 mm	球刀

O 确定　C 取消　H 帮助

图 5.19　选用 $\phi 20$ 平底刀

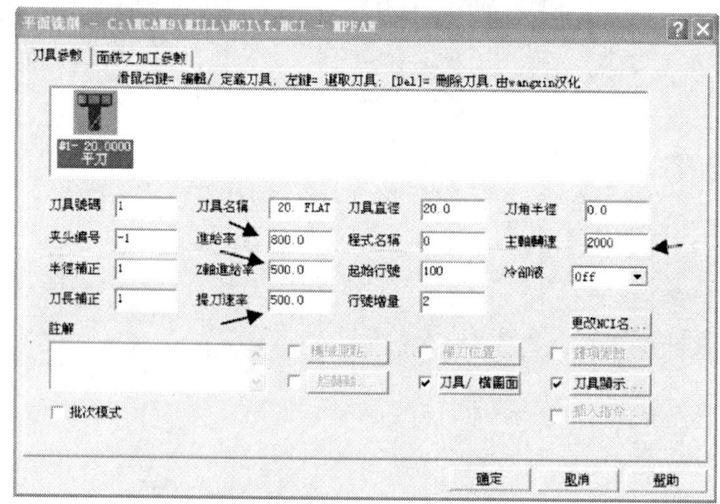

图 5.20　设置刀具加工参数

加工的表面”设为毛坯的高度“26”,“深度”设为工件表面的高度“25”,各参数设置如图5.21所示。勾选“Z 轴分层铣深”选项,各参数设置如图 5.22 所示。

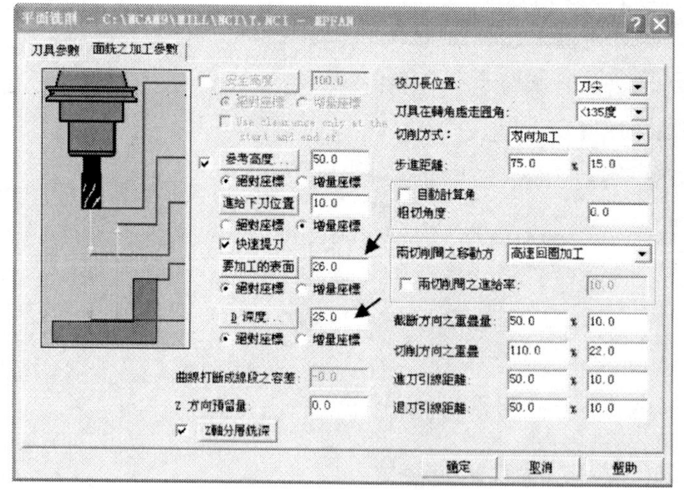

图 5.21　面铣之加工参数

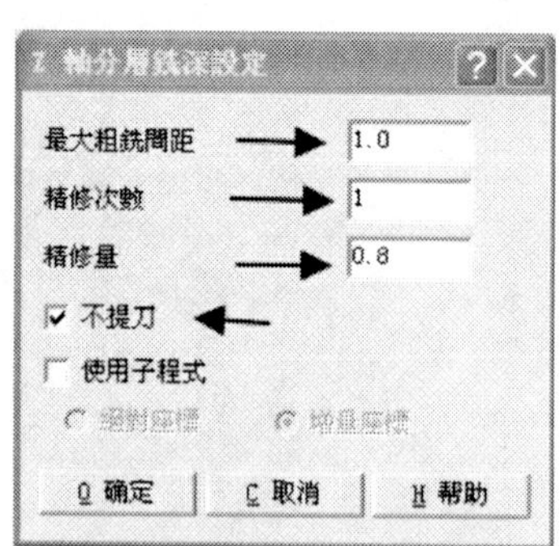

图 5.22　Z 轴分层铣深设定

单击“面铣”对话框中的“确定”按钮，完成面铣刀具路径的设置，如图5.23所示。

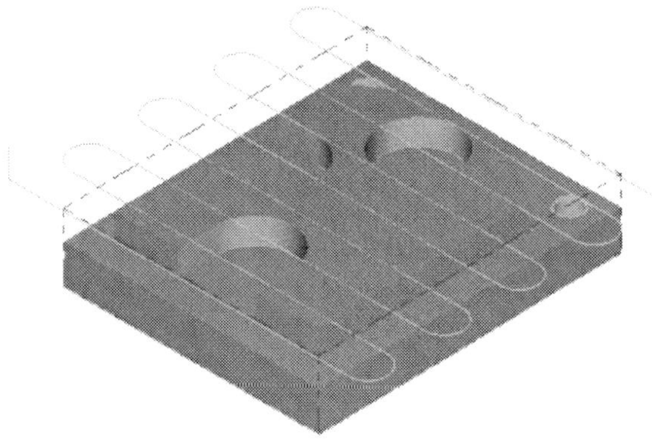

图5.23 面铣方式生成刀具路径

选择主菜单中的“操作管理”选项，弹出“操作管理”对话框。单击“实体验证”选项弹出实体验证窗口，并单击“持续执行”按钮，播放实体仿真加工。其加工效果如图5.24所示。

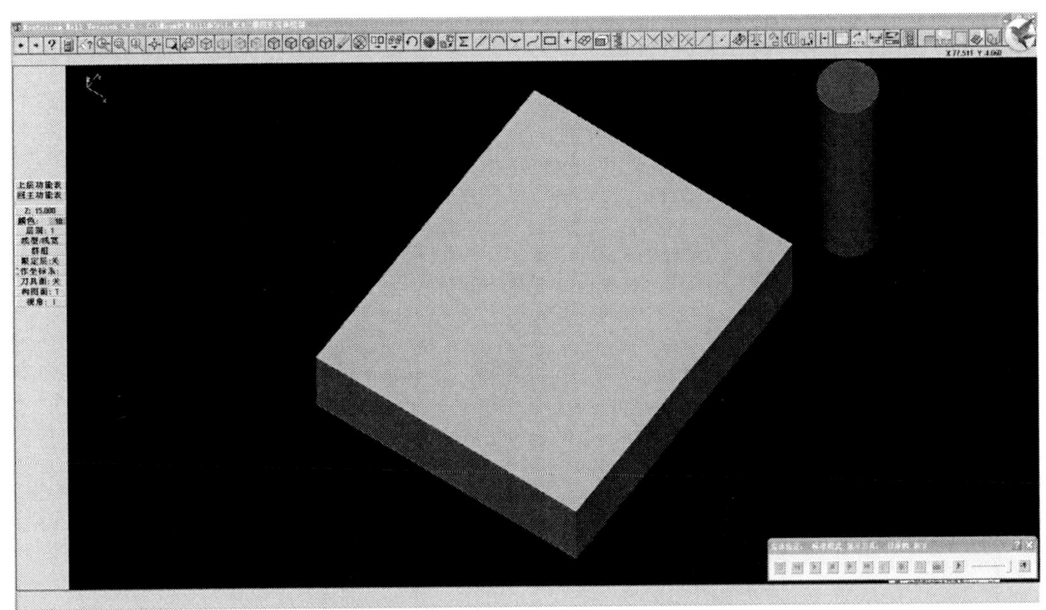

图5.24 面铣加工方式仿真结果

④外形铣削

选择如图5.14所示的“刀具路径”菜单中的“外形铣削”→“串连”选项，用鼠标选择如图5.25箭头所示的轮廓。选择“执行”→“执行”选项，弹出“外形铣削(2D)”对话框，如图5.26所示。

设置外形铣削刀具的方法和设置面铣刀具的方法一样，可参照。创建ϕ18平底刀及设置刀具加工参数，如图5.27所示。

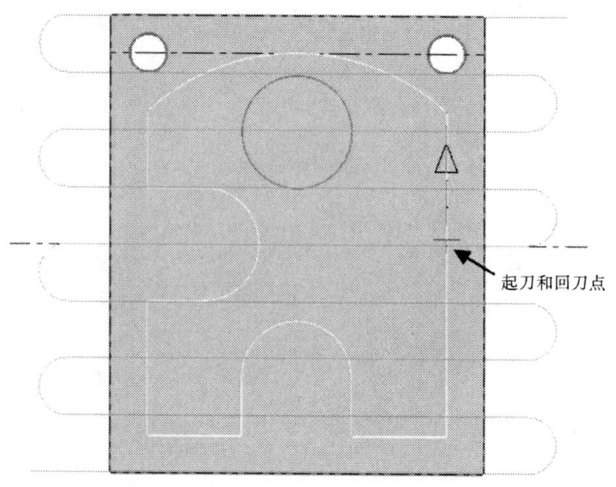

图 5.25　选择凸台轮廓

外形铣削 (2D) - C:\MCAM9\MILL\NCI\T.NCI - MPFAN

刀具参数　外形铣削参数

鼠标右键= 编辑/定义刀具; 左键= 选取刀具; [Del]= 删除刀具.由(含蓄草模具实业LiuXiangBo)汉化

#1- 20.0000 平刀

刀具号码	1	刀具名称	20. FLAT	刀具直径	20.0	刀角半径	0.0
夹头编号	-1	进给率	763.6	程序名称	0	主轴转速	1909
半径补偿	1	Z轴进给率	7.1625	起始行号	100	冷却液	关
刀长补偿	1	提刀速率	7.1625	行号增量	2		

更改NCI名...

注解

机械原点...　刀具参考点...　杂项变数...

旋转轴...　刀具/构图面　刀具显示...

批次模式　插入指令...

确定　取消　帮助

图 5.26　外形铣削(2D)

选择如图 5.27 所示“外形铣削(2D)”对话框中的“外形铣削参数”选项。“要加工的表面”设为毛坯的高度“25”,“深度”设为工件表面的高度“15”,各参数设置如图 5.28 所示。勾选“Z 轴分层铣深”和“XY 分次铣削”选项,各参数设置如图 5.29 和图 5.30 所示。

单击“外形铣削(2D)”对话框中的“确定”按钮,完成外形铣削刀具路径的设置,如图 5.31所示。

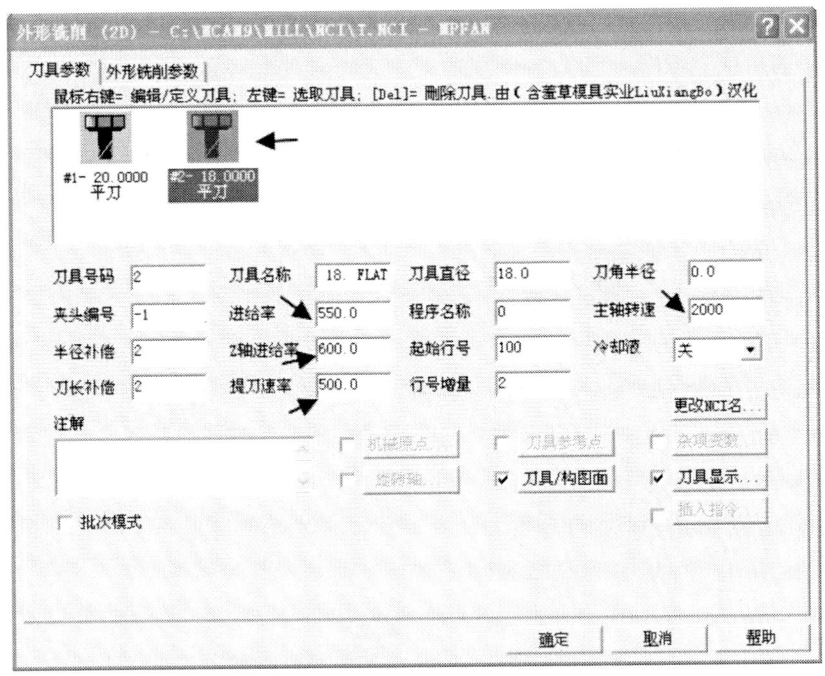

图 5.27　创建刀具及设置刀具加工参数

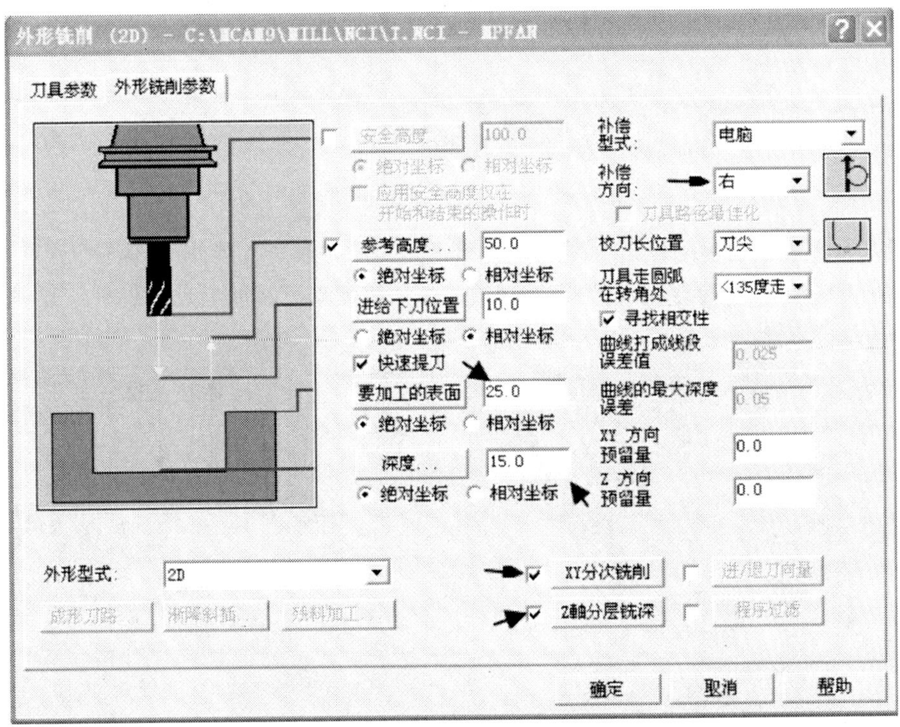

图 5.28　外形铣削参数

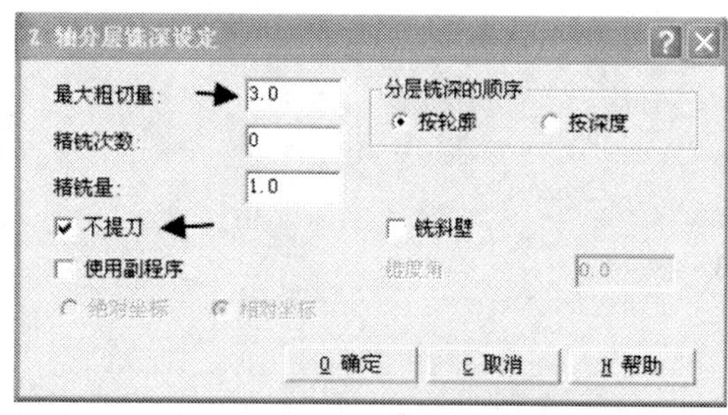

图 5.29　Z 轴分层铣深参数设置

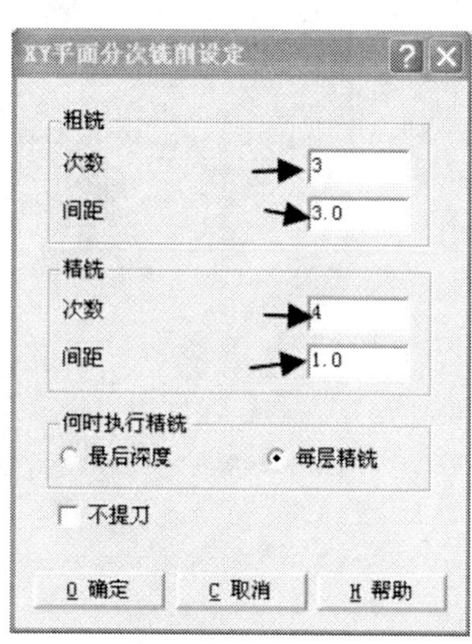

图 5.30　XY 分次铣削参数设置

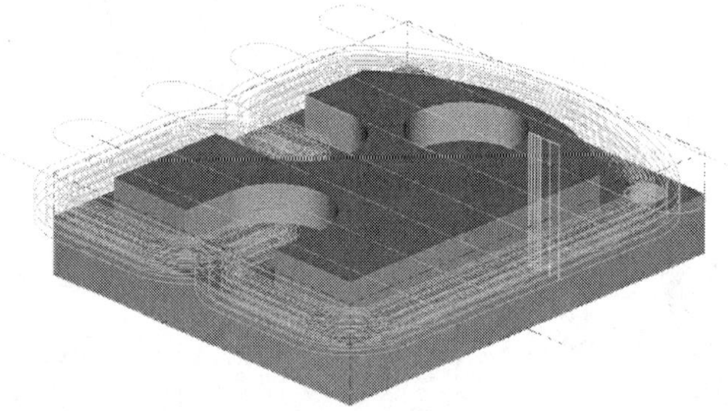

图 5.31　外形铣削生成刀路轨迹

选择主菜单中的“操作管理”选项，弹出“操作管理”对话框。选择“实体验证”选项，弹出“实体验证”窗口。单击“持续执行”按钮，播放实体仿真加工。其加工效果如图 5.32 所示。

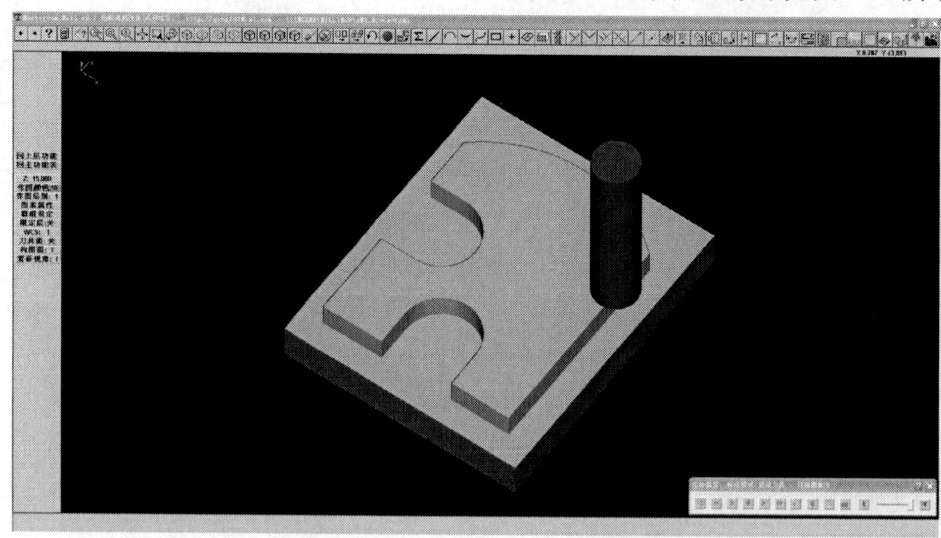

图 5.32　外形铣削加工仿真结果

⑤ϕ30 孔挖槽加工

选择如图5.14 所示的“刀具路径”菜单中的“挖槽”选项，弹出“挖槽”选择菜单。选择“串连”选项，选择图形中 ϕ30 孔，如图5.33 所示(注意方向)。选择“执行”选项，弹出“创建刀具”对话框，创建 ϕ14 平底刀及设置刀具参数，如图5.34 所示。

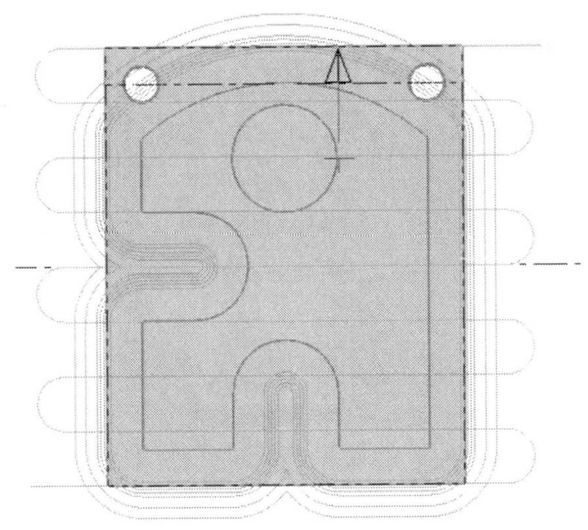

图5.33　选择 ϕ30 的孔

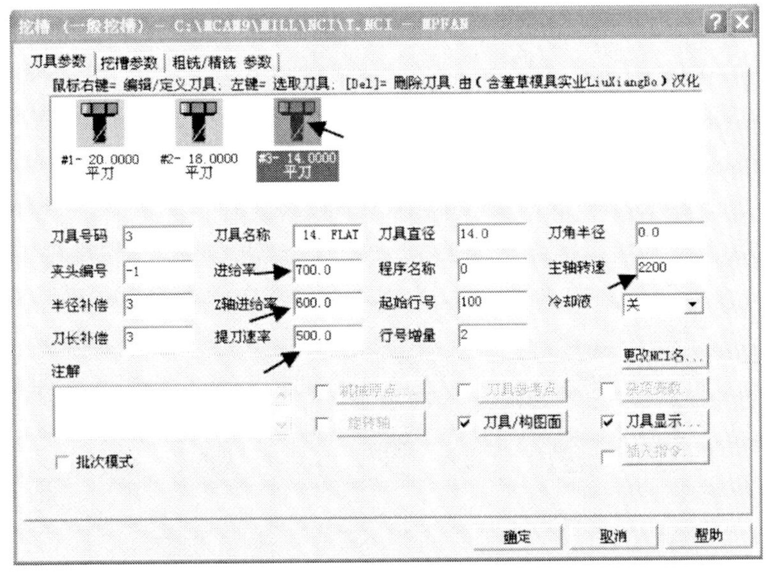

图5.34　创建 ϕ14 平底刀及设置刀具参数

选择“挖槽”对话框中的“挖槽参数”选项，弹出“挖槽参数”对话框。选择“加工类型”选项，“要加工的表面”设为零件的高度“25”，“深度”设为立方体的上表面高度“15”。选择“挖槽加工形式”为“一般挖槽”如图5.35 所示。勾选“Z 轴分层铣深”选项，弹出“Z 轴分层铣深设定”对话框，将“最大粗切深度”设置为“0.8”，“精铣次数”设置为“1”，“精铣量”设置为“1.0”。勾选“不提刀”选项，单击“确定”按钮，如图5.36 所示。

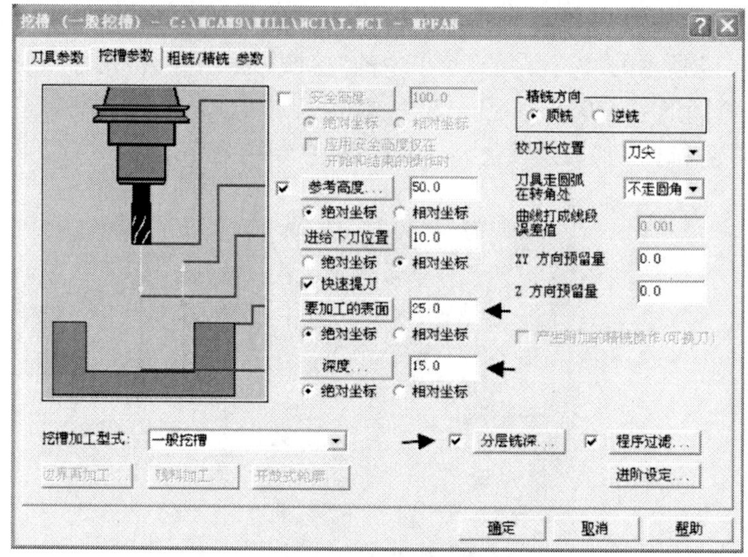

图 5.35　设置挖槽参数

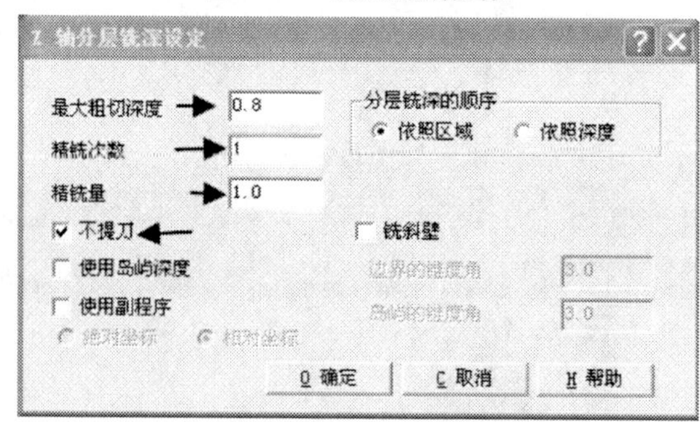

图 5.36　Z 轴分层铣深参数设置

选择“挖槽”对话框中的“粗铣/精铣参数”选项卡，弹出“粗铣/精铣对数”对话框，“切削方式”选择“平行环切”。勾选“螺旋式下刀”，其他参数不变，如图 5.37 所示。

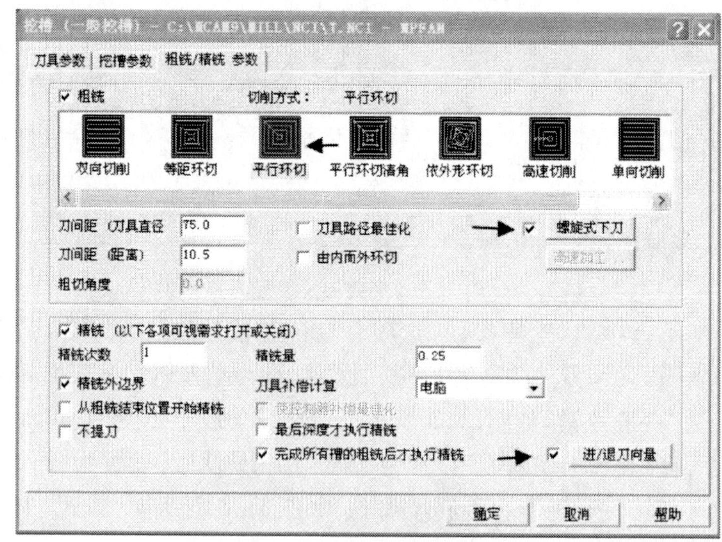

图 5.37　粗铣/精铣参数设置

单击“挖槽”对话框的“确定”按钮，完成挖槽铣削刀具路径的设置，如图5.38所示。

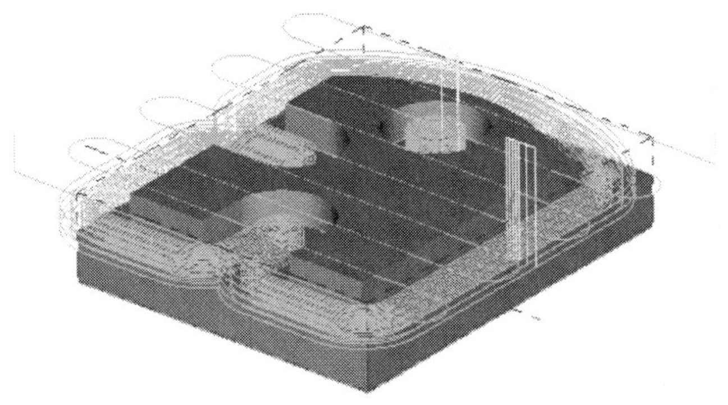

图5.38　ϕ30孔挖槽加工生成刀具路径

选择主菜单中的“操作管理”选项，选择“实体验证”选项，弹出“实体验证”窗口。单击“持续执行”按钮，播放实体仿真加工，加工效果如图5.39所示。

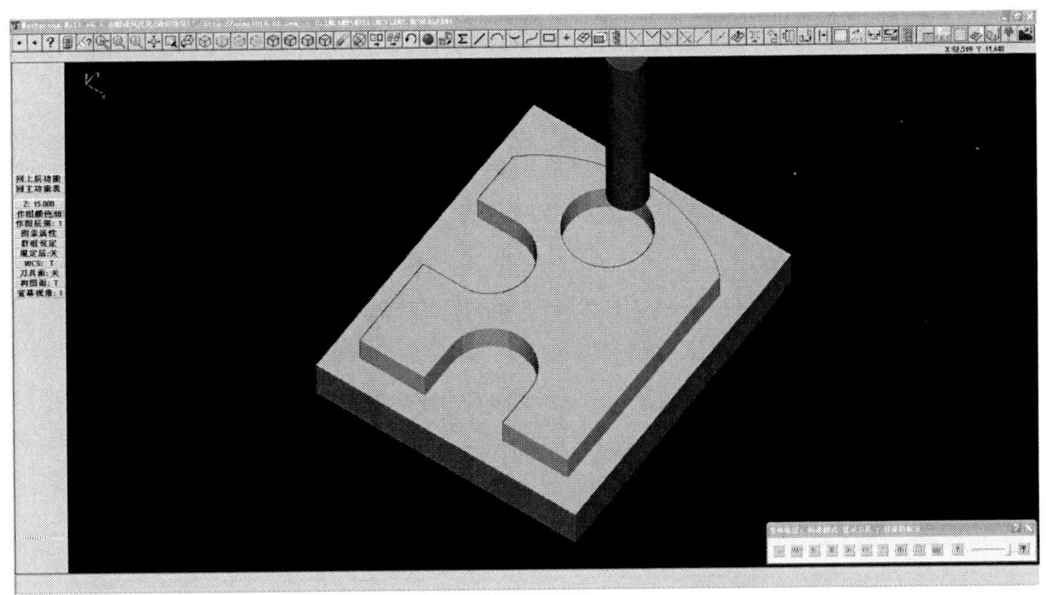

图5.39　ϕ30孔挖槽加工仿真结果

⑥钻削ϕ10两个通孔

选择如图5.14所示的“刀具路径”菜单中的“钻孔”选项，弹出“钻孔”选择菜单，如图5.40所示。选择“手动”选项，弹出“抓点方式”菜单，如图5.41所示。选择“圆心点”选项，在图形区选择圆柱孔上表面的圆形，即捕捉到圆孔中心。

孔中心选择完成后，选择“上层功能表”→“执行”选项，弹出“钻孔”对话框。从刀具库中选择直径为“10”的钻头，其他参数设置如图5.42所示。

选择“钻孔”对话框中的“Simple drill-no peck”选项，弹出“Simple drill-no peck”对话框。“要加工的表面”设为零件的高度“15”，“深度”设为“0”。勾选“刀尖补偿”选项，其他参数使用默认，如图5.43所示。

M 手动
A 自动
E 选图素
W 窗选
L 选择上次
R 限定半径
P 图样
I 选项
S 关连操作
D 执行

回上层功能
回主功能表

图 5.40　钻孔菜单

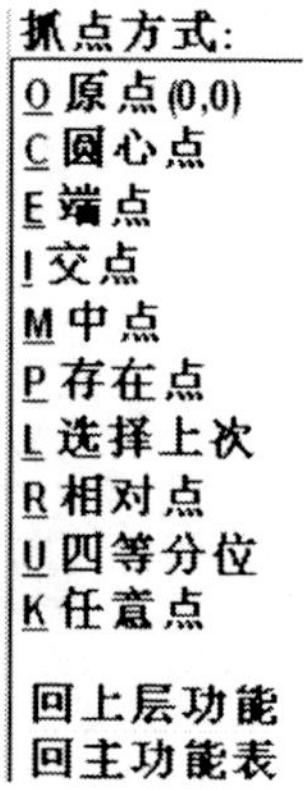

抓点方式:
O 原点(0,0)
C 圆心点
E 端点
I 交点
M 中点
P 存在点
L 选择上次
R 相对点
U 四等分位
K 任意点

回上层功能
回主功能表

图 5.41　抓点方式

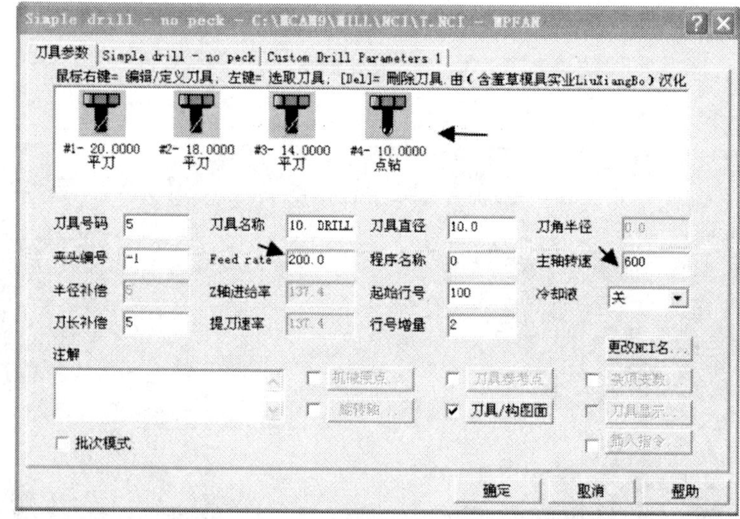

图 5.42　创建钻削刀具及刀具参数设置

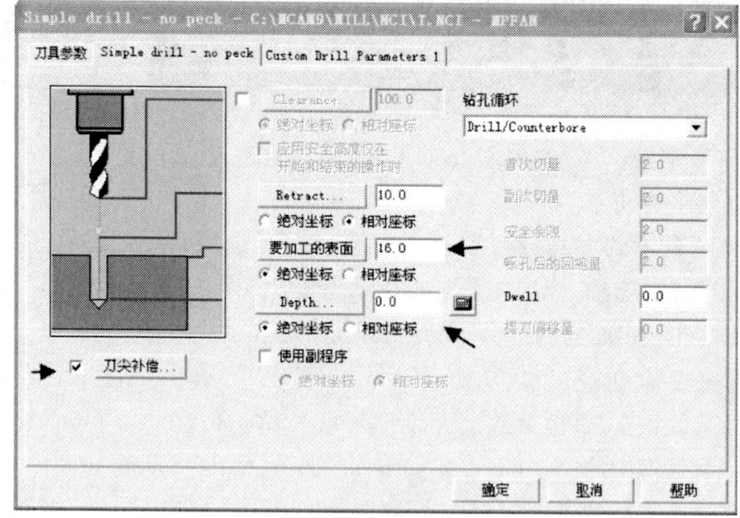

图 5.43　钻孔参数设置

单击“钻孔”对话框的“确定”按钮，完成钻孔刀具路径的设置，如图5.44所示。

选择主菜单中的“操作管理”选项，选择“实体验证”选项，弹出“实体验证”窗口。单击“持续执行”按钮，播放实体仿真加工。其加工效果如图5.45所示。

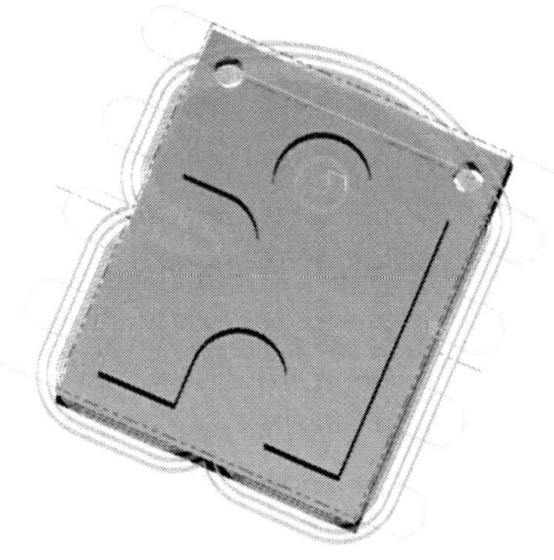

图5.44 钻削刀具路径生成

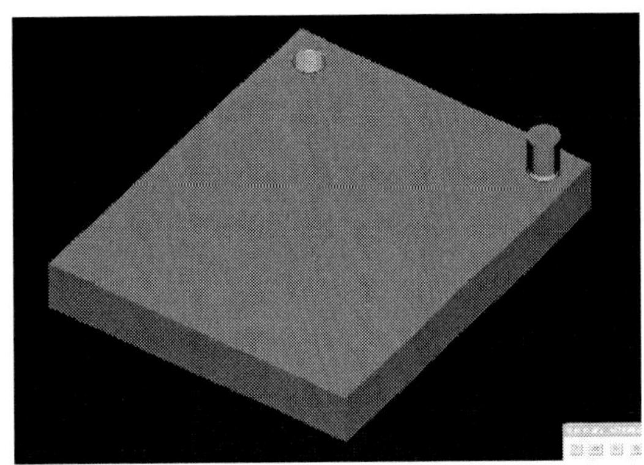

图5.45 钻削孔仿真结果

⑦零件综合实体验证

选择主菜单中的“刀具路径”→“操作管理”选项，系统弹出如图5.46所示对话框，勾选“全选”选项。

选择“实体验证”选项，弹出“实体验证”窗口。单击“持续执行”按钮，播放实体仿真加工。其加工效果如图5.47所示。

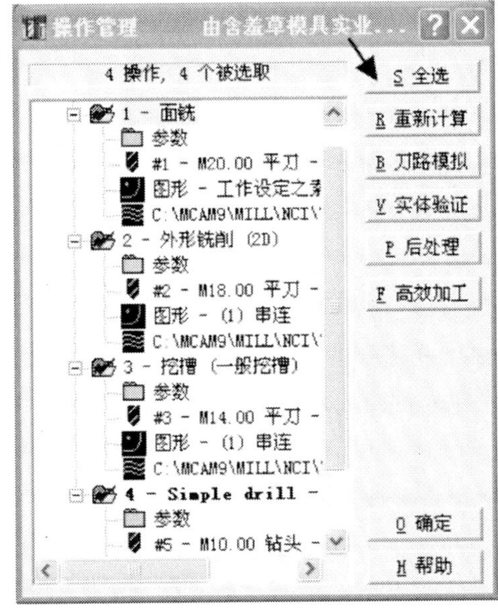

图5.46 操作管理

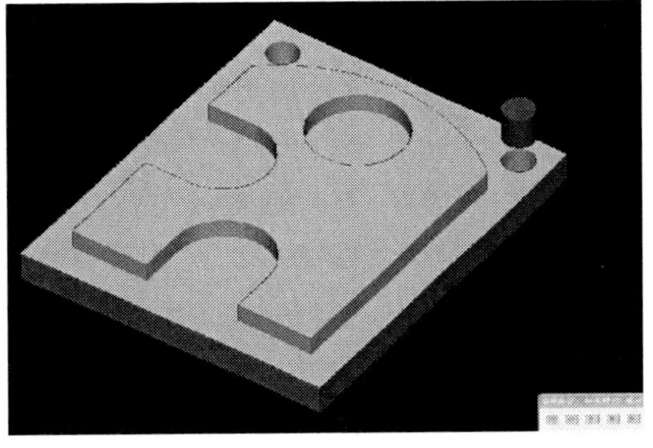

图5.47 最终仿真结果

选择主菜单中的“刀具路径”→“操作管理”选项，系统弹出如图 5.46 所示的对话框。选择“后处理”选项，弹出“后处理程序”对话框，勾选如图 5.48 所示。单击“确定”按钮，选择保存路径。单击“确定”按钮，生成程序如图 5.49 所示。

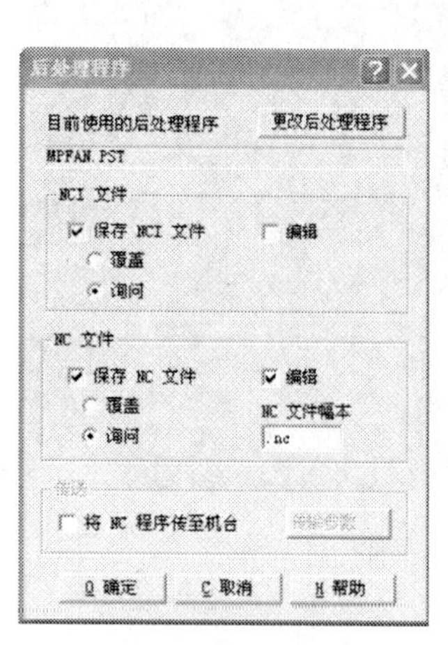

图 5.48　后处理程序

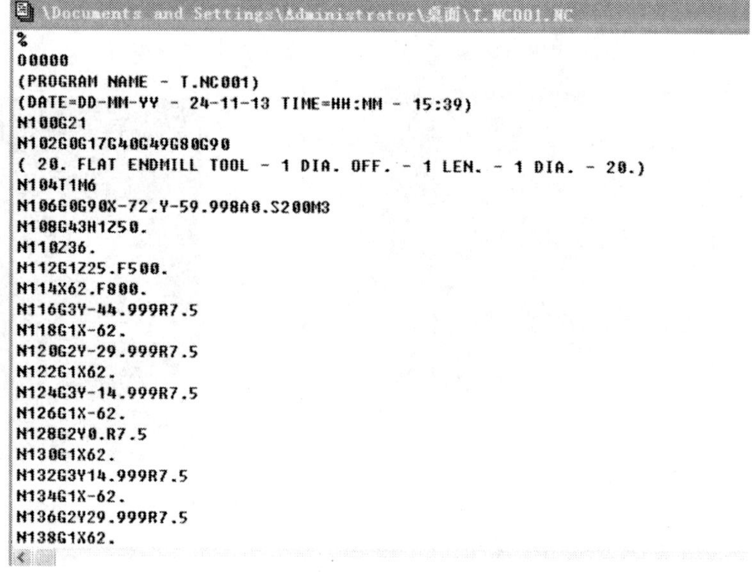

```
\Documents and Settings\Administrator\桌面\T.NC001.NC
%
O0000
(PROGRAM NAME - T.NC001)
(DATE=DD-MM-YY - 24-11-13 TIME=HH:MM - 15:39)
N100G21
N102G0G17G40G49G80G90
( 20. FLAT ENDMILL TOOL - 1 DIA. OFF. - 1 LEN. - 1 DIA. - 20.)
N104T1M6
N106G0G90X-72.Y-59.998A0.S200M3
N108G43H1Z50.
N110Z36.
N112G1Z25.F500.
N114X62.F800.
N116G3Y-44.999R7.5
N118G1X-62.
N120G2Y-29.999R7.5
N122G1X62.
N124G3Y-14.999R7.5
N126G1X-62.
N128G2Y0.R7.5
N130G1X62.
N132G3Y14.999R7.5
N134G1X-62.
N136G2Y29.999R7.5
N138G1X62.
```

图 5.49　数控程序

选择主菜单中的“档案”→“传输”选项，系统弹出如图 5.50 所示对话框，根据机床的不同型号和不同系统来选择。然后单击“传送”按钮，即计算机已经向数控铣床传送文件。

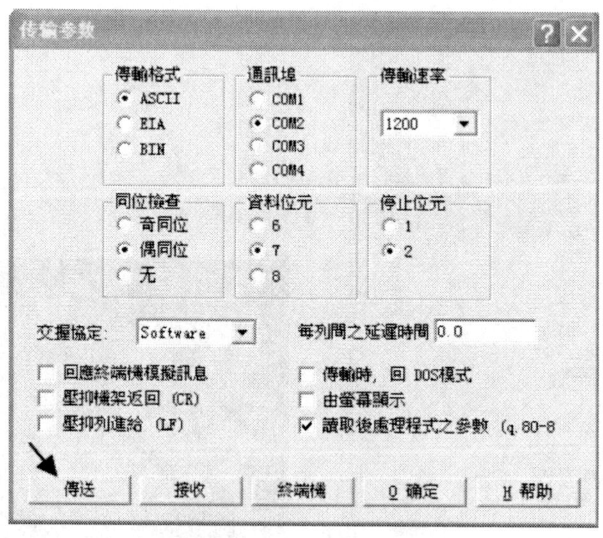

图 5.50　NC 文件传输

(4)评分标准

检测评分标准见表 5.2。

表 5.2　评分标准

序　号	考核内容	配　分	评分标准	学生自评		教师评价	
				考核结果	得　分	考核结果	得　分
1	启动及退出程序	2	不会启动及退出程序扣全分				
2	工具栏的使用	3	正确使用工具栏,不正确酌情扣分				
3	主菜单的合理运用	6	理解及合理使用主菜单各选项,一项不会使用扣 1 分直至扣除全分				
4	辅助菜单的合理运用	4	理解及合理使用辅助菜单各选项,一项不会使用扣 1 分直至扣除全分				
5	文件的正确编辑	3	打开和关闭文件 1 分,新建、保存和浏览文件 1 分				
6	坐标系的设定	3	工件坐标系设定不正确扣全分				
7	提示区和绘图区的理解和使用	2	不理解提示区和绘图区扣 1 分				
8	获得帮助信息的方法	2	不会利用帮助对话框获得帮助信息扣 1 分				
9	常用图形的绘制	9	点、直线、圆弧、矩形、椭圆、多边形、样条曲线等图形的绘制不合理处酌情扣分				
10	图形的编辑方法	4	选取、删除、恢复、转换、修整等图形编辑不合理处酌情扣分				
11	图形的标注	4	图形的标注每错一处扣 0.5分				
12	设置构图面、视角及构图深度	4	构图面、视角及构图深度设置不合理处酌情扣分				
13	实体造型	9	实体造型不合理处酌情扣分				

续表

序　号	考核内容	配　分	评分标准	学生自评		教师评价	
				考核结果	得　分	考核结果	得　分
14	选择工件及其材料	8	工件外形选择不正确扣 3 分,工件材料选择不准确扣 2 分,夹紧工件方式不合理扣 2 分				
15	刀具选用	6	根据加工工艺卡选用刀具的种类、形状、材料,选用不适当(种类、形状、材料方面)酌情扣分				
16	刀具路径的设置	4	刀具路径的设置不正确扣全分				
17	刀具参数输入与修改	3	刀具参数输入与修改步骤不正确或数据不准确此项不得分				
18	二维铣削加工方法和参数选择	6	加工方法 3 分、参数选择 2 分,不合理酌情扣分				
19	二维铣削加工后处理	6	仿真加工 3 分、后处理方法 2 分,不合理酌情扣分				
20	铣削加工方法和参数选择	6	加工方法 3 分、参数选择 2 分,不合理酌情扣分				
21	铣削加工后处理	6	仿真加工 3 分、后处理方法 2 分,不合理酌情扣分				
合　计		100					

任务 5.2　数控车床中级职业技能鉴定试题解析

(1)实例概述

零件尺寸如图 5.51 所示。在 MasterCAM 软件中,为了编制零件的应用 NC 加工程序,需要先建立该零件的模型。分析上述零件,只要建立如图 5.51 所示的主视图的二维外形模型,根据二维外形模型,结合 X,Z 方向两轴作进给运动,就可以在数控车床上加工出该零件。

(2)操作步骤

1)外轮廓的绘制

分析图 5.51 主视图,绘图思路为外圆轮廓线(连续线)→$R10$ 圆弧。

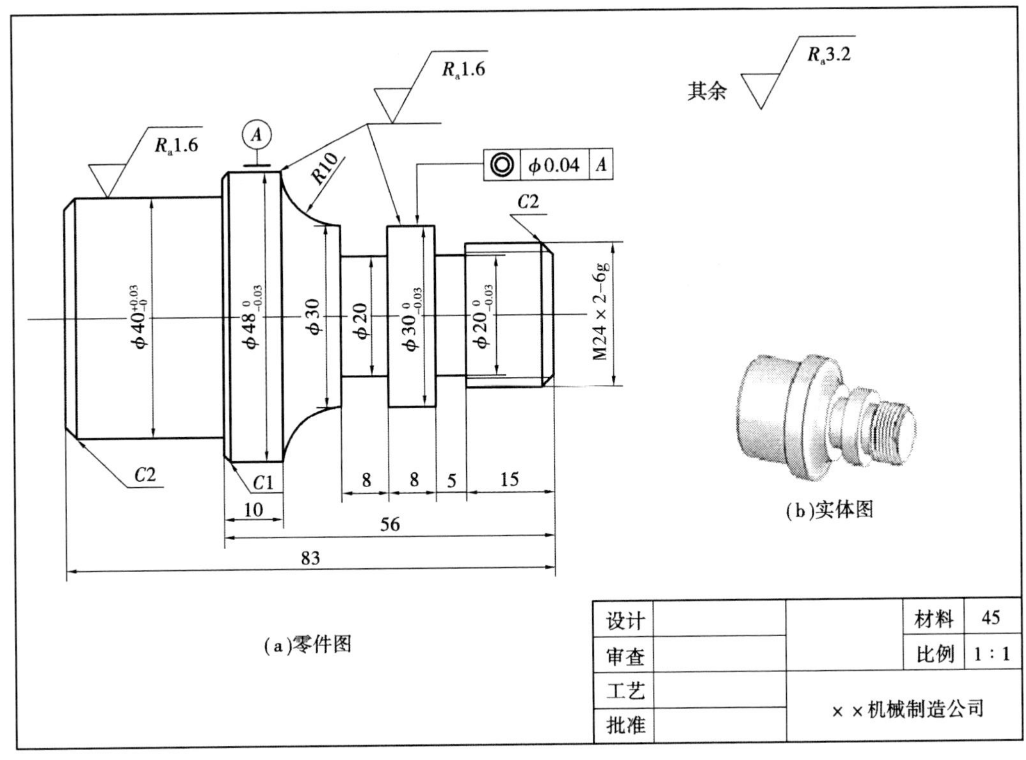

图 5.51　数控车床中级职业技能鉴定试题

①单击 Lathe 9 图标,进入车削系统模式。

②图层设置、更改属性等知识,在前几个项目中已经讲过。这里就不再讲述。

③根据笛卡尔坐标规定,数控车床横向方向为"Z 轴"方向,数控车床纵向方向为"X 轴"方向,且远离工件的方向为正方向。因此在 MasterCAM Lathe9.0 车削模块中只有两个坐标系,即"X 轴""Z 轴"。

④选择主菜单中的"绘图"→"直线"→"连续线"→"原点"选项,此时光标在原点位置。在"提示栏"中输入(40,0),按"Enter"键,继续输入(40,27),按"Enter"键;输入(48,27),按"Enter"键;输入(48,47),按"Enter"键;输入(20,47),按"Enter"键;输入(20,55),按"Enter"键;输入(30,55),按"Enter"键;输入(30,63),按"Enter"键;输入(20,63),按"Enter"键;输入(20,68),按"Enter"键;输入(24,68),按"Enter"键;输入(24,83),按"Enter"键;输入(0,83),按"Enter"键,如图 5.52 所示。

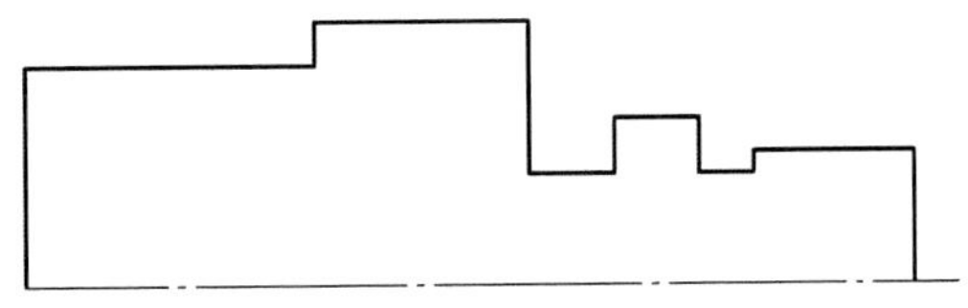

图 5.52　根据坐标所画的轮廓线

2)绘制 R10 的圆弧

①选择主菜单中的“绘图”→“直线”→“平行线”→“方向/距离”选项,用鼠标选择中心线,在中心线上的空白处左键单击。在“提示栏”中输入“15”,按“Enter”键,如图 5.53 所示。返回“上层功能表”,用鼠标选择如图 5.54 箭头所示的直线,在直线左边的空白处,左键单击。在“提示栏”中输入“10”,按“Enter”键。此时,*R*10 圆弧的两条辅助线已经画好,如图 5.55 所示。

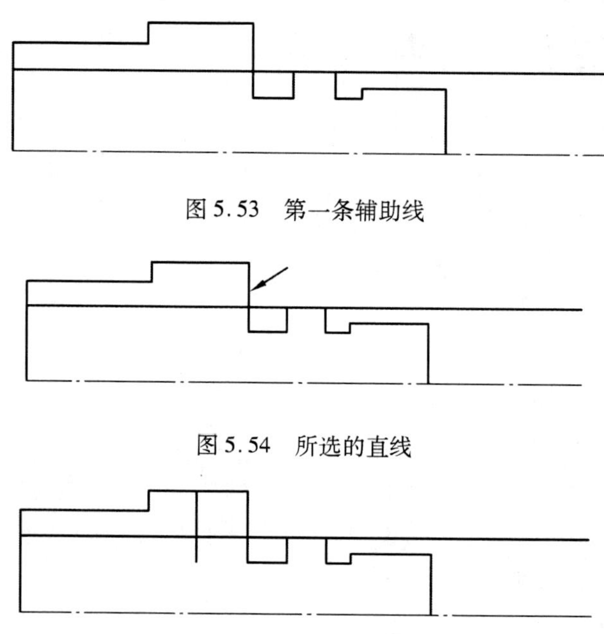

图 5.53　第一条辅助线

图 5.54　所选的直线

图 5.55　第二条辅助线

②选择主菜单中的“绘图”→“圆弧”→“两单画弧”选项,选择如图 5.56 所示箭头的两个交点。在“提示栏”中输入“10”,按“Enter”键,选择如图 5.57 箭头所示的圆弧。

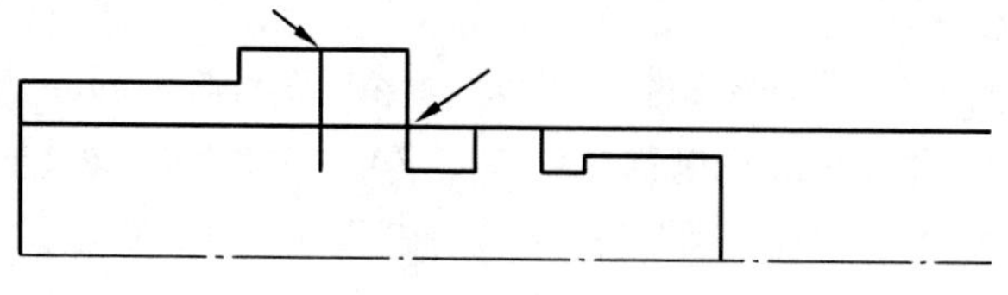

图 5.56　两个交点

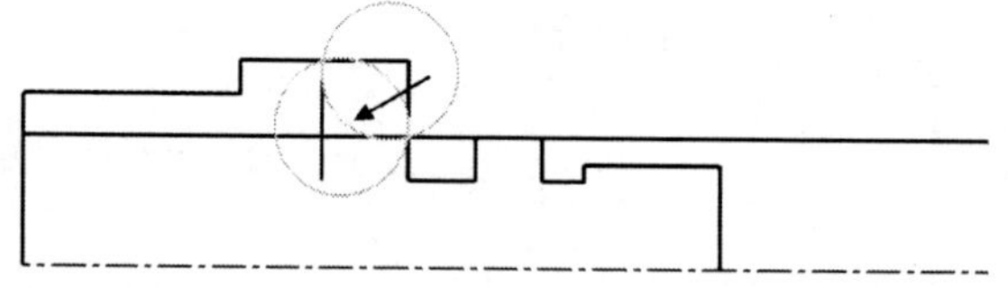

图 5.57　选择 *R*10 的圆弧

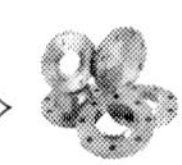

③选择主菜单中的"修整"→"打断"→"打成二段",进行删除多余的线条。修整后如图5.58所示。

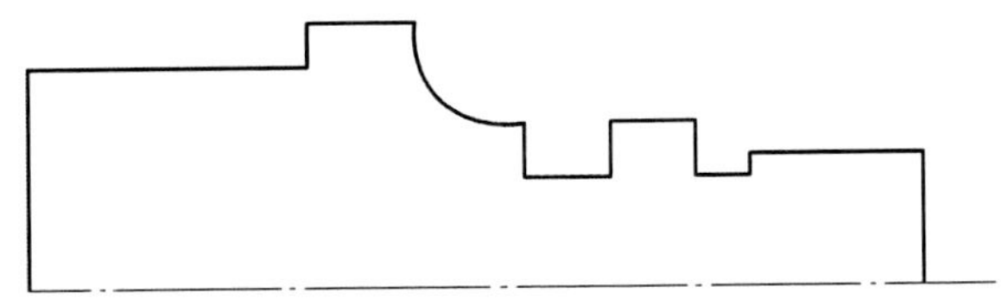

图5.58　修整后 $R10$ 的圆弧

3)绘制倒角

倒角的绘制,在以前章节讲述过,这里就不再讲述。

4)实体生成

选择主菜单中的"实体"→"旋转"→"串连"等命令,生成最终实体,如图5.59所示。

图5.59　最终实体造型

5)文件保存

选择菜单栏"文件"→"保存文件"选项,在"文件"对话框中输入文件名"车削零件二维图形绘制件",按"Enter"键,完成文件保存。

(3)CAM 加工设置

1)加工工艺分析

不管是手工编程还是计算机辅助编程,加工工艺都是必须关注的。MasterCAM 软件的 CAM 功能主要是自动产生刀具路径,加工工艺还需要编程人员事先制订。如图5.51所示的零件,毛坯为 $\phi 50$ mm × 85 mm 的45#钢。

①装夹方法。此零件毛坯规则,采用三爪自定心卡盘装夹。

②加工路线分析。根据图样和毛坯的几何尺寸,确定加工顺序:(以图5.51所示为基准)车削左端面即 $\phi 40$ 的外圆,掉头装夹,用护套夹 $\phi 40$ 的外圆。再加工右端面即 $C2$ 倒角→$\phi 24$ 的外圆→$\phi 30$ 的外圆→$R10$ 圆弧→$\phi 48$ 的外圆→切槽宽为5 mm的凹槽→切槽宽为8 mm的凹槽→M24 ×2-6g 的螺纹。

③刀具选用。根据工件的尺寸及形状,选用刀具如下:90°外圆车刀,对零件轮廓进行粗加工;35°外圆车刀,对零件轮廓进行精加工;槽宽为4 mm的槽刀,对零件进行切槽;60°的螺纹刀,对零件进行螺纹加工。

④加工时,所需的工具、量具见表 5.3。

表 5.3 工具、量具清单

序 号	名 称	规 格	数 量	备 注
1	游标卡尺	0～150 0.02	1	
2	万能量角器	0～320° 2′	1	
3	千分尺	0～25,25～50,50～75 0.01	各 1	
4	内径量表	18～35 0.01	1	
5	内径千分尺	25～50 0.01	1	
6	止通规	ϕ10H8	1	
7	深度游标卡尺	0.02	1	
8	深度千分尺	0～25 0.01	1	
9	百分表、磁性表座	0～10 0.01	各 1	
10	*R* 规	*R*15～25	各 1	
11	塞尺	0.02～1	1 副	

2)加工零件具体步骤

①图形转换

选择主菜单中"转换"→"镜射"→"串选"选项,将图 5.58 所示的图形转换成如图 5.60 所示。

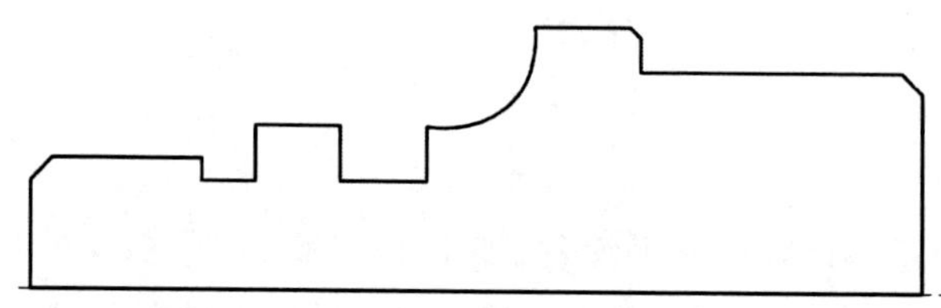

图 5.60 转换后的图形

②工作设定

a. 选择主菜单"刀具路径"→"工作设定"选项,系统弹出"车床的工作设定"对话框,如图 5.61 所示。

b. 选择"车床的工作设定"对话框中的"边界的设定"选项,如图 5.62 所示,并单击"参数"按钮,设置工作尺寸,如图 5.63 所示。绘图区的工件上出现红色的虚线框,如图 5.64 所示。

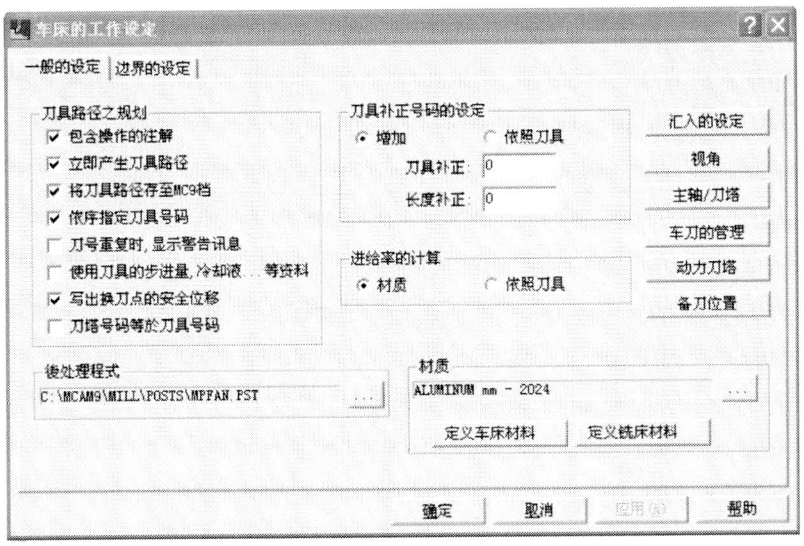

图5.61　车床的工作设定

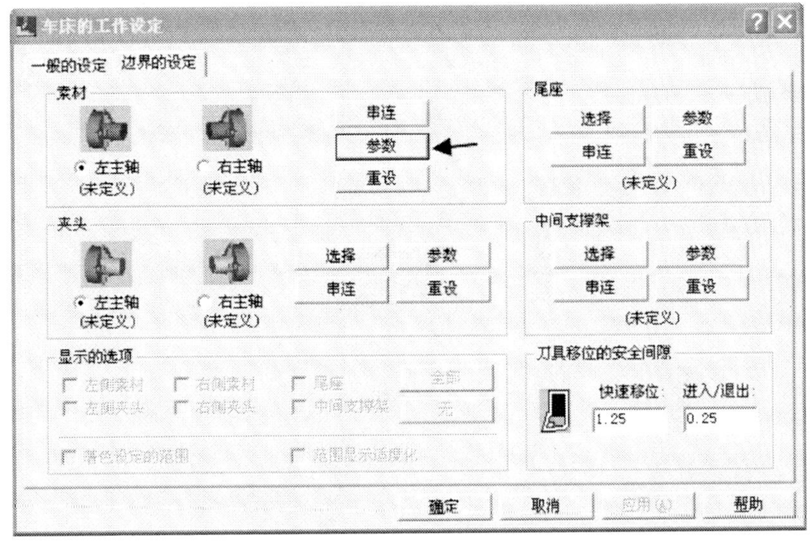

图5.62　边界设定

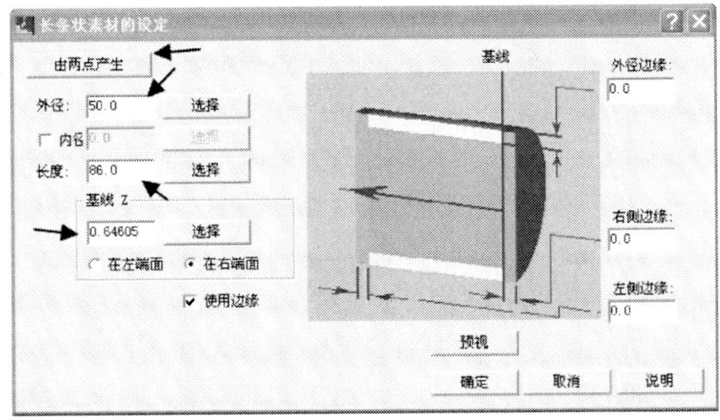

图5.63　工作尺寸设置

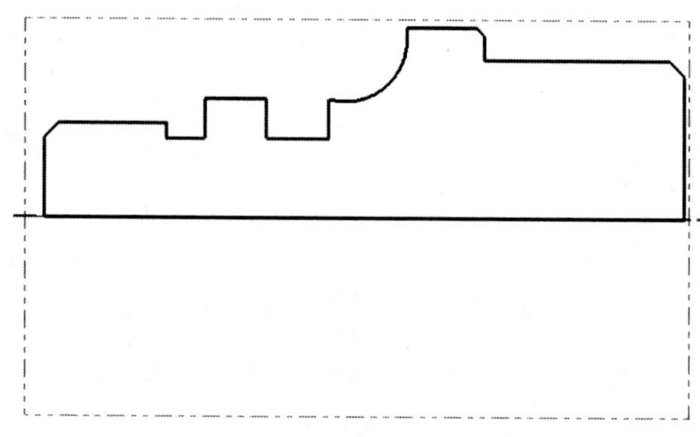

图 5.64　显示工作设定

③车削左端面

A. 车削 ϕ40 的外圆端面

选择主菜单的"刀具路径"→"车端面"选项，进入车端面刀具参数设置对话框。选择 80°菱形粗车刀，设置参数如图 5.65 所示。选择"车端面的参数"选项，进入"车端面的参数"设置对话框。粗车步进量为"0.8"，精车步进量为"0.2"，其余采用默认设置。单击"确认"按钮，生成车端面刀具路径，如图 5.66 所示。

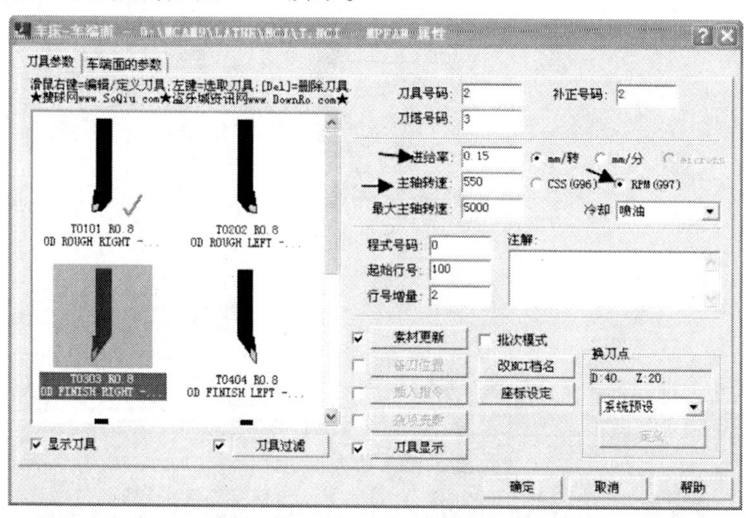

图 5.65　车端面刀具及刀具参数设置

B. 车削 ϕ40 外圆

选择主菜单"刀具路径"→"精车"→"串连"选项，串连端面倒角及 ϕ40 外圆轮廓线。单击"确定"按钮后，进入精车刀具参数设置对话框。选择"35°"外圆精车刀，进给率"0.1 mm/r"，转速"1 000 r/min"。选择"换刀点"选项，进入备刀位置设置对话框，设置退出单 X:60，Z:60。在精车参数设置对话框中，设置精车步进量为 0.3，精修次数 6 次。勾选并单击"L 进/退刀向量"选项，进入进/退刀向量设置对话框，单击"引出"按钮。勾选"延伸/缩短起始轮廓线"选项，设置延伸数量"3"，其他采用默认设置。单击"确定"按钮，返回精车参数对话框。单击"确定"按钮，生成 ϕ40 外圆车削刀具路径，如图 5.67 所示。

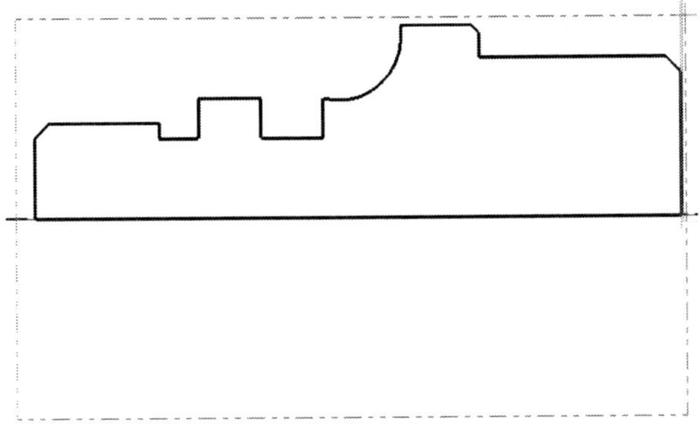

图 5.66　生成端面车削刀具路径

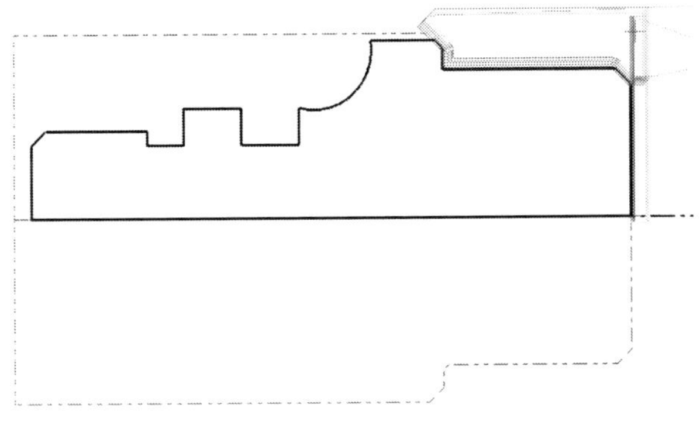

图 5.67　生成 ϕ40 外圆车削刀具路径

C. 实体验证

ϕ40 外圆切削验证结果如图 5.68 所示。完成左端部分的加工。

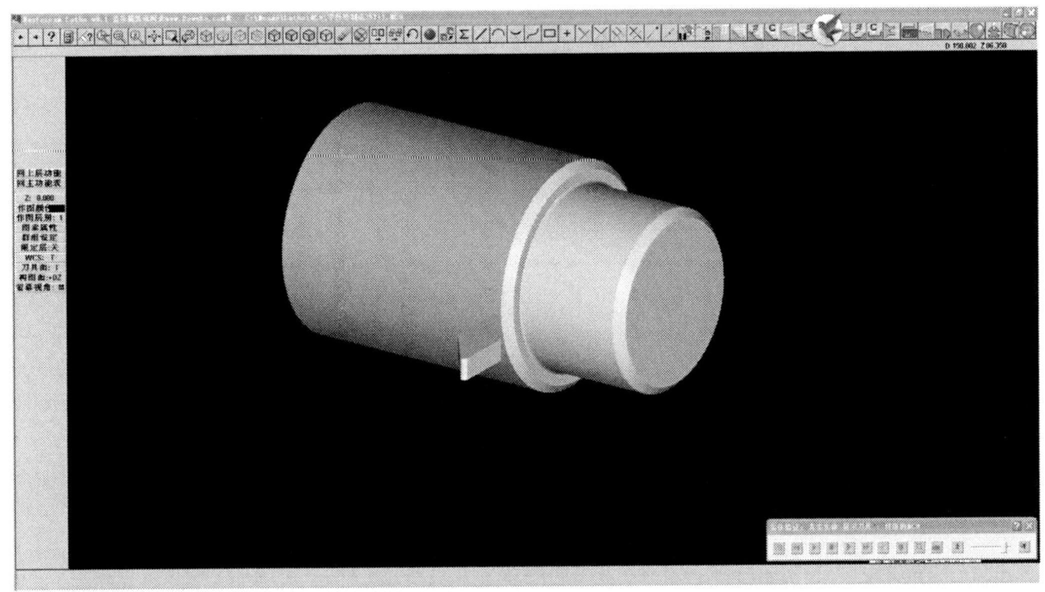

图 5.68　ϕ40 外圆仿真加工效果

D. 后置处理，生成 NC 加工程序

分别选择“操作管理器”“后置处理”选项，单击“确定”按钮。选择保存的目录，输入不同的文件名，生成各步加工 NC 程序。

④车削右端面

A. 毛坯翻转

选择主菜单中的“刀具路径”→“其他操作”→“素材翻转”选项，进入车削素材翻转对话框，如图 5.69 所示。单击图形设置区中“选择”按钮，选中绘图区中图形，按“Enter”键，返回图 5.69，其他参数如图 5.69 所示。单击“确定”按钮，返回绘图区，将图层 1 和 2 关闭，仅显示图层 3。将图 5.58 所示图形转换成如图 5.70 所示。

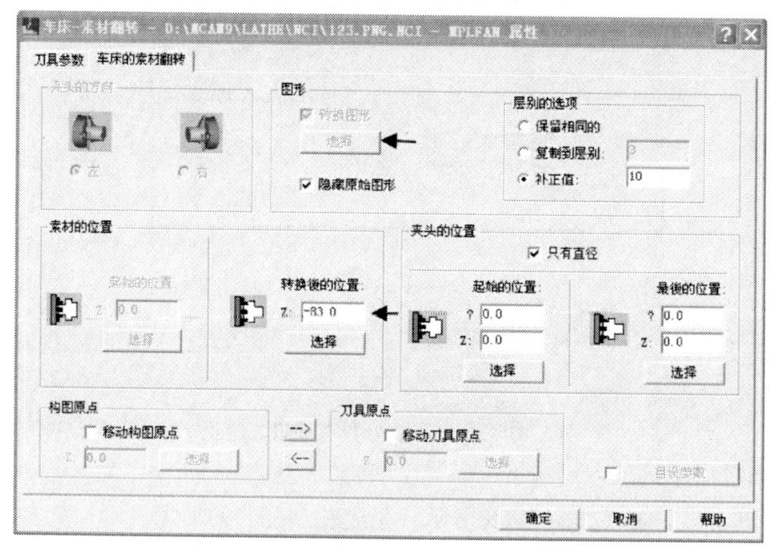

图 5.69　毛坯翻转参数设置

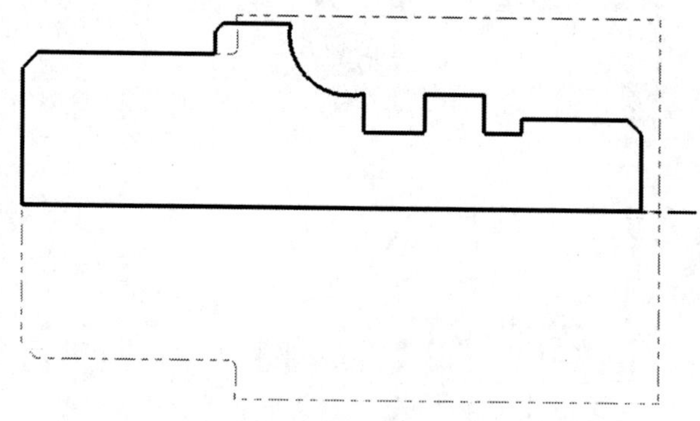

图 5.70　毛坯已翻转

B. 车削右端面

选择主菜单的“刀具路径”→“车端面”选项，进入车端面刀具参数设置对话框。选择 80°菱形粗车刀，设置参数如图 5.65 所示。选择“车端面的参数”选项，进入“车端面的参数”

设置对话框。粗车步进量为“1”，精车步进量为“0.2”，其余采用默认设置。单击“确定”按钮，生成车端面刀具路径，如图5.71所示。

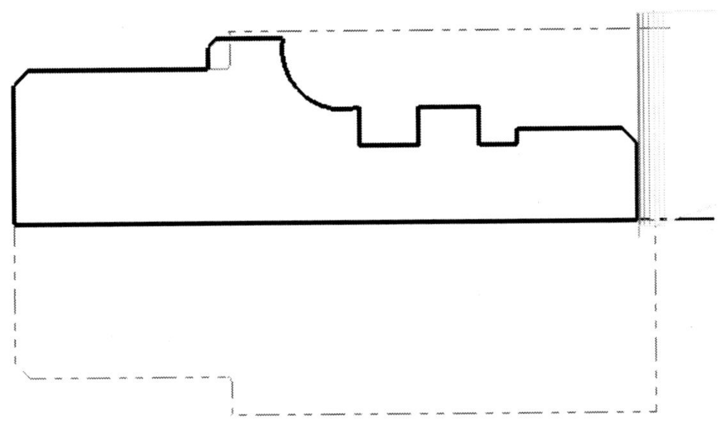

图5.71 车削右端面的刀具路径

⑤循环粗车右端部分

选择主菜单的“刀具路径”→“粗车”→“串连”选项，串连右端轮廓线。单击“确定”按钮后，进入粗车循环刀具设置对话框。选择80°菱形粗车刀，设置参数如图5.72所示。选择“循环粗车的参数”选项，进入粗车循环参数设置对话框。粗车步进量“1”，X方向预留量“0.2”，Z方向预留量“0.2”。选择“进刀参数”选项，设定如图5.73所示的进刀形式。连续两次按“Enter”键，生成右端部分粗车刀具路径，如图5.74所示。

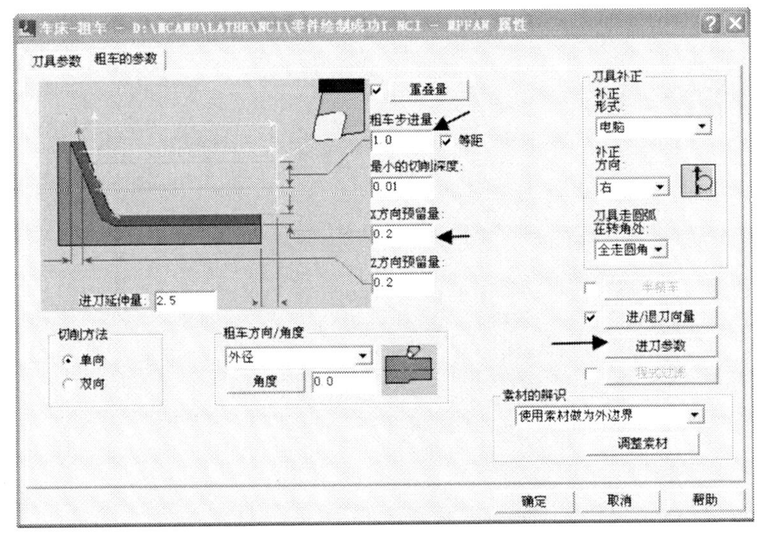

图5.72 粗车循环参数设置

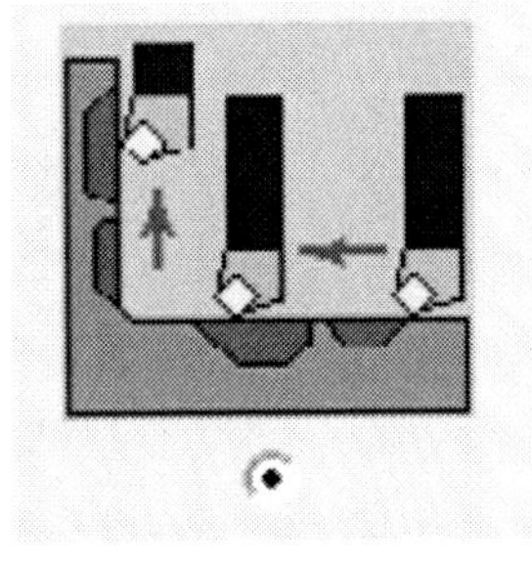

图5.73 轮廓粗车进刀形式

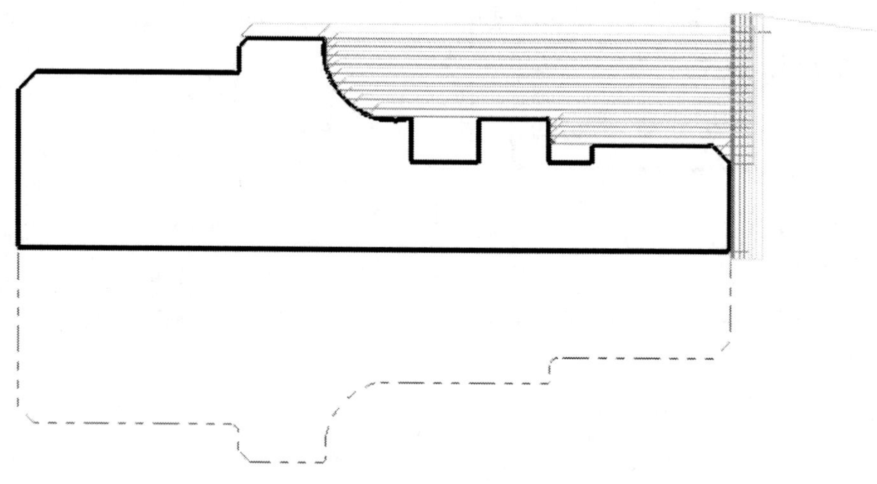

图 5.74　右端部分粗车刀具路径

⑥加工退刀槽及凹槽

选择“刀具路径”→“径向车削”选项，弹出如图 5.75 所示切槽选项。单击“确定”按钮后，选择槽宽为 5 mm 的退刀槽的右上角点和左下角点，按“Enter”键确认后，进入径向粗车属性对话框，如图 5.76 所示。选择“径向车削的形式参数”选项，进入径向车削外形参数对话框，采用默认设置。选择“径向粗车的参数”选项，进入径向粗车参数对话框，设置 X,Z 方向预留量为“0”，粗切量为刀具宽度的“100%”，其余采用默认设置。选择“径向精车的参数”选项，取消“精车切槽”选项。单击“确定”按钮，生成凹槽加工刀具路径。再以同样的步骤生成 ϕ20 直径外圆上的槽宽为 8 mm 的凹槽加工刀具路径。最后生成两个槽的刀具路径，如图 5.77 所示。

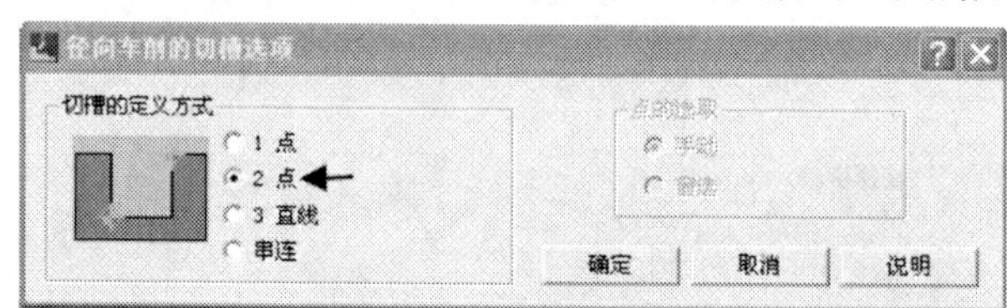

图 5.75　切槽选项

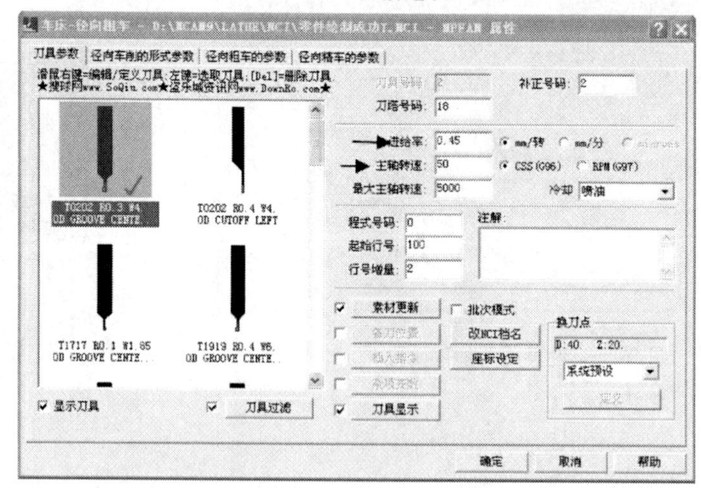

图 5.76　径向粗车属性对话框

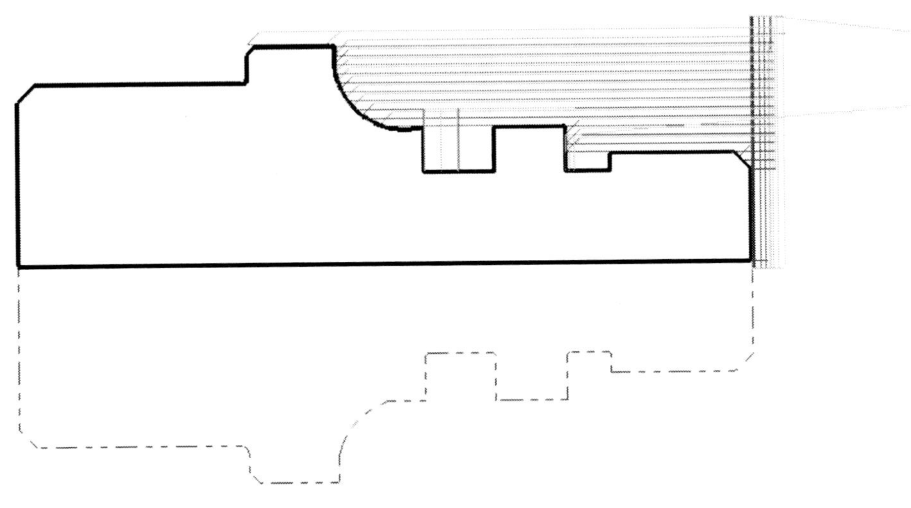

图 5.77　退刀槽和凹槽刀具路径

⑦精车右端外轮廓

选择“刀具路径”→“精车”选项，选右端外轮廓线，单击“确定”按钮后，进入精车刀具设置对话框。选择35°菱形精车刀，设置进给率“0.1 mm/r”，转速“1 000 r/min”。选择“精车的参数”选项，进入精车参数设置对话框。设置精车步进量为“0.5”，精车次数“5”。选择“进刀的切削参数”选项，选择如图5.78所示切削参数。连续两次按“Enter”键确认后，得到右端精车刀具路径，如图5.79所示。

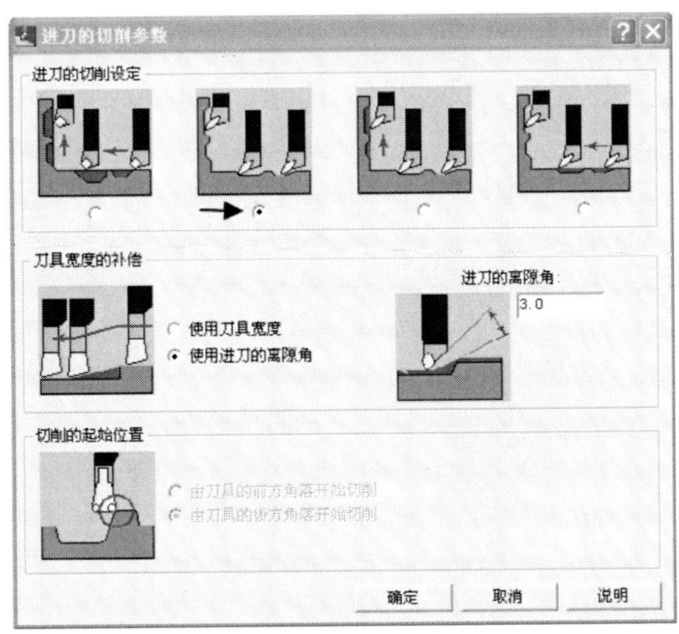

图 5.78　精车右端外轮廓切削参数设置

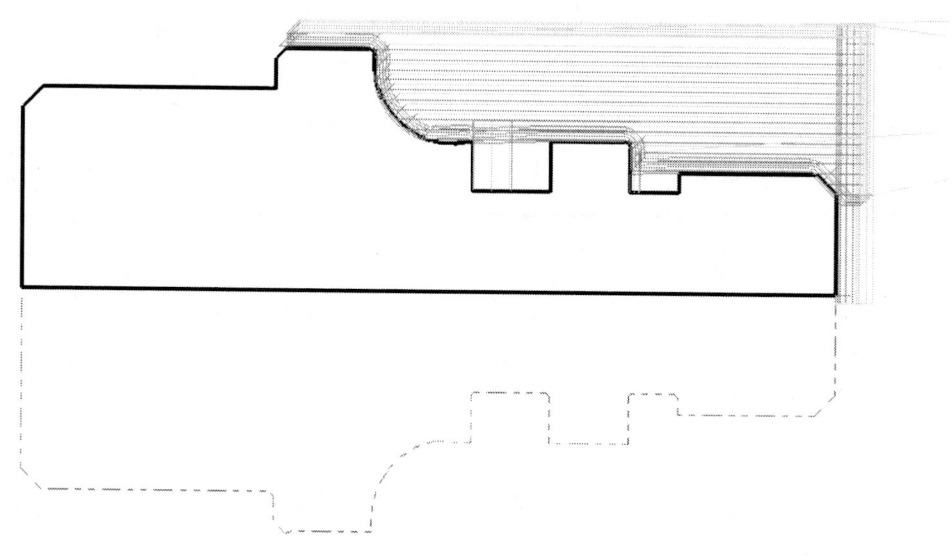

图 5.79　右端精车刀具路径

⑧加工 M24 ×2 螺纹

选择“刀具路径”→“车螺纹”选项，进入车螺纹属性设置对话框。刀具参数设置如图 5.80所示，“螺纹形式的参数”如图 5.81 所示，“螺纹切削的参数”如图 5.82 所示。参数设置完毕，单击“确定”按钮。生成螺纹加工刀具路径，如图 5.83 所示。

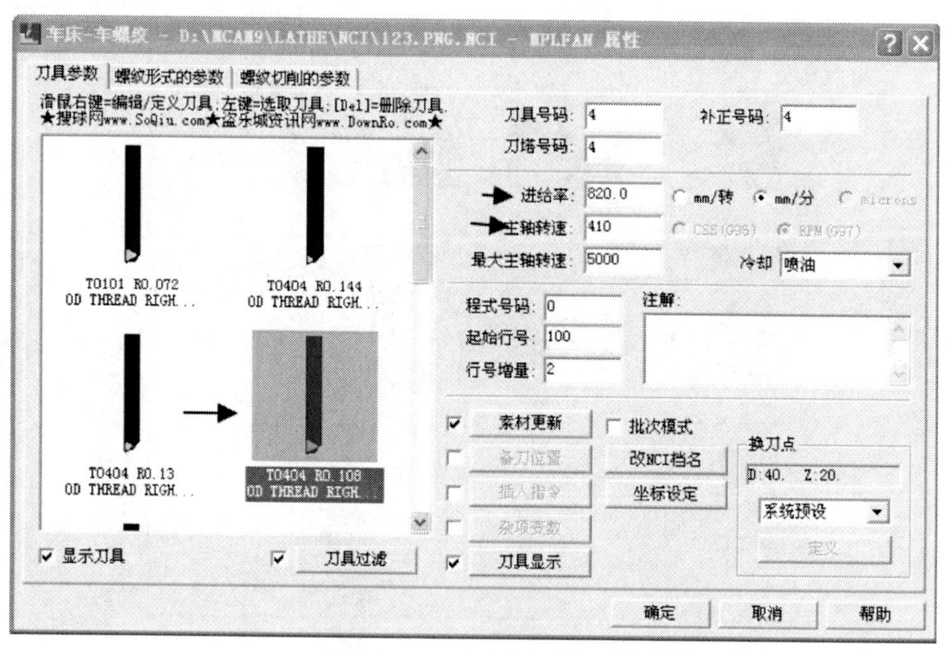

图 5.80　刀具参数设置

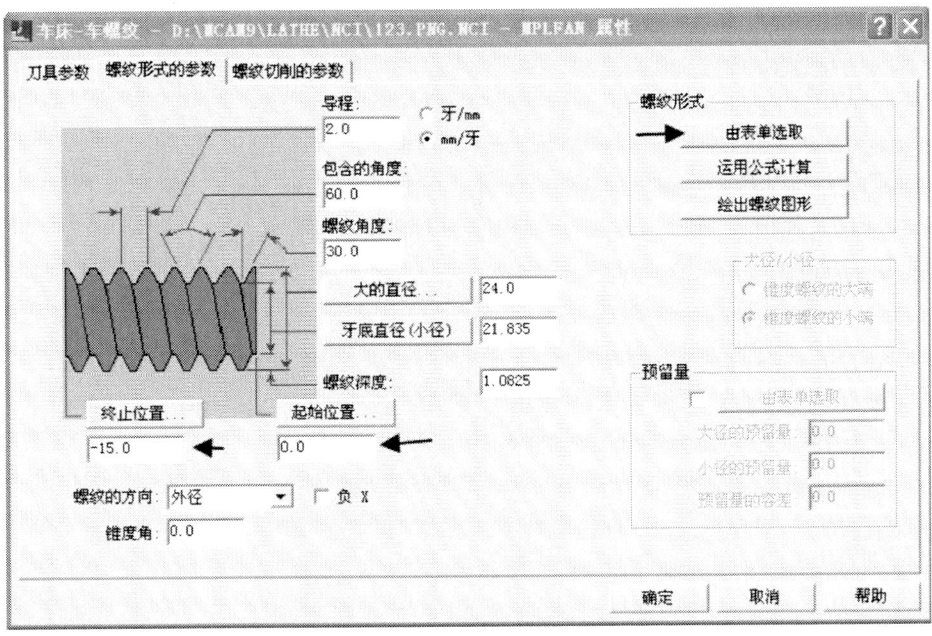

图5.81　螺纹形式的参数

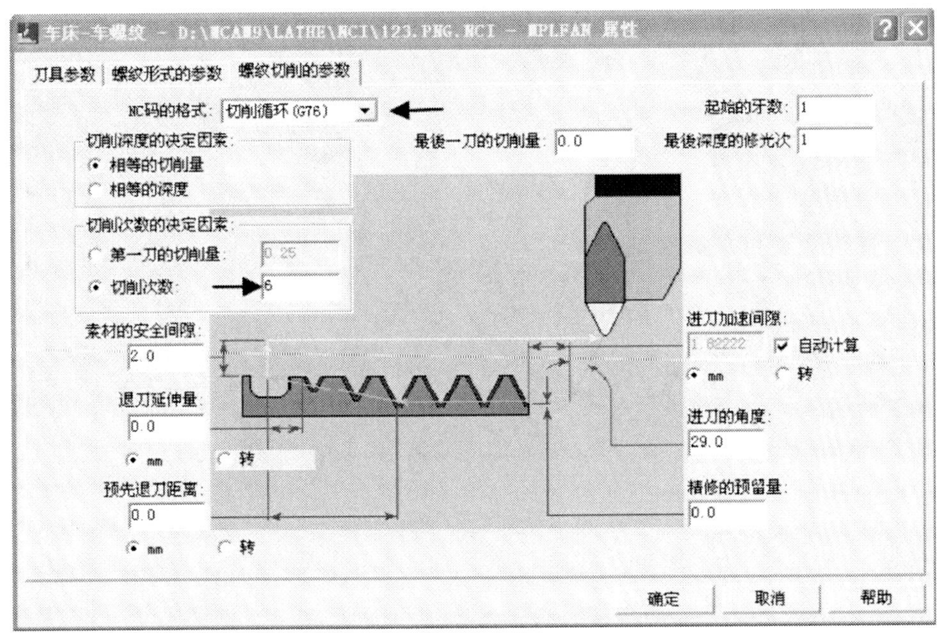

图5.82　螺纹切削的参数

⑨实体验证

右端所有轮廓仿真结果如图5.84所示。

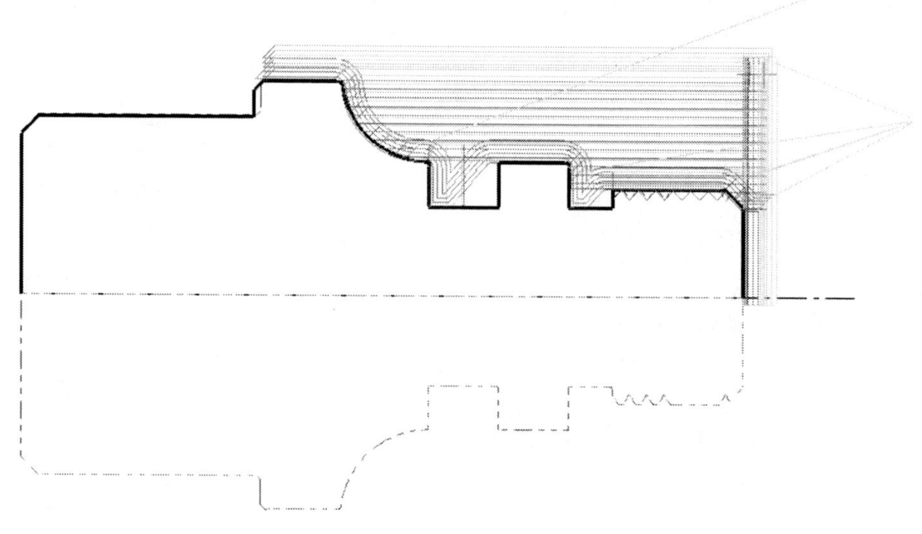

图 5.83　生成螺纹加工刀具路径

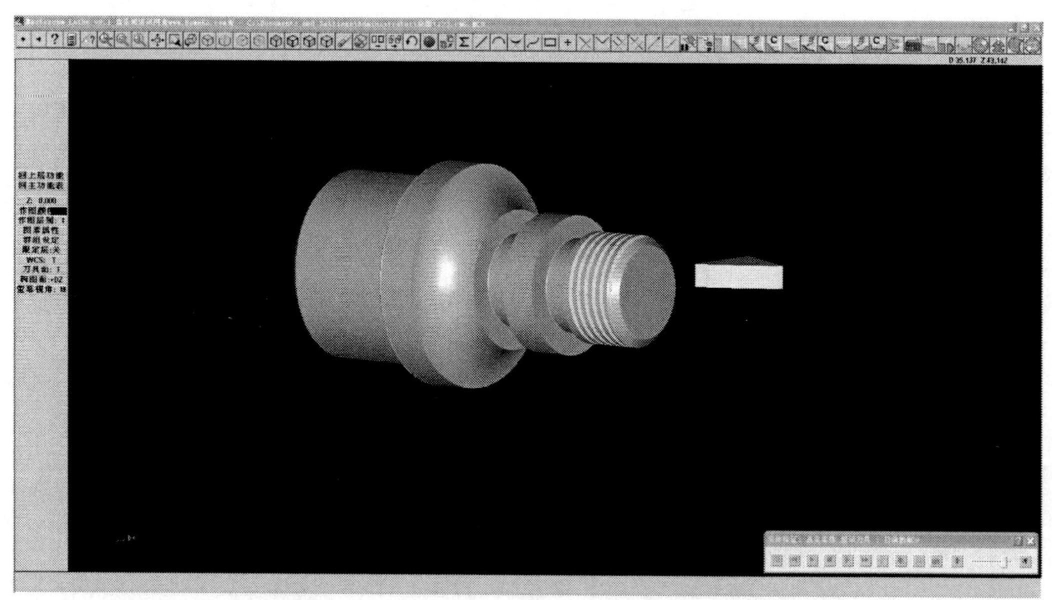

图 5.84　右端所有轮廓仿真结果

⑩后置处理,生成右端 NC 加工程序

分别选择“操作管理器”“后置处理”选项,单击“确定”按钮。选择保存的目录,输入不同的文件名,生成各步加工 NC 程序,如图 5.85 所示。

(4)评分标准

检测评分标准见表 5.4。

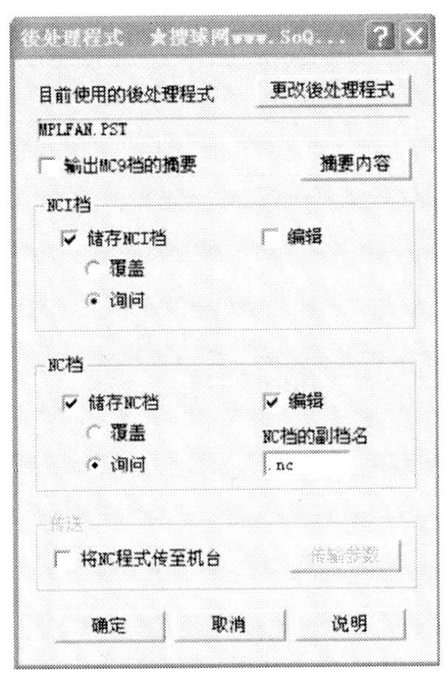

图5.85　后置处理,生成右端NC加工程序

表5.4　评分标准

序　号	考核内容	配　分	评分标准	学生自评		教师评价	
				考核结果	得　分	考核结果	得　分
1	启动及退出程序	2	不会启动及退出程序扣全分				
2	工具栏的使用	3	正确使用工具栏,不正确酌情扣分				
3	主菜单的合理运用	6	理解及合理使用主菜单各选项,一项不会使用扣1分直至扣除全分				
4	辅助菜单的合理运用	4	理解及合理使用辅助菜单各选项,一项不会使用扣1分直至扣除全分				
5	文件的正确编辑	3	打开和关闭文件1分,新建、保存和浏览文件1分				
6	坐标系的设定	3	工件坐标系设定不正确扣全分				
7	提示区和绘图区的理解和使用	2	不理解提示区和绘图区扣1分				
8	获得帮助信息的方法	2	不会利用帮助对话框获得帮助信息扣1分				

续表

序　号	考核内容	配　分	评分标准	学生自评		教师评价	
				考核结果	得　分	考核结果	得　分
9	常用图形的绘制	9	点、直线、圆弧、矩形、椭圆、多边形、样条曲线等图形的绘制不合理处酌情扣分				
10	图形的编辑方法	4	选取、删除、恢复、转换、修整等图形编辑不合理处酌情扣分				
11	图形的标注	4	图形的标注每错一处扣0.5分				
12	设置构图面、视角及构图深度	4	构图面、视角及构图深度设置不合理处酌情扣分				
13	实体造型	9	实体造型不合理处酌情扣分				
14	选择工件及其材料	8	工件外形选择不正确扣3分,工件材料选择不准确扣2分,夹紧工件方式不合理扣2分				
15	刀具选用	6	根据加工工艺卡选用刀具的种类、形状、材料,选用不适当(种类、形状、材料方面)酌情扣分				
16	刀具路径的设置	4	刀具路径的设置不正确扣全分				
17	刀具参数输入与修改	3	刀具参数输入与修改步骤不正确或数据不准确此项不得分				
18	二维铣削加工方法和参数选择	6	加工方法3分、参数选择2分,不合理酌情扣分				
19	二维铣削加工后处理	6	仿真加工3分、后处理方法2分,不合理酌情扣分				
20	铣削加工方法和参数选择	6	加工方法3分、参数选择2分,不合理酌情扣分				
21	铣削加工后处理	6	仿真加工3分、后处理方法2分,不合理酌情扣分				
合　计		100					

任务5.3　数控铣床实训图集

(1)练习1

①数控铣床实训图一如图5.86所示。毛坯为100 mm×100 mm×25 mm的45钢,6个面为已加工表面。

②实训目的:能根据零件图的要求完成图形的绘制、实体的生成及自动编程,并完成加工。

③编程操作加工时间:

绘图时间45 min,编程时间45 min,操作加工时间120 min。

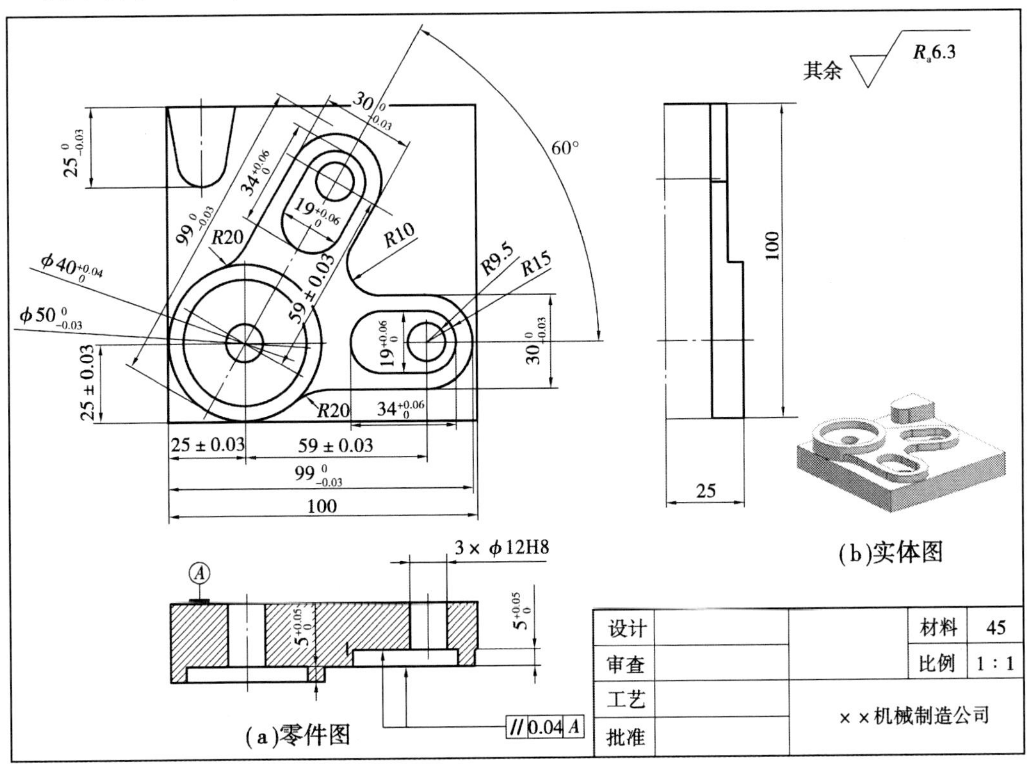

图5.86　实训图一

(2)练习2

①数控铣床实训图二如图5.87所示。毛坯为ϕ80 mm×35 mm的45钢棒料,外圆及两端面为已加工表面。

②实训目的:能根据零件图的要求完成图形的绘制、实体的生成及自动编程,并完成加工。

③编程操作加工时间:

绘图时间45 min,编程时间45 min,操作加工时间120 min。

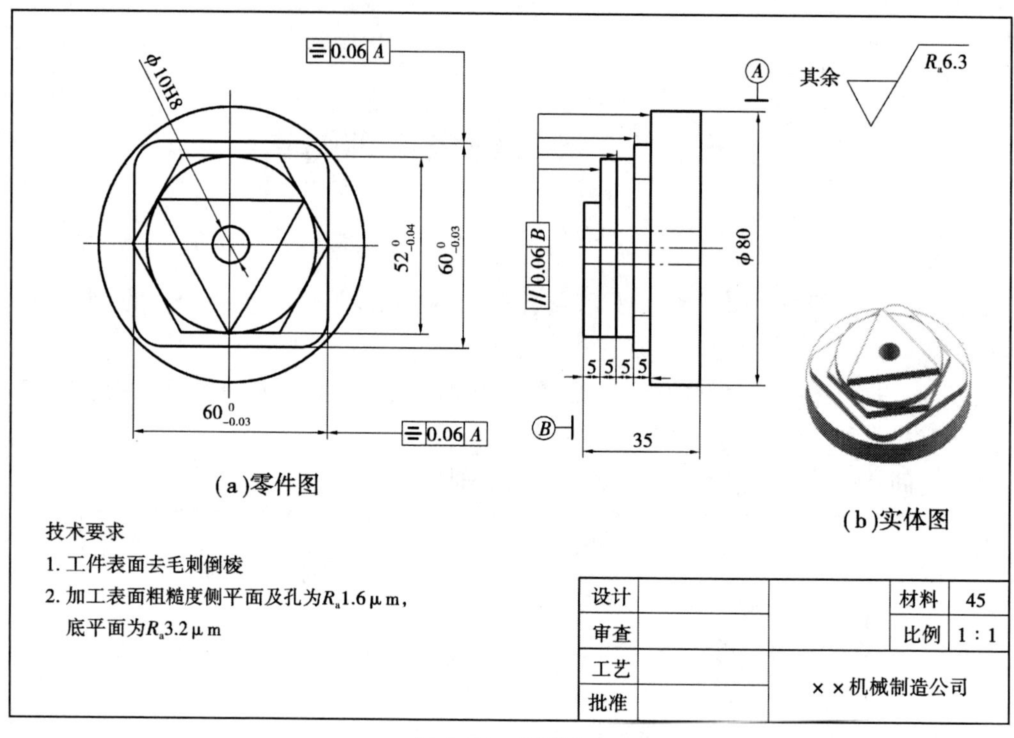

图 5.87　实训图二

(3) 练习 3

①数控铣床实训图三如图 5.88 所示。毛坯为 75 mm×72 mm×20 mm 的 45 钢，6 个面为已加工表面。

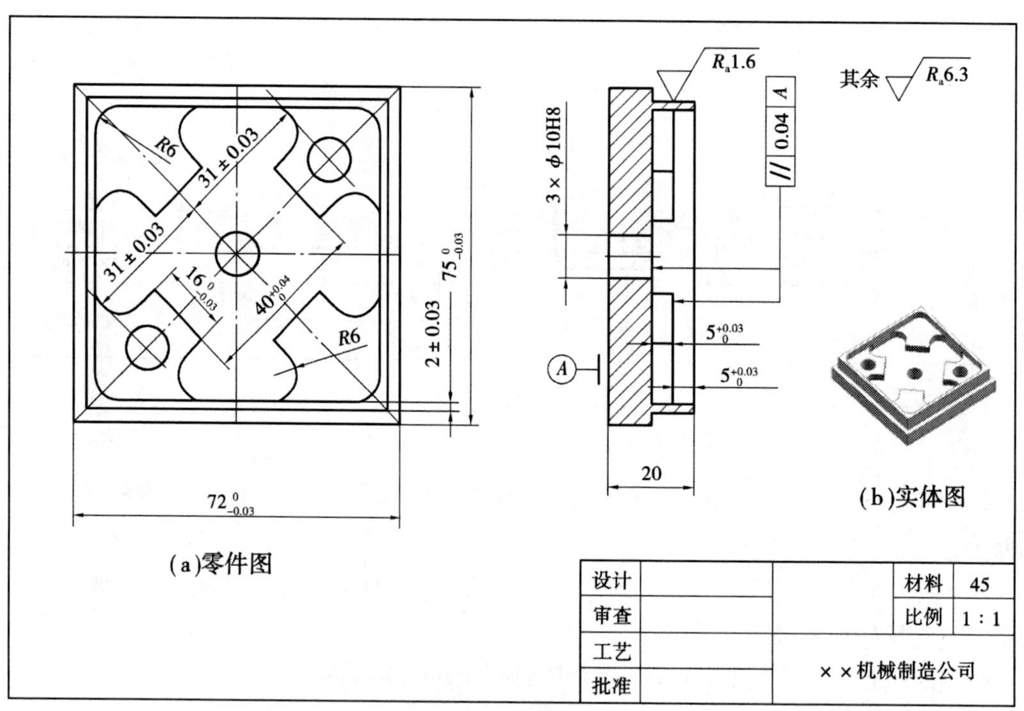

图 5.88　实训图三

②实训目的:能根据零件图的要求完成图形的绘制、实体的生成及自动编程,并完成加工。

③编程操作加工时间:

绘图时间 45 min,编程时间 45 min,操作加工时间 120 min。

第 4 篇

应用操作拓展

项目6

技能大赛试题解析

●项目描述

1. 实体造型重要步骤。

2. 2D 铣削加工的操作步骤及参数的设定。

●项目目标

知识目标：

1. 能掌握 MasterCAM 二维图形的各种指令绘制方法。

2. 能掌握 2D 零件图的加工方法和操作步骤。

技能目标：

1. 会正确选择绘图功能中的各种指令绘制图形。

2. 会灵活运用编程指令。

情感目标：

1. 学生通过完成本项目学习任务的体验过程，增强学生对完成本课程学习的热情。

2. 学会独立完成任务，学会思考。

●项目实施过程

任务6.1　全国中职数控铣技能大赛试题

(1)实例概述

零件尺寸如图6.1所示。在MasterCAM软件中,为了编制零件的应用NC加工程序,需要先建立该零件的模型。分析上述零件,只要建立如图6.1所示主视图的二维外形模型,根据二维外形模型,结合Z轴的深度,产生零件的二维加工刀具路径轨迹,经过后处理,产生NC加工程序,就可以在数控铣床或加工中心上加工出该零件。

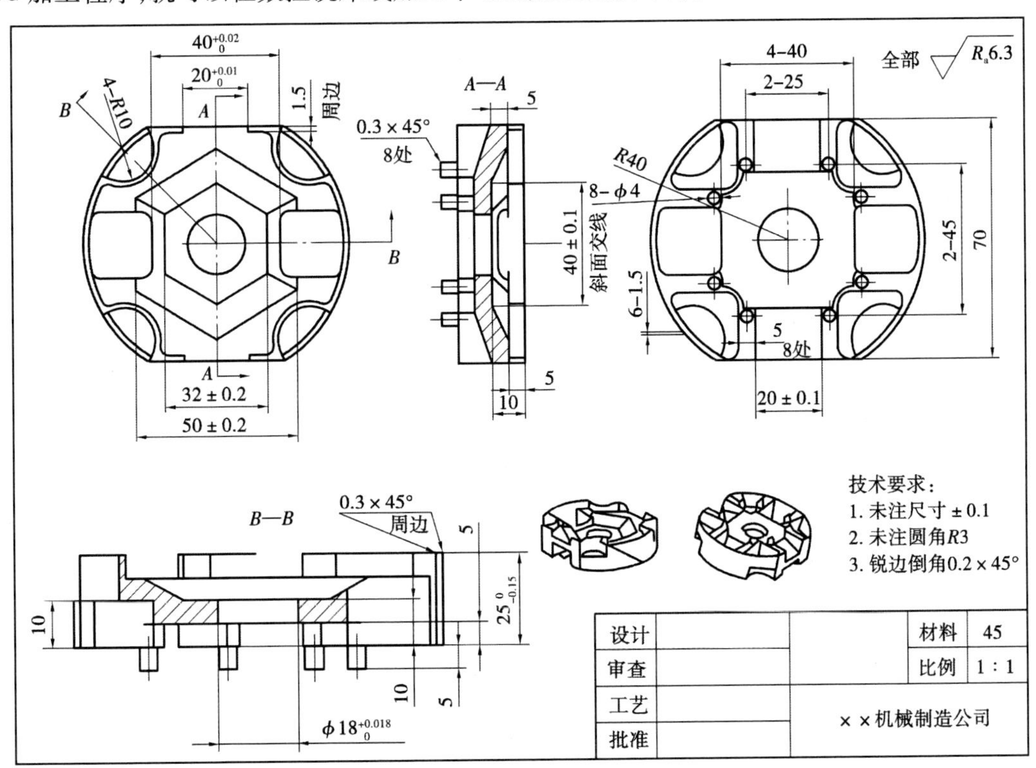

图6.1　全国中职数控铣技能大赛试题

(2)操作步骤

1)二维模型的绘制

①底座的绘制

创建中心线,选择主菜单中的"绘图"→"圆弧"→"点直径圆"选项,提示行输入数值为"80",按"Enter"键,选择"原点"选项。重复以上指令,画$\phi18$的圆。选择主菜单中的"绘图"→"直线"→"平行线"→"方向/距离"选项,命令提示栏提示"请选择线",选择中心线。

“请指定补正方向”左键单击要平行的方向。“平行之间的距离”输入数值为“35”。选择主菜单中的“回主功能表”→“修整”→“打断”→“打成二段”选项，提示行选取图素、提示行指定断点。选择“删除图素”选项，删除多余的线段，效果如图 6.2 所示。

选择主菜单中的“实体”→“挤出”→“串连”选项，选择两个圆，选择“执行”→“执行”选项，在“距离”一栏中，输入数值“10”。选择主菜单中的“回主功能表”→“实体”→“布林运算”→“切割”选项，提示栏分别出现“请选取要布林运算的目标主体”“请选取要布林运算的工件主体”。布林运算的结果如图 6.3 所示。

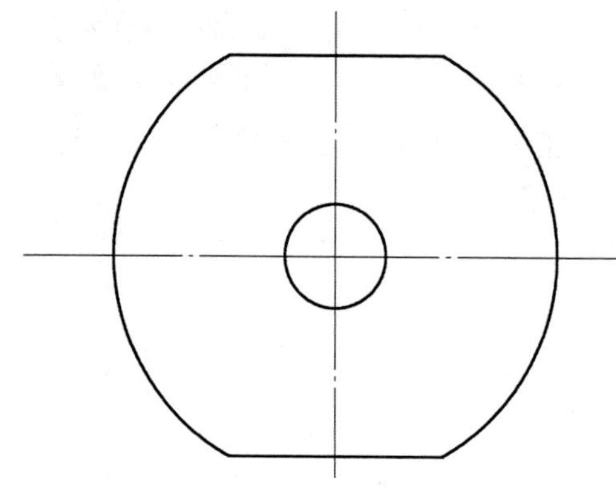

图 6.2 底座绘制

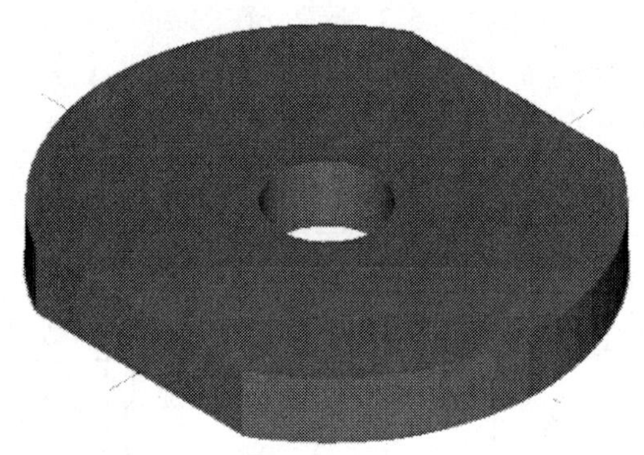

图 6.3 底座实体编辑与布林运算

②8 个 $\phi4$ 凸台的绘制与实体生成

根据图纸尺寸，作辅助线，确定孔的位置，并进行实体编辑与布林运算，如图 6.4 所示。

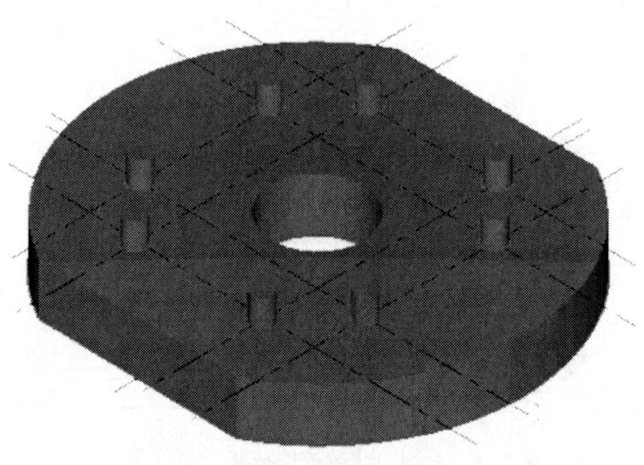

图 6.4 8 个凸台的绘制

③两个凹槽的绘制与实体的生成

选择主菜单中的“绘图”→“圆弧”→“点直径圆”→“提示行”选项，输入数值为“78.5”。按“Enter”键，选择“原点”选项，如图 6.5 所示。

根据图纸尺寸，作辅助线。选择主菜单中的“修整”→“打断”→“打成二段”→“提示行”选项，提示行选取图素、提示行指定断点，选择“删除图素”选项，删除多余的线段。选择

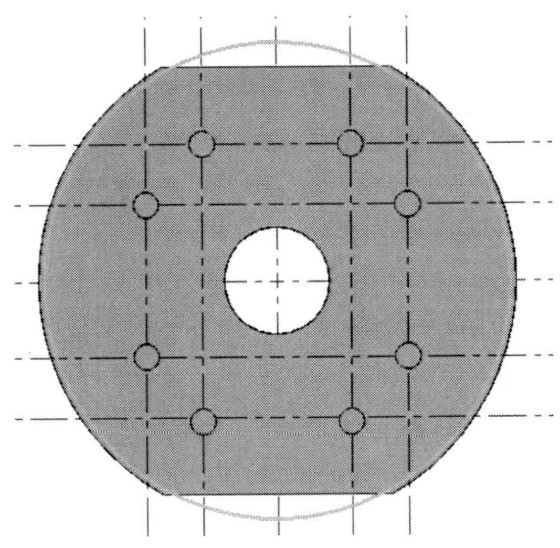

图6.5　ϕ78.5 的圆的绘制

主菜单中“转换”→“镜射”→“串连”选项，选择如图6.6 箭头所示。选择主菜单中的“实体”→“布林运算”→“切割”选项，提示栏分别出现“请选取要布林运算的目标主体”“请选取要布林运算的工件主体”。布林运算的结果如图6.6 所示。

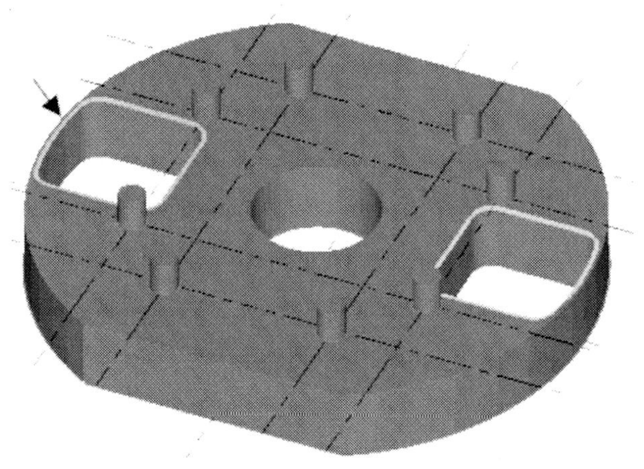

图6.6　两个凹槽的绘制与实体的生成

④4 个凹槽的绘制与实体的生成

选择主菜单中的“绘图”→“圆弧”→“点直径圆”→“提示行”选项，输入数值为“78.5”，按“Enter”键，选择“原点”选项。根据图纸尺寸，作绘制凹槽的辅助线。利用主菜单中的“绘图”→“直线”→“平行线”→“方向/距离”等命令来完成。

选择主菜单中的“修整”→“打断”→“打成二段”选项，提示行选取图素、提示行指定断点，选择“删除图素”选项，删除多余的线段。选择主菜单中“转换”→“镜射”→“串连”选项，选择如图6.7 箭头所示。选择主菜单中的“实体”→“布林运算”→“切割”选项，提示栏分别出现“请选取要布林运算的目标主体”“请选取要布林运算的工件主体”。布林运算的结果如图6.7 所示。

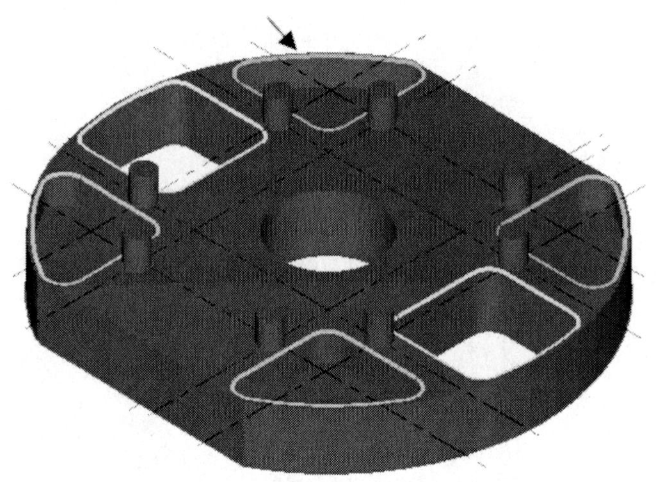

图 6.7　4 个凹槽的绘制与实体的生成

⑤底平面的绘制

根据图纸尺寸，作绘制底平面的辅助线。利用主菜单中的"绘图"→"直线"→"平行线"→"方向/距离"命令来完成。

选择主菜单中的"修整"→"打断"→"打成二段"选项，提示行选取图素、提示行指定断点。选择"删除图素"选项，删除多余的线段。

选择主菜单中的"实体"→"挤出"→"串连"选项，选择两个圆，选择"执行"→"执行"选项，在"距离"一栏中，输入数值"5"。选择主菜单中的"回主功能表"→"实体"→"布林运算"→"切割"选项，提示栏分别出现"请选取要布林运算的目标主体""请选取要布林运算的工件主体"。布林运算的结果如图 6.8 所示。

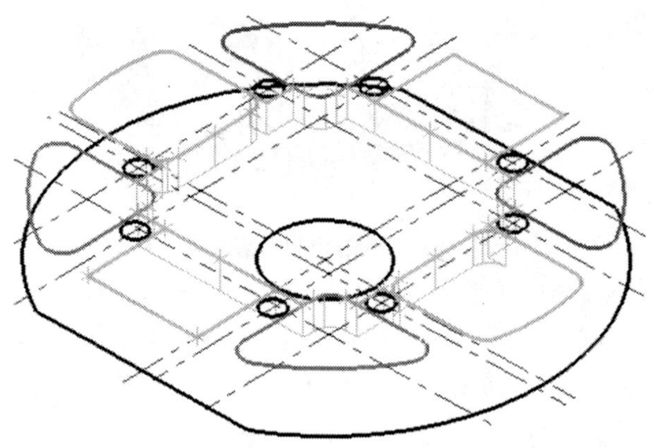

图 6.8　底平面的绘制

⑥绘制两个尺寸为 20 的方块

根据图纸尺寸，作绘制两个轮廓的辅助线。利用主菜单中的"绘图"→"直线"→"平行线"→"方向/距离"等命令来完成。

选择主菜单中的"修整"→"打断"→"打成二段"选项，提示行选取图素、提示行指定断点。选择"删除图素"选项，删除多余的线段。

选择主菜单中的"实体"→"挤出"→"串连"选项，选择两个圆。选择"执行"→"执行"选项，在"距离"一栏中，输入数值"5"。

选择主菜单中的"实体"→"牵引面"→"实体面"选项，提示栏出现"请选择要牵引的实体"，选择方块的上表面，选择"执行"选项。此时，显示如图6.9所示的对话框。牵引后的轮廓如图6.10所示。

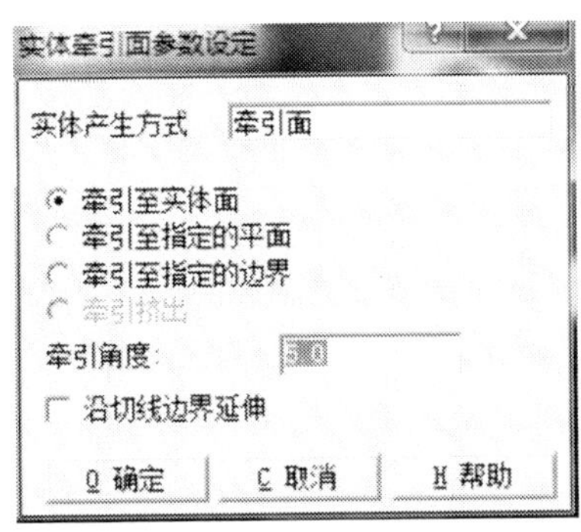

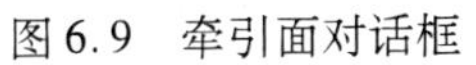
图6.9　牵引面对话框

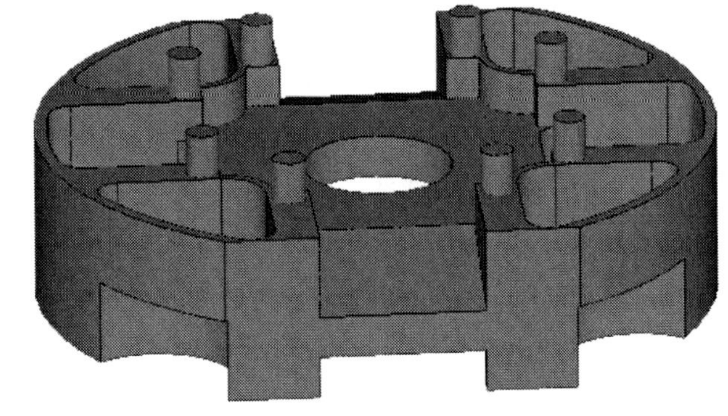

图6.10　两个尺寸为20的方块的绘制

⑦另外一面实体的绘制

切换视图，设置已经画好的工件的背面为俯视图。绘制方法与实体的生成上述已经讲过，请同学们自行完成，如图6.11所示。

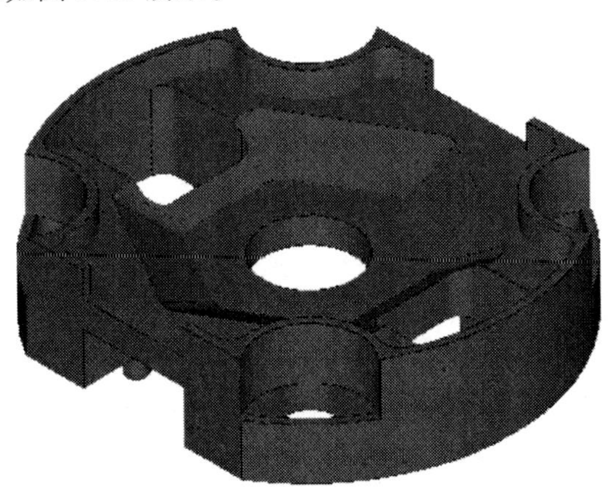

图6.11　另一面实体的绘制

2)"文件保存"

单击菜单栏"文件""保存文件"在文件对话框中输入文件名"全国中职数控铣技能大赛图"按"Enter"键，完成文件保存。

(3)CAM加工设置

1)加工工艺分析

不管是手工编程还是计算机辅助编程，加工工艺都是必须关注的。MasterCAM软件的

CAM 功能主要是自动产生刀具路径,加工工艺还需要编程人员事先制订。如图 6.1 所示的零件,毛坯是经过预先铣削加工过的规则 45 钢,尺寸为 ϕ82 mm × 30 mm。

①装夹方法

此零件毛坯规则,采用四爪卡盘、压板和螺栓装夹(掉头装夹)。

②加工路线分析

根据图样,确定加工顺序:先加工没有 8 个凸台的那面,然后掉头再加工有凸台的那面。

③刀具选用

根据工件的尺寸及形状,选用刀具如下:直径 ϕ25 mm 的双刃平铣刀,用于加工毛坯平面。直径 ϕ20 mm 的双刃平铣刀(用于粗加工),直径 ϕ10 mm 的双刃平铣刀(用于精加工),直径 ϕ6 mm 的四刃平铣刀(用于精加工),直径 ϕ6 mm 的球头铣刀(用于加工曲面)。

④加工时所需的工具、量具,见表 6.1。

表 6.1 工具、量具清单

序 号	名 称	规 格	数 量	备 注
1	外径千分尺	0 ~ 25,25 ~ 50,50 ~ 75,75 ~ 100	各 1	
2	游标卡尺	0 ~ 150	1	
3	公法线千分尺	0 ~ 25	1	
4	内径千分表(尺)	4 ~ 20	1 套	
5	万能角度尺	0° ~ 360°	1 套	
6	环规	ϕ4 ~ ϕ20	1 套	
7	百分表(杠杆表)	0.01/0.002	各 1 只	
8	磁力表架		1 套	
9	螺纹塞规	M3-6H,M5-6H	各 1	
10	塞尺	0.02 ~ 1.0	1 套	
11	内六角圆柱头螺钉	GB/T 70.1M3,M5,M6	若干	长度自定

2) CAM 加工具体操作步骤

①工件设计

进入加工模块。

在主菜单上选择“刀具路径”选项,如图 6.12 所示。弹出“刀具路径”菜单,如图 6.13 所示。

A 分析
C 绘图
F 档案
M 修整
X 转换
D 删除
S 萤幕
O 实体
T 刀具路径
N 公用管理

图 6.12 主菜单

W 起始设定
C 外形铣削
D 钻孔
P 挖槽
F 面铣
U 曲面加工
A 多轴加工
O 操作管理
J 工作设定
N 下一页

图 6.13 刀具路径菜单

②工作设定

选择如图 6.12 所示的“刀具路径”→“工作设定”选项，弹出“工作设定”对话框。将“工件原点”X 设置为“0”，Y 设置为“0”，Z 设为“21”，将工件高度 Z 设置为“26”，勾选“显示工件”选项，其余参数如图 6.14 所示。单击“确定”按钮，返回主菜单。绘图区的工件上出现红色的虚线框，如图 6.15 所示。

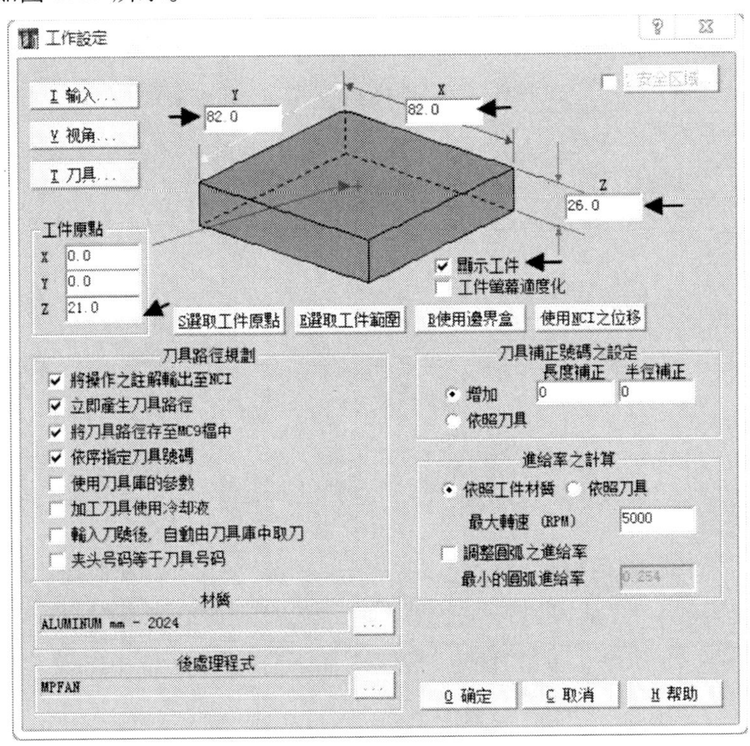

图 6.14　工作设定对话框

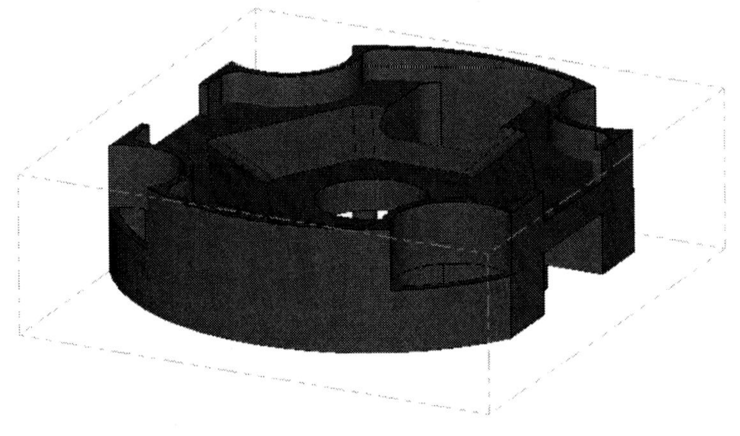

图 6.15　显示工作设定

③面铣

选择加工类型。

选择图 6.12 所示的“刀具路径”→“面铣”选项，弹出“面铣选择”菜单。选择“执行”选项，弹出“面铣”对话框，如图 6.16 所示。

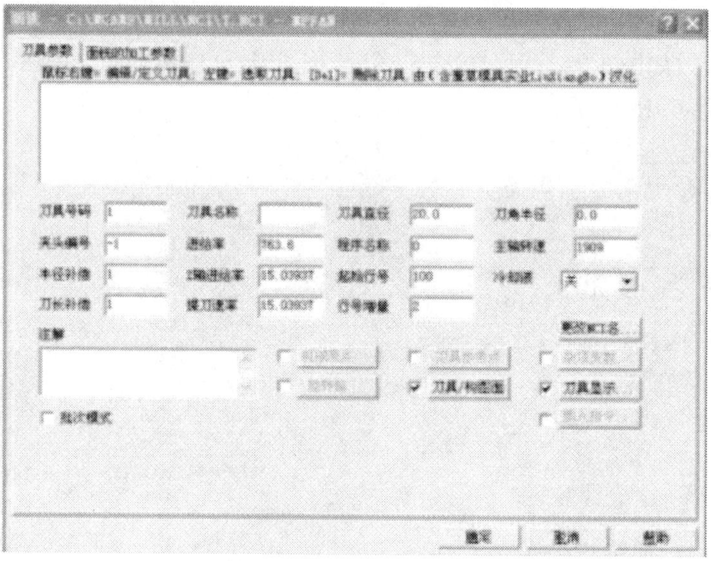

图 6.16 面铣

A. 设置面铣刀具

将鼠标放在“面铣”对话框的空白处，单击鼠标右键，弹出“刀具快捷”菜单，如图 6.17 所示。选择快捷菜单中的“从刀具库中选取刀具”，弹出“刀具管理员”对话框。选择直径为 $\phi25$ 的平刀，如图 6.18 所示。单击“确定”按钮，“平面铣削”对话框中出现了第一把刀、主轴转速、进给率设置，如图 6.19 所示。

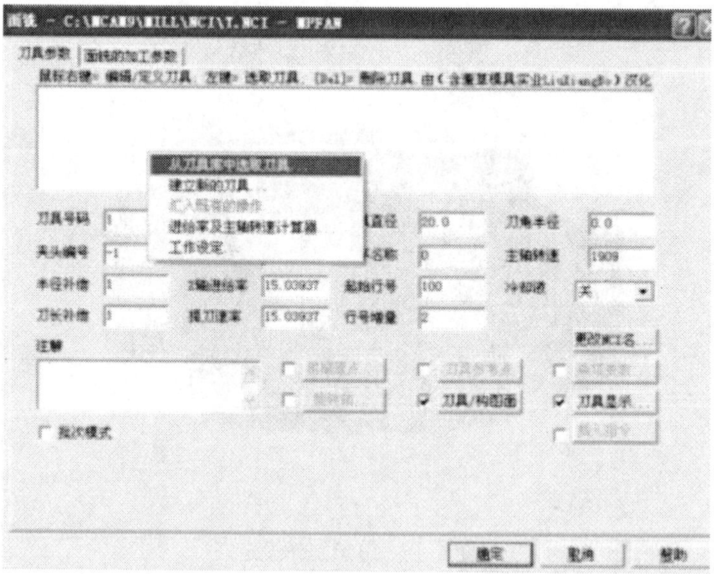

图 6.17 选用刀具及设置刀具参数

刀具參數 | 面銑之加工參數
滑鼠右鍵= 編輯/ 定義刀具; 左鍵= 選取刀具; [Del]= 刪除刀具 由wangxin汉化
#2- 25.0000 平刀
刀具號碼 2 刀具名稱 20. BALL 刀具直徑 25.0 刀角半徑 0.0
夹头编号 -1 進給率 610.8 程式名稱 0 主軸轉速 1527
半徑補正 2 Z軸進給率 7.1625 起始行號 100 冷卻液 Off
刀長補正 2 提刀速率 7.1625 行號增量 2
更改NCI名...
註解
機械原點 備刀位置 雜項變數
旋轉軸 刀具/ 構圖面 刀具顯示...
批次模式 插入指令...
確定 取消 幫助

图 6.18 选用 ϕ25 平底刀

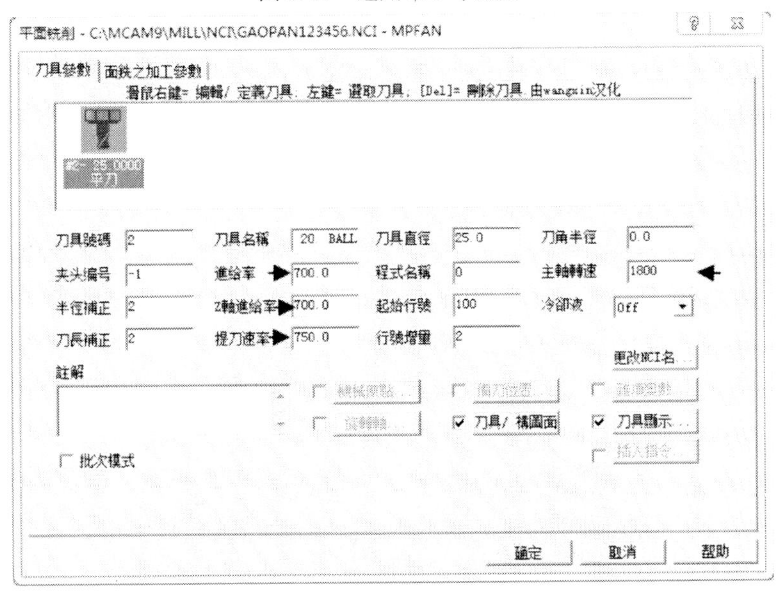

图 6.19 设置刀具加工参数

B. 面铣参数设置

选择“平面铣削”对话框中的“面铣的加工参数”选项，弹出“面铣之加工参数”对话框。“要加工的表面”设为毛坯的高度“21”，“深度”设为工件表面的高度“20”，各参数设置如图 6.20 所示，并勾选“Z 轴分层铣深”选项。

④轮廓等高外形铣削粗加工

选择如图 6.12 所示的“刀具路径”→“曲面加工”→“粗加工”→“等高外形”→“实体”→“实体主体”选项，命令提示栏提示“选取实体之主体或面”，鼠标单击所有轮廓，如图 6.21 所示。选择“执行”→“执行”→“刀具路径”选项。此时，系统显示“曲面粗加工-等高外形”

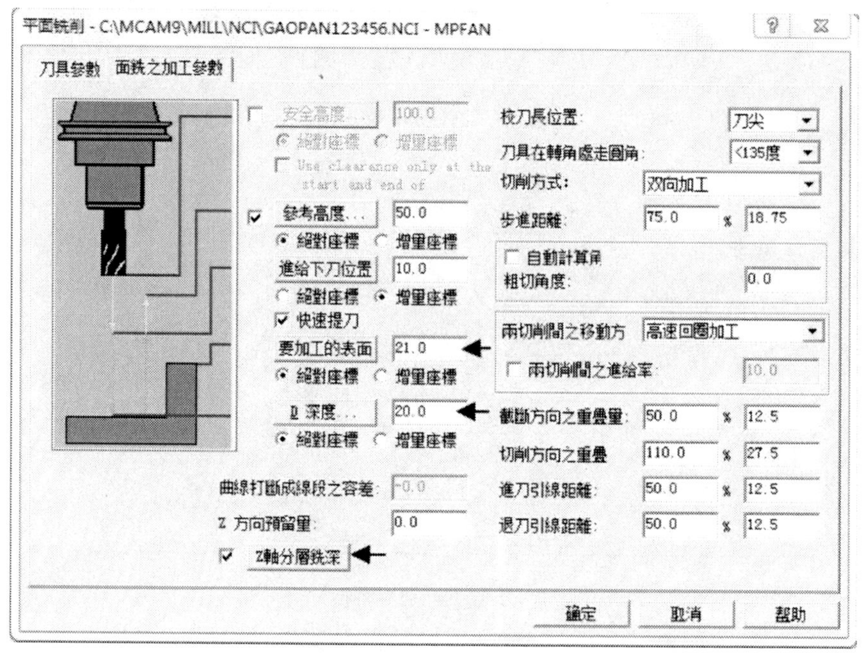

图 6.20　平面铣削参数设置

对话框,选择 $\phi 20$ 的平刀并设置刀具参数,如图 6.22 所示。

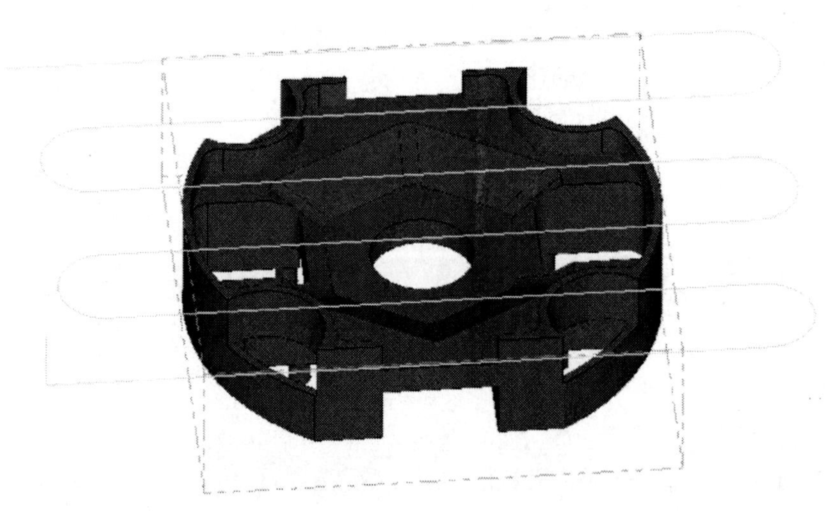

图 6.21　选择实体面

选择如图 6.22 所示中的“曲面加工参数”选项,并设置加工参数,如图 6.23 所示。

选择如图 6.22 所示中的“等高外形粗加工参数”选项,并设置加工参数,如图 6.24 所示。

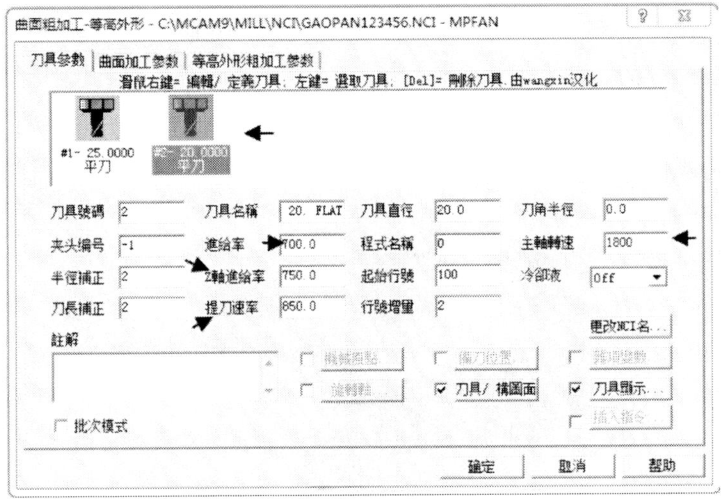

图 6.22　选择 ϕ20 的平刀并设置刀具参数

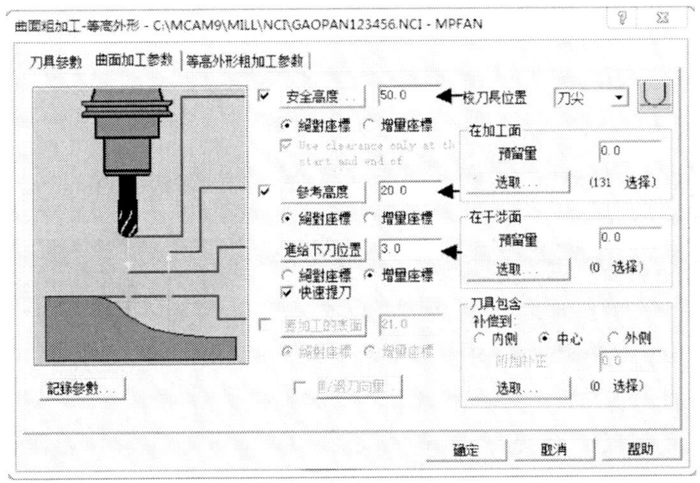

图 6.23　曲面加工参数设置

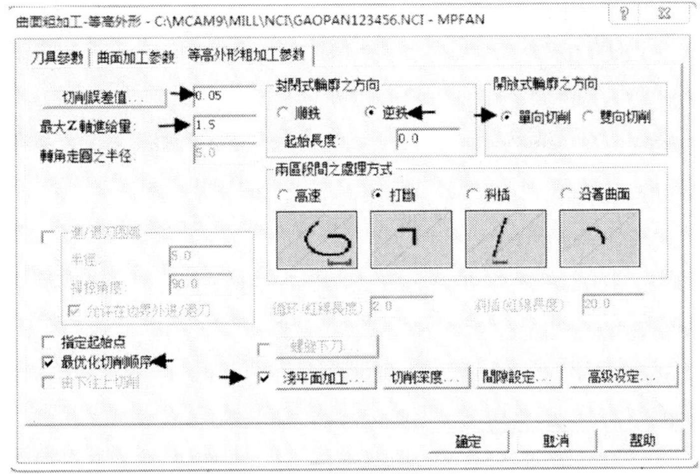

图 6.24　等高外形粗加工参数

参数设置好后，选择主菜单中的“执行”命令。此时，系统正在生成刀具的轨迹路径，如图 6.25 所示。

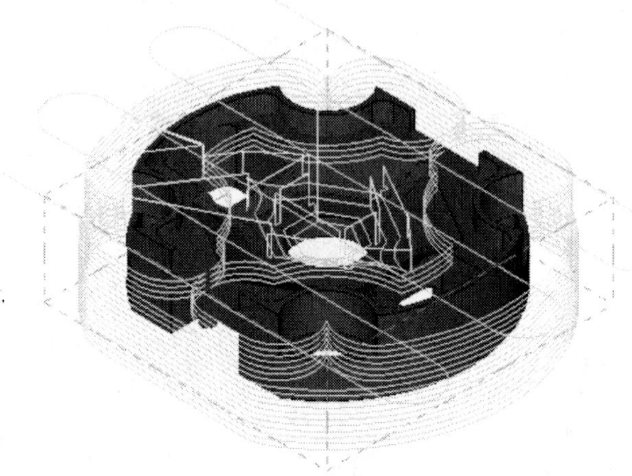

图 6.25　等高外形铣削刀具路径生成

刀具路径生成好后，选择主菜单的“上层功能表”→“操作管理”选项，选择“实体验证”选项，进行仿真加工，如图 6.26 所示。

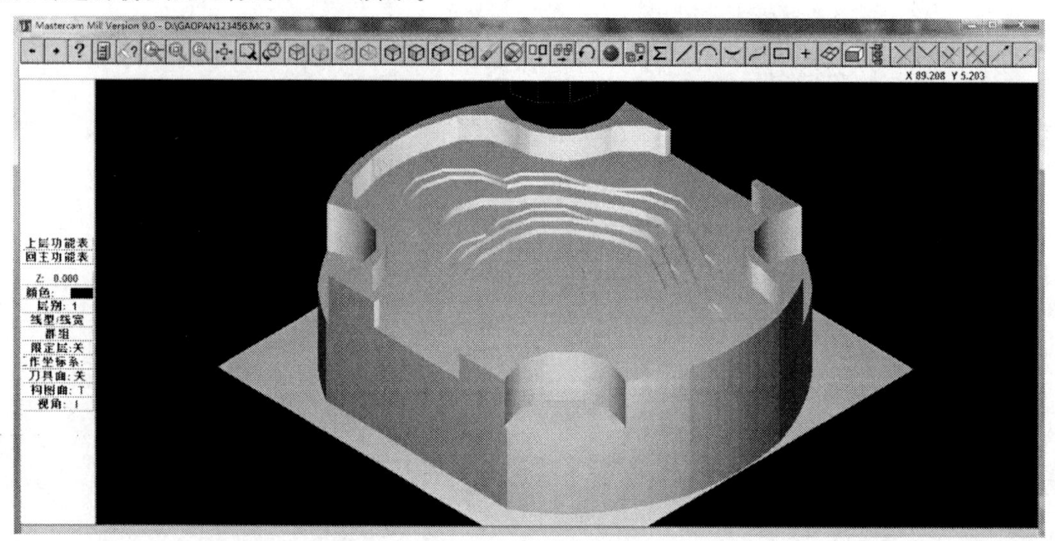

图 6.26　轮廓粗加工的仿真

⑤轮廓等高外形铣削半精加工

选择 $\phi 10$ 平刀，重复步骤“④”，仿真结果如图 6.27 所示。

⑥轮廓等高外形铣削精加工

选择 $\phi 6$ 平刀，重复步骤“ ④”，仿真结果如图 6.28 所示。

⑦斜面的铣削加工

选择图 6.12 所示的“刀具路径”→“曲面加工”→“精加工”→“平行铣削”→“实体”→“实体面”选项，鼠标选择工件的斜面。选择“执行”→“执行”选项。此时，系统显示“曲面精

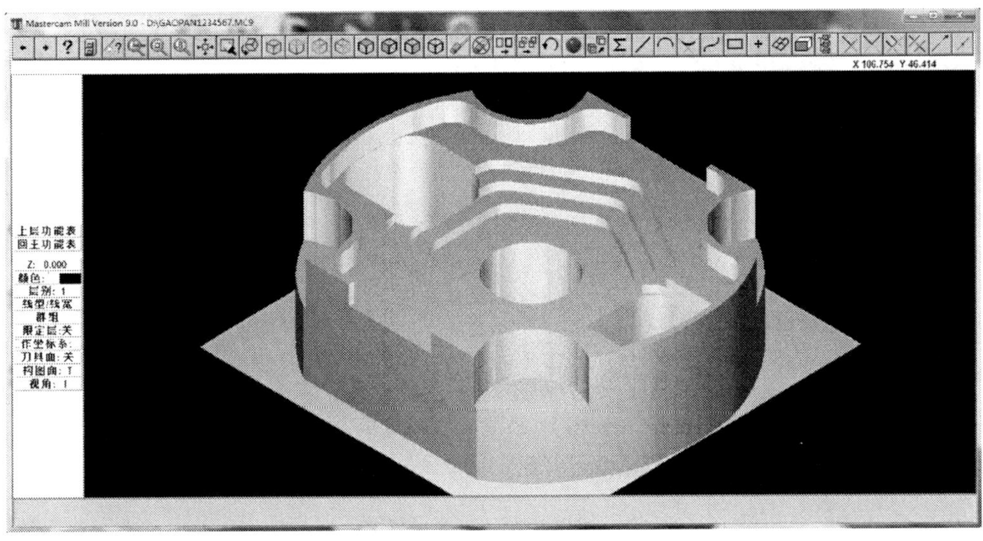

图 6.27 轮廓半精加工的仿真

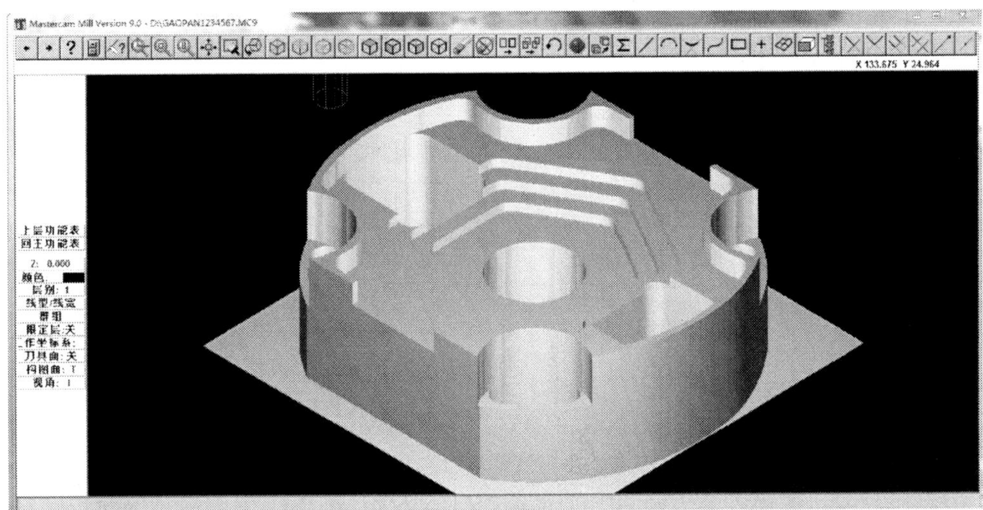

图 6.28 轮廓精加工的仿真

加工-平行铣削”对话框。选择 $\phi6$ 的球头刀，并设置刀具参数，如图 6.29 所示。

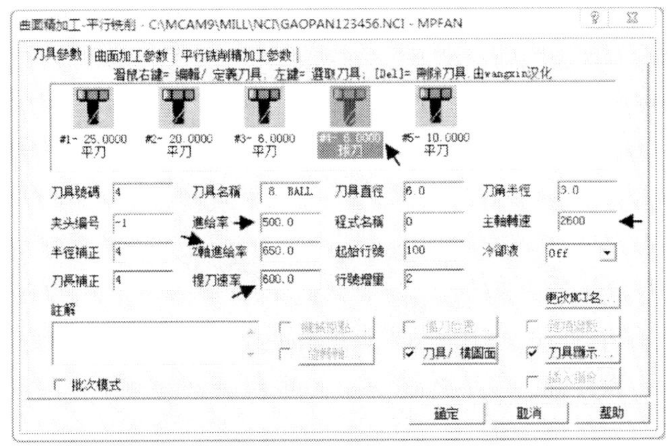

图 6.29 选用 $\phi6$ 球头刀并设置刀具参数

选择如图 6.29 所示中的“曲面加工参数”选项,并设置加工参数,如图 6.30 所示。

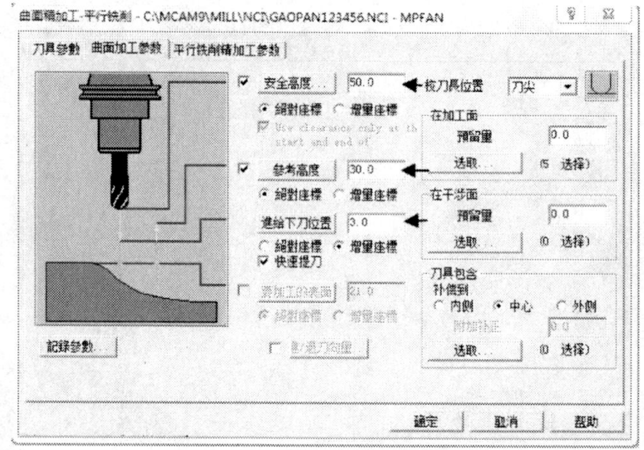

图 6.30　曲面加工参数设置

选择如图 6.29 所示中的“平行铣削精加工参数”选项,并设置加工参数,如图 6.31 所示。

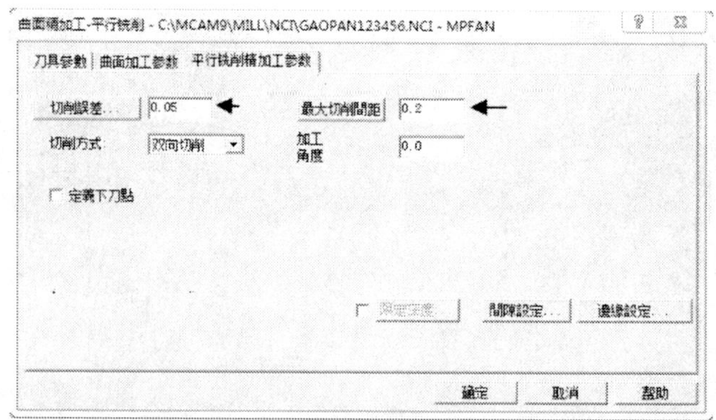

图 6.31　平行铣削精加工参数设置

参数设置好后,选择主菜单中的“执行”命令。此时,系统正在生成刀具的轨迹路径,如图 6.32 所示。

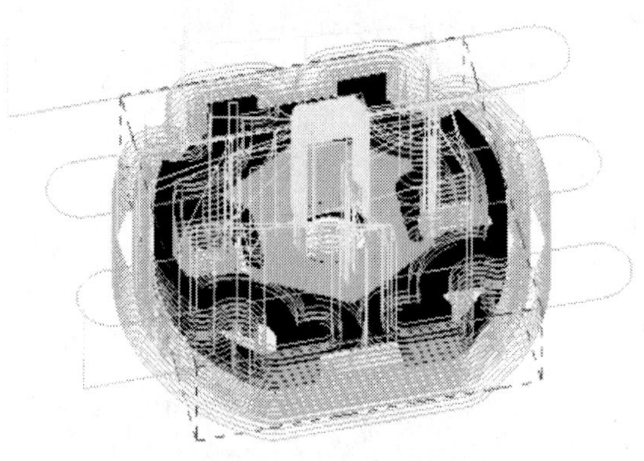

图 6.32　平行铣削刀具路径生成

刀具路径生成好后，选择主菜单的“上层功能表”→“操作管理”选项，勾选“全选”“实体验证”选项，进行仿真加工，如图 6.33 所示。

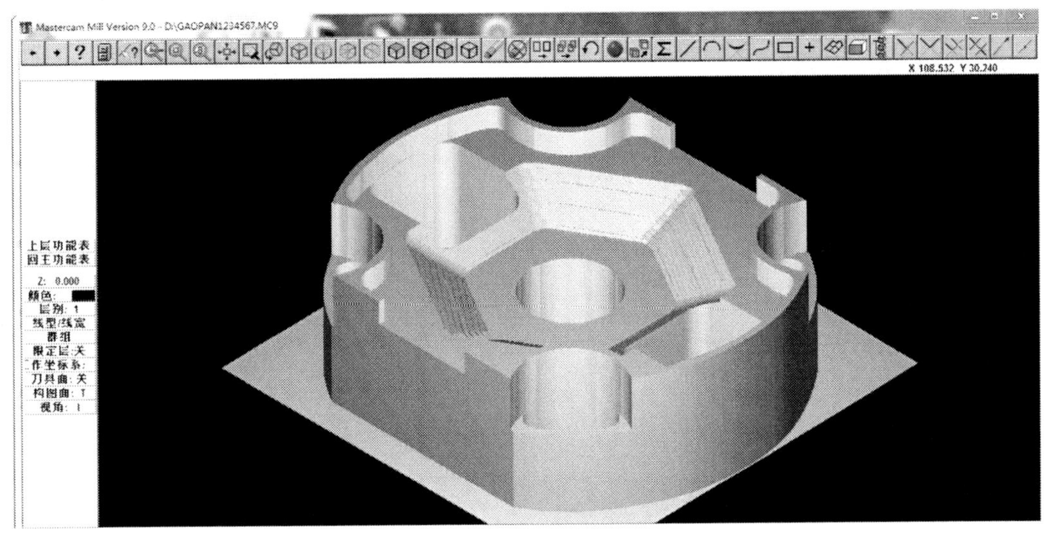

图 6.33　整个工件的仿真

⑧后处理

选择主菜单中的“刀具路径”→“操作管理”选项，系统弹出如图 6.34 所示对话框。选择“后处理”选项，弹出“后处理程序”对话框，勾选如图 6.35 所示。单击“确定”按钮，选择保存路径，并单击“确定”按钮。生成程序如图 6.36 所示。

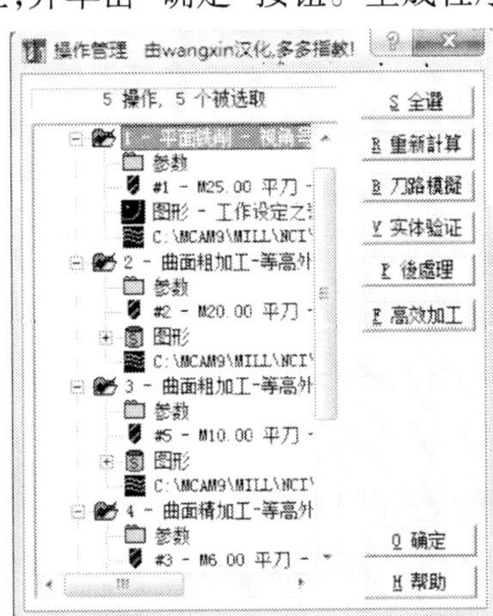

图 6.34　操作管理

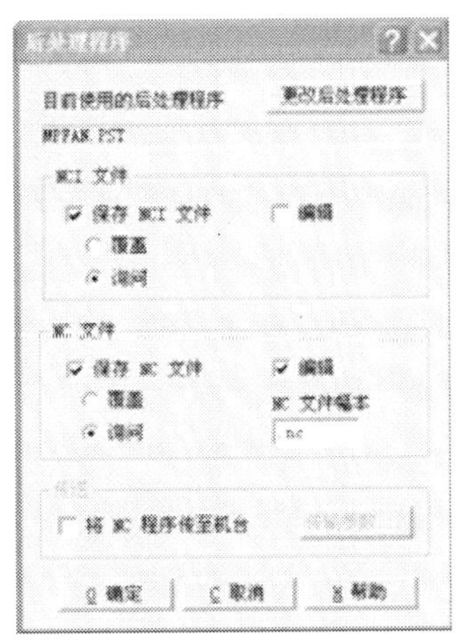

图 6.35　后处理程序

选择主菜单中的“档案”→“传输”选项，系统弹出如图 6.37 所示对话框。根据机床的不同型号和不同系统来选择。然后单击“传送”按钮，即计算机已经向数控铣床传送文件。

⑨工件另一面的加工

选择主菜单中的“转换”→“镜像”→“平移”等命令，使工件翻转。

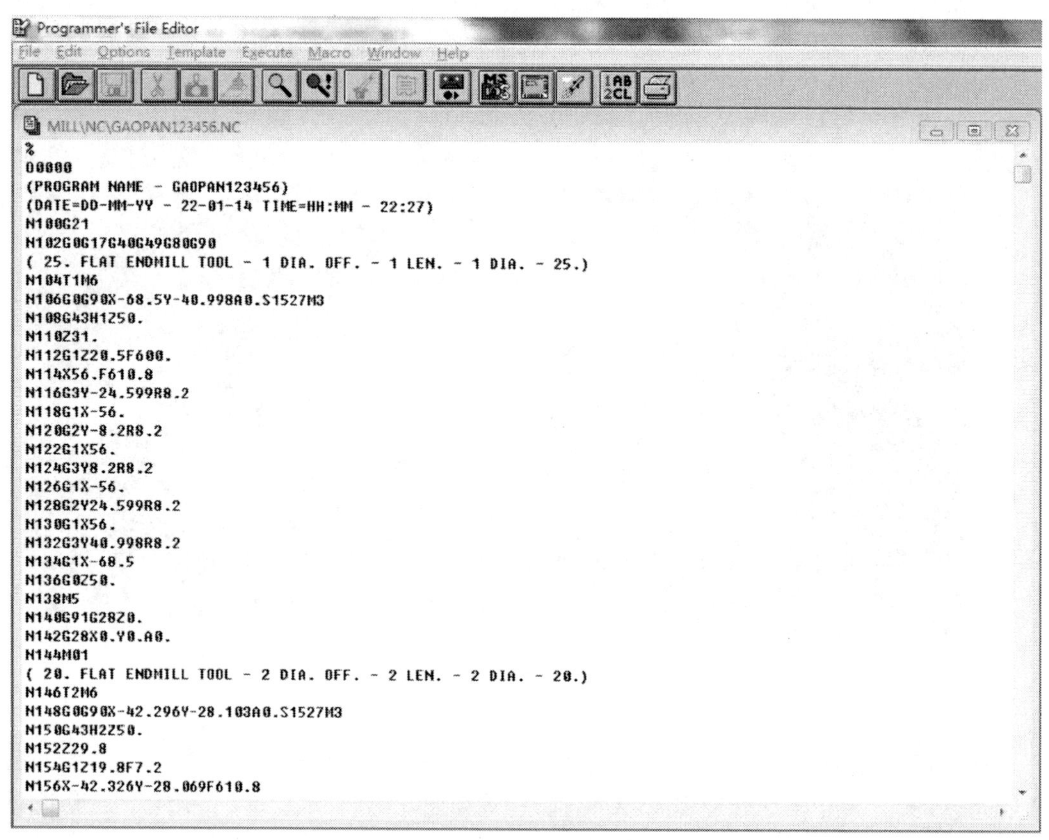

图 6.36　数控程序

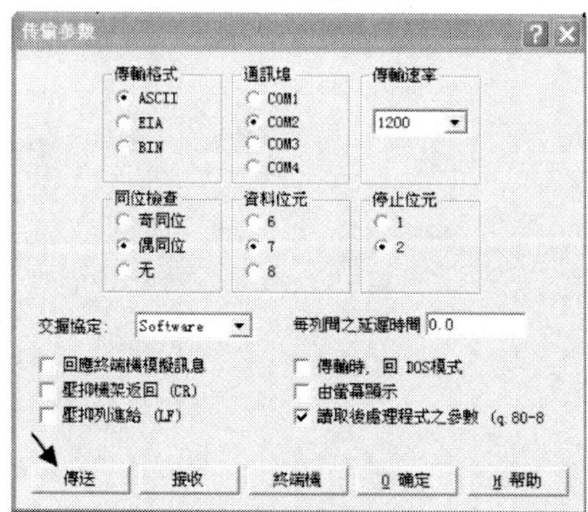

图 6.37　NC 文件传输

⑩装夹方案的确定

由于工件两面都有轮廓，因此要考虑到装夹问题。鉴于第一面已经铣削 $\phi18$ 的通孔，因此用 M18 的螺栓穿到孔和压板中，与机床工作台连接。

⑪补画 $\phi18$ 的圆

选择主菜单中的“圆弧”→“挤出”→“布林运算”命令，进行补画，如图 6.38 所示。

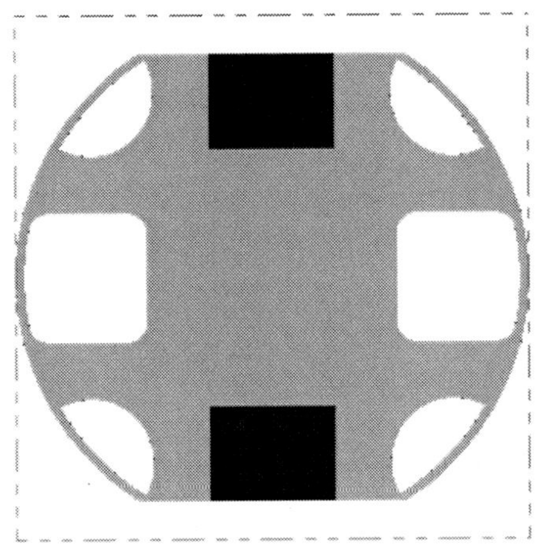

图 6.38　补画 $\phi18$ 的圆

⑫面铣

面铣的操作步骤已经讲过,这里就不再讲述。

⑬轮廓等高外形铣削粗加工

选择如图 6.12 所示的"刀具路径"→"曲面加工"→"粗加工"→"等高外形"→"实体"→"实体主体"选项,命令提示栏提示"选取实体之主体或面",鼠标单击所有轮廓。选择"执行"→"执行"→"刀具路径"选项。此时,系统显示"曲面粗加工-等高外形"对话框。选择 $\phi10$ 的平刀并设置刀具参数,如图 6.39 所示。

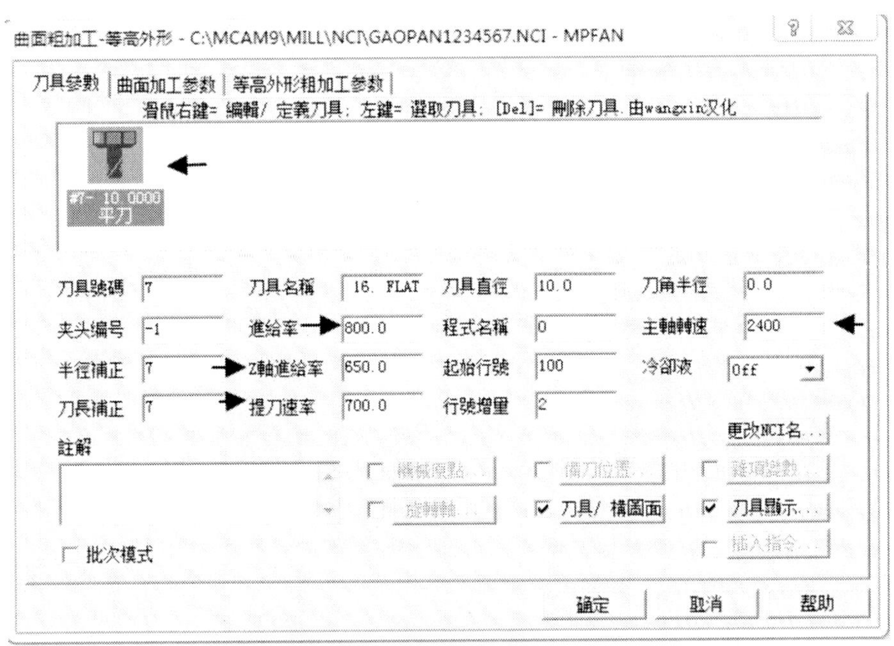

图 6.39　选择 $\phi10$ 的平刀并设置刀具参数

选择如图 6.39 所示中的"曲面加工参数"选项,并设置加工参数,如图 6.40 所示。

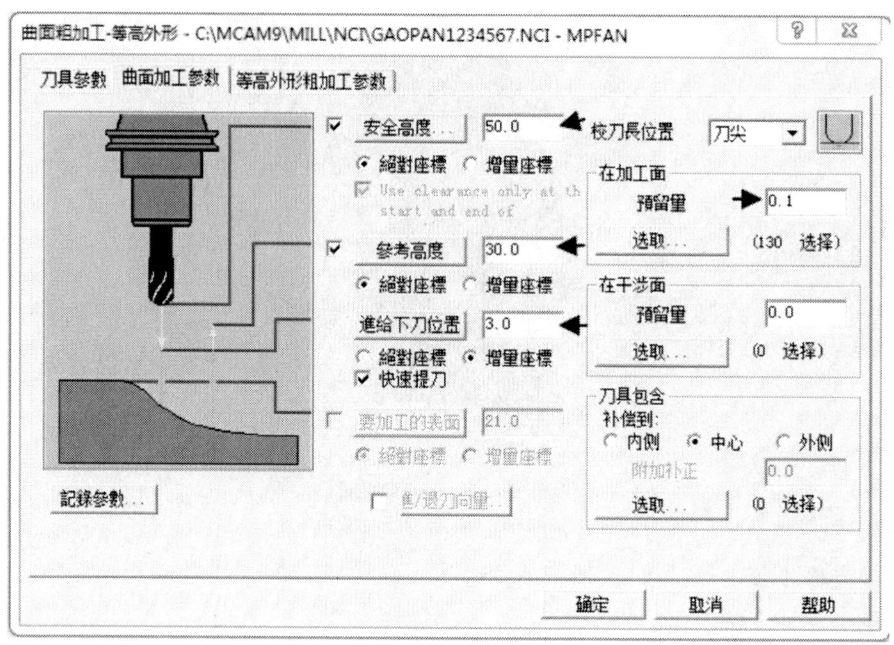

图 6.40　曲面加工参数设置

选择图 6.39 所示中的“等高外形粗加工参数”选项，并设置加工参数，如图 6.41 所示。

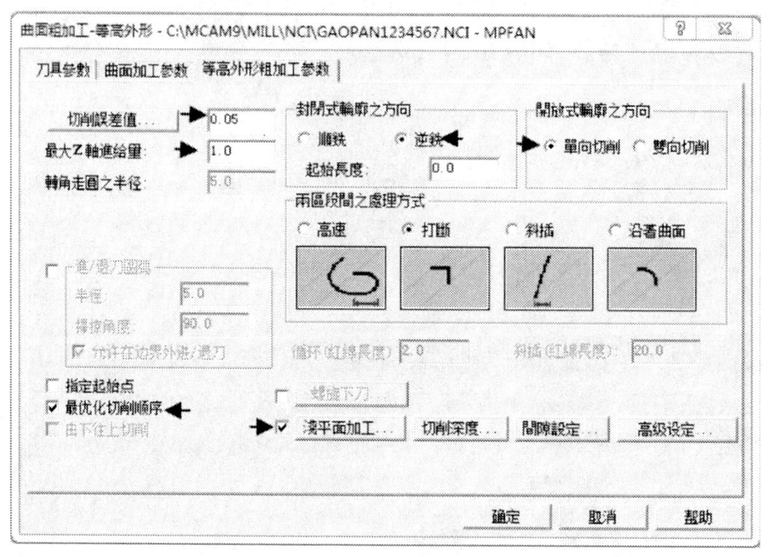

图 6.41　等高外形粗加工参数

参数设置好后，选择主菜单中的“执行”命令。此时，系统正在生成刀具的轨迹路径，如图 6.42 所示。

刀具路径生成好后，选择主菜单“上层功能表”→“操作管理”选项，选择“实体验证”选项，进行仿真加工，如图 6.43 所示。

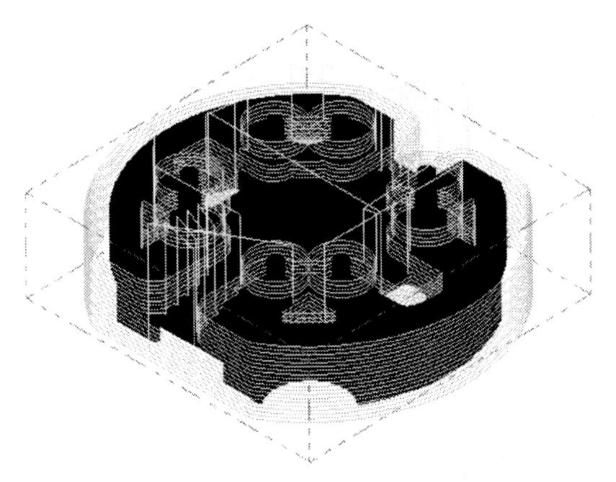

图 6.42　等高外形铣削刀具路径生成

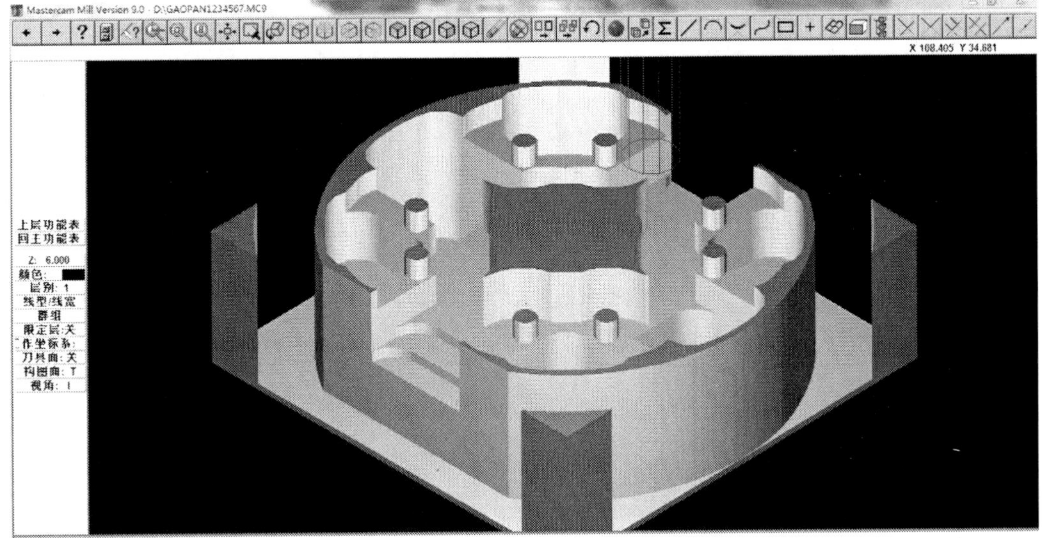

图 6.43　轮廓粗加工的仿真

⑭三次装夹

用两个 M20 的螺栓和两个压板，穿过尺寸为 20×20 的方孔中，并与机床工作台连接。同时，撤掉 M18 的螺栓和压板。

⑮轮廓等高外形铣削半精加工

选择 ϕ20 平刀，重复步骤 ⑫，其仿真结果如图 6.44 所示。

⑯轮廓等高外形铣削精加工

选择 ϕ10 平刀，重复步骤⑫，其仿真结果如图 6.45 所示。

⑰斜面的铣削加工

选择如图 6.12 所示“刀具路径”→“曲面加工”→“精加工”→“平行铣削”→“实体”→“实体面”选项，鼠标选择工件的斜面。选择“执行”→“执行”选项。此时，系统显示“曲面精加工-平行铣削”对话框。选择 ϕ2 的球头刀，并设置刀具参数，如图 6.46 所示。

选择如图 6.46 所示中的“曲面加工参数”选项，并设置加工参数，如图 6.47 所示。

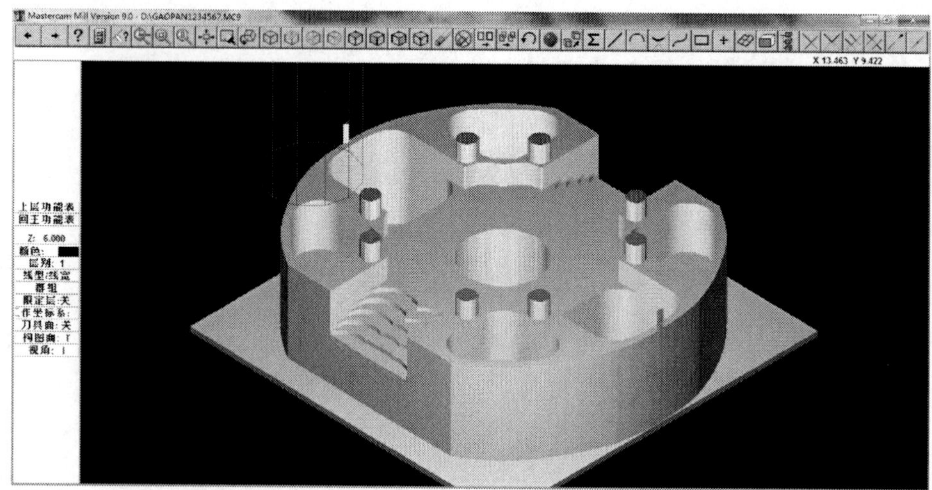

图 6.44　轮廓等高外形铣削半精加工的仿真

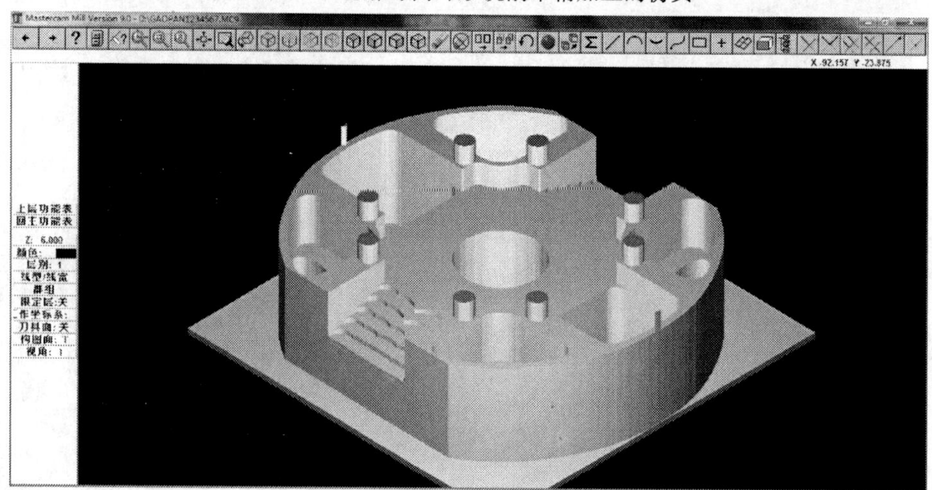

图 6.45　轮廓等高外形铣削精加工的仿真

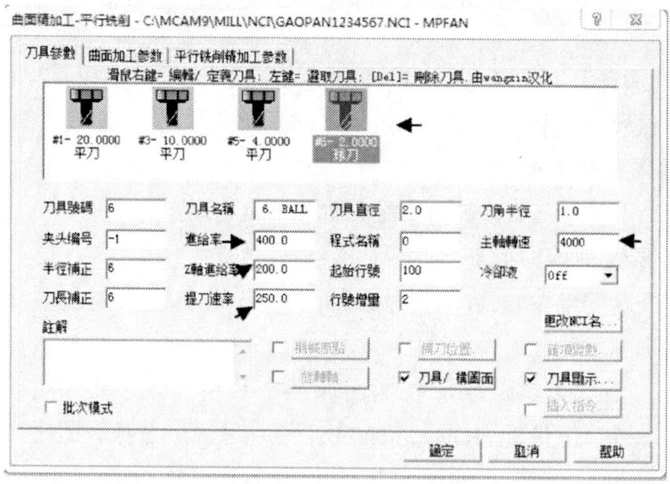

图 6.46　选择 $\phi 2$ 的球头刀并设置刀具参数

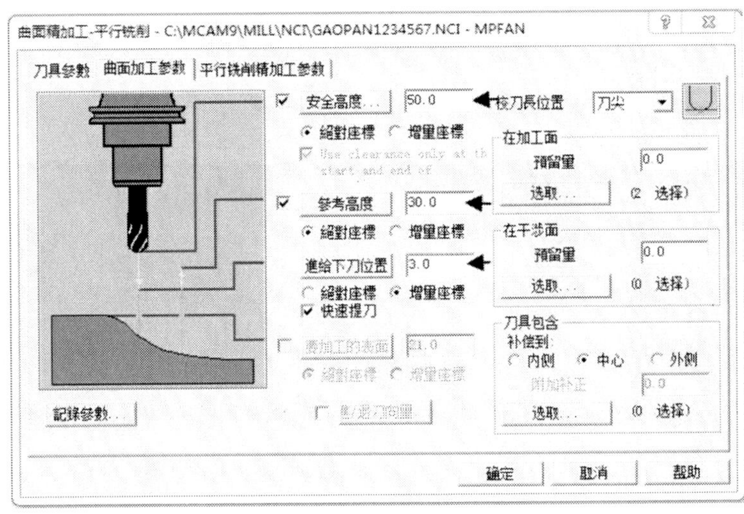

图 6.47　曲面加工参数的设置

选择如图 6.46 所示中的“平行铣削精加工参数”选项,并设置加工参数,如图 6.48 所示。

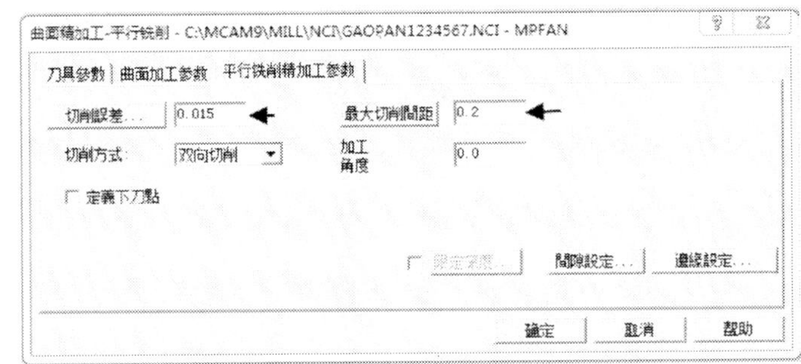

图 6.48　平行铣削精加工参数的设置

参数设置好后,选择主菜单中的“执行”命令。此时,系统正在生成刀具的轨迹路径,如图 6.49 所示。

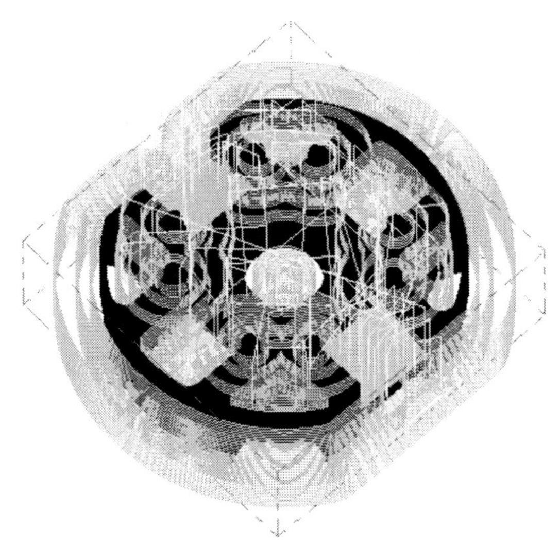

图 6.49　斜面铣削加工路径生成

刀具路径生成好后,选择主菜单"上层功能表"→"操作管理"选项,勾选"全选""实体验证"选项,进行仿真加工,如图 6.50 所示。

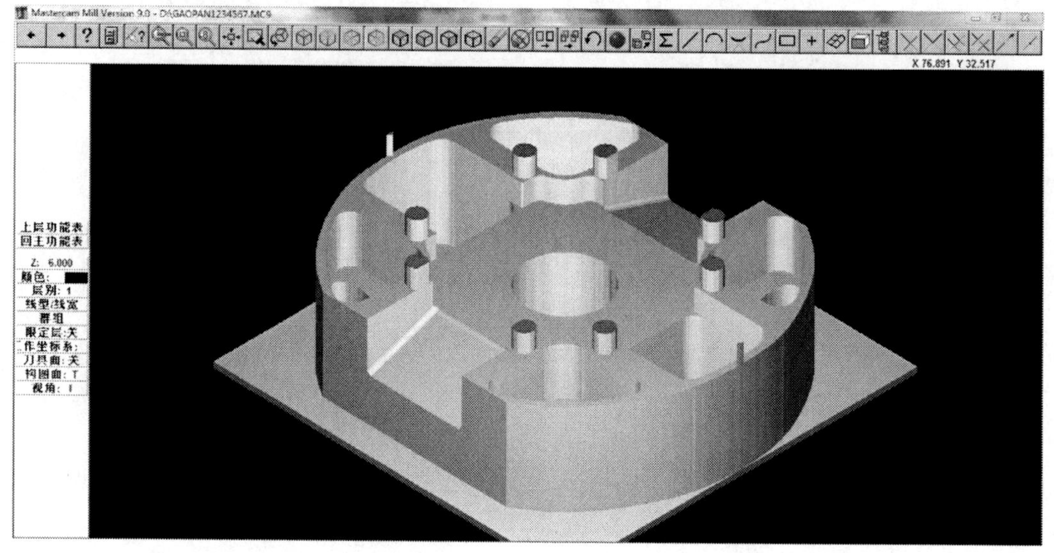

图 6.50　整个工件的仿真

⑱后置处理

前面已经讲述,此处省略。

项目 7

CAXA 制造工程师 2013r2 应用简介

●项目描述

1. 二维平面图绘制。

2. 平面区域粗加工与平面轮廓精加工的参数设置。

3. 简单三维实体造型与等高线加工的参数设置。

4. 后置处理和仿真模拟。

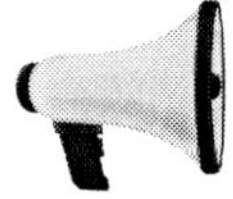

●项目目标

知识目标：

1. 掌握 CAXA 制造工程师 2013 二维图形的常用绘图命令及常用修改命令。

2. 了解拉伸增料、拉伸除料、旋转增料及旋转除料 4 种基本实体生成方法。

3. 掌握 CAXA 制造工程师 2013 平面区域粗加工和平面轮廓精加工方法。

4. 掌握软件等高线粗加工、等高线精加工的操作方法。

技能目标：

1. 能正确选择绘图功能中的常用指令绘制二维图形。

2. 能使用拉伸增料、拉伸除料、旋转增料及旋转除料 4 种方法进行实体造型。

3. 能正确进行平面区域粗加工和平面轮廓精加工的加工参数设置,并能生成加工轨迹。

4. 能正确进行等高线粗加工及等高级精加工的加工参数设置,并能生成加工轨迹。

5. 能正确进行后置设置,生成工件加工程序。

6. 能正确进行实体仿真模拟操作。

情感目标:

1. 学生通过完成本项目学习任务的体验过程,增强学生对完成本课程学习的热情。

2. 养成耐心细致的学习习惯和工作习惯。

3. 学会独立完成任务,学会思考。

●项目实施过程

任务7.1　中级数控铣工工件加工(平面立体)

(1)实例概述

该任务采用 CAXA 制造工程师2013r2 对如图7.1所示的零件进行造型以及加工,此零件毛坯为150 mm×100 mm×40 mm 的长方块,材料为45钢。读者通过此任务的学习能掌握 CAXA 制造工程师2013 二维图形的常用绘图命令和常用修改命令以及 CAXA 制造工程师2013 平面区域粗加工和平面轮廓精加工的方法。

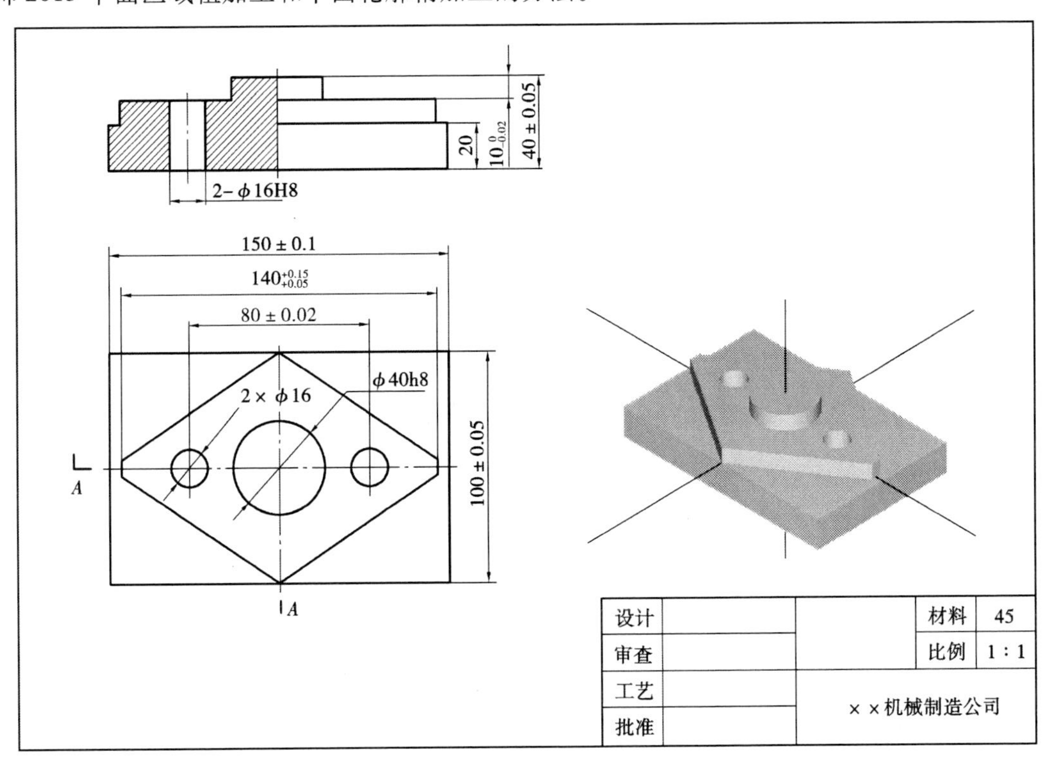

图7.1　任务7.1工件

(2)操作步骤

1)图形分析

该零件分为两层,上层是一个直径为ϕ40 mm 的圆柱, 深度为10 mm。下层为一个棱形,深度为10 mm。在工件对中分别还有一个直径为ϕ16的通孔,左右均匀分布。

2)绘图思路

为加工方便,需将两层的轮廓线分别画出,可画在同一个平面上。另需画出毛坯轮廓线。

3)绘图步骤

①在 X0Y 平面内绘制矩形

按"F5"键,将绘图平面设置为 X0Y 平面。选择菜单 "造型(U)"选项,再依次选择"曲线生成(S)"和□ 矩形选项,或单击右边曲线生成栏中□按钮,弹出"矩形命令"对话框,如图 7.2 所示。

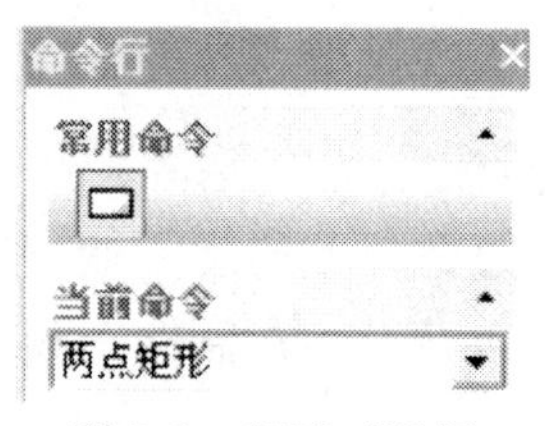

图 7.2　矩形对话框

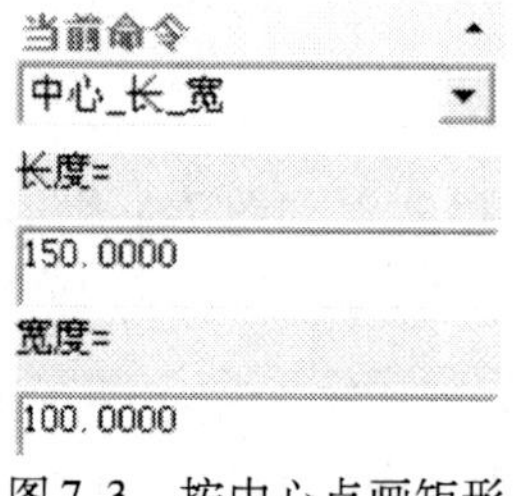

图 7.3　按中心点画矩形

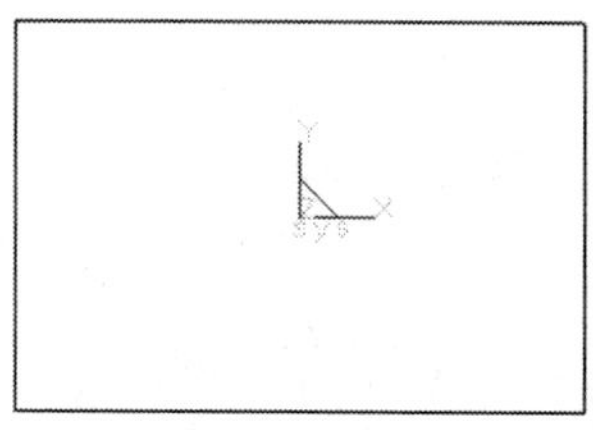

图 7.4　矩形 150×100

左键单击"两点矩形"右黑三角按钮,选择"中心_长_宽"方式,弹出如图 7.3 所示对话框,分别在"长度"和"宽度"栏中输入"150"和"100",然后单击坐标原点,即生成一个矩形,如图 7.4 所示。

②在 X0Y 平面内绘制 ϕ40 整圆

选择菜单 "造型(U)"选项,再依次选择"曲线生成(S)"和 ⊙ 圆选项,(或单击右边曲线生成栏中⊙按钮,弹出 圆心_半径 画圆对话框。窗口左下角提示圆心点,左键单击坐标系原点, 左下角提示栏提示输入"圆上一点或半径",输入半径"20",再按"Enter"键,即生成圆,如图 7.5 所示。

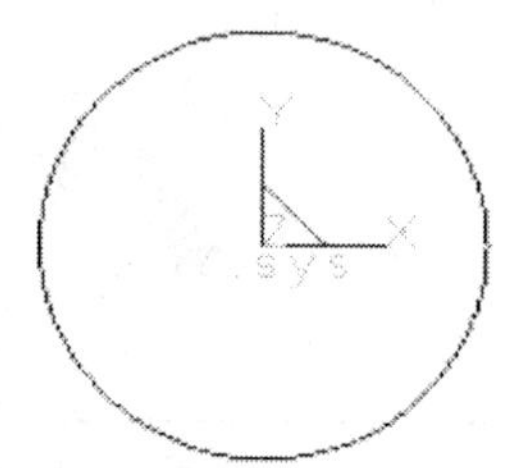

图 7.5　ϕ40 整圆

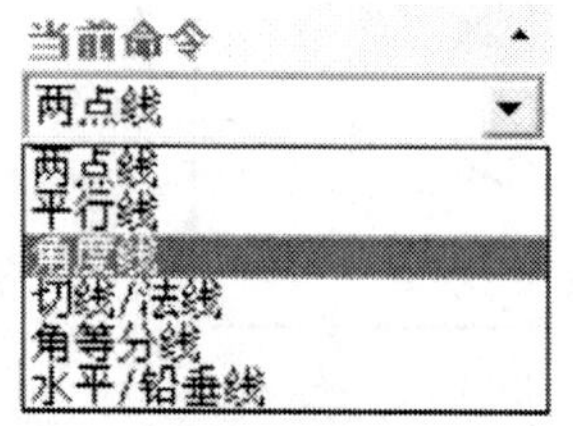

图 7.6　直线命令

③在 X0Y 平面内绘制菱形

选择菜单 "造型(U)"选项,再依次选择"曲线生成(C)"→"直线"模式。在窗口左部弹出直线命令框,如图 7.6 所示。

画左下侧角度线:单击"两点线"右面的黑三角按钮,选择"角度线",弹出如图 7.7 所示的命令框。选择"Y 轴夹角",在角度栏中输入"56.31"。输入第一点坐标,按"Enter"键,弹出输入框,在框中输入坐标(0,-50)。输入第二点坐标,在适当位置单击左键,即生成左下侧角度线。

画右下侧角度线:将角度值改为"-56.31",用相同方法画出右下侧角度线。

画左上侧角度线:第一点坐标输入(0,50),画出左上侧角度线。

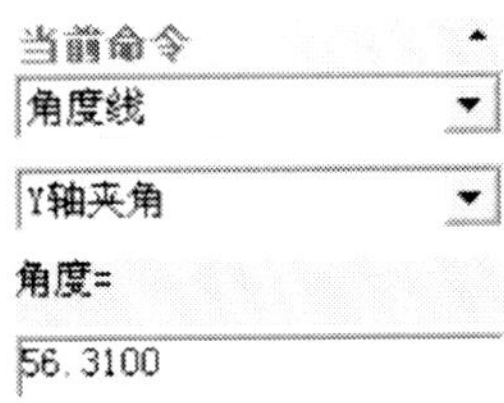

图7.7 角度线

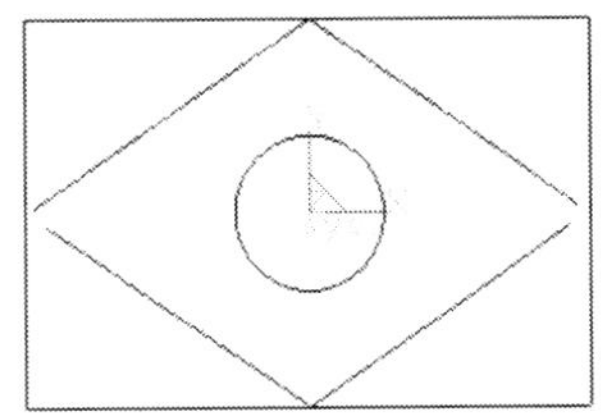

图7.8 4条角度线图

画右上侧角度线:将角度值改为“56.31”,第一点坐标仍为(0,50),用相当方法画出右上侧角度线,如图7.8所示。

画左右两铅垂线:按前面方式输入直线命令,按图7.9所示选择直线方式,按右下角提示分别输入直线中点坐标(70,0)和(-70,0),画出左右两条铅垂线,如图7.10所示。

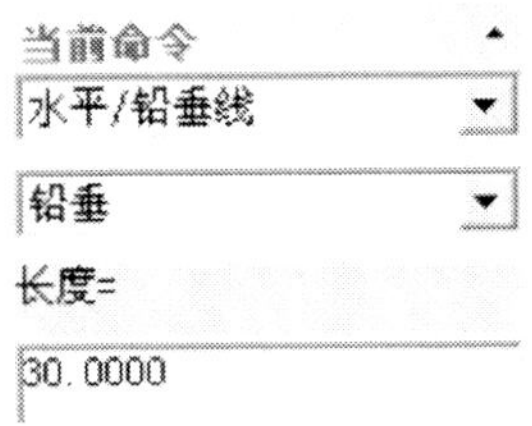

图7.9 铅垂线

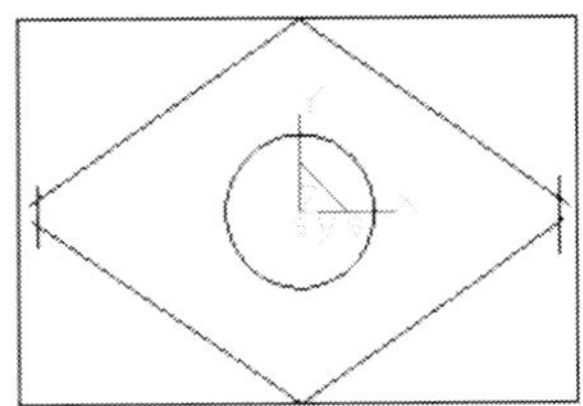

图7.10 左右两条铅垂线图

修剪多余线条:选择菜单“造型(U)”选项,再依次选择“曲线编辑(E)”和 曲线裁剪 选项,或者单击窗口下部曲线工具栏中修剪按钮,弹出“修剪”对话框,如图7.11所示。用鼠标左键单击不需要的线,即可将其剪掉。完成的平面图形如图7.12所示。

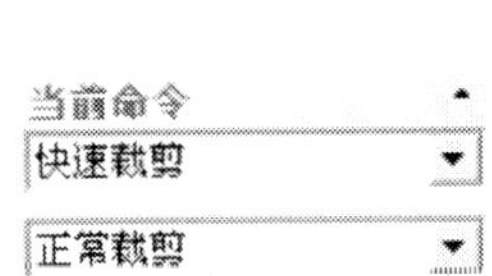

图7.11 裁剪

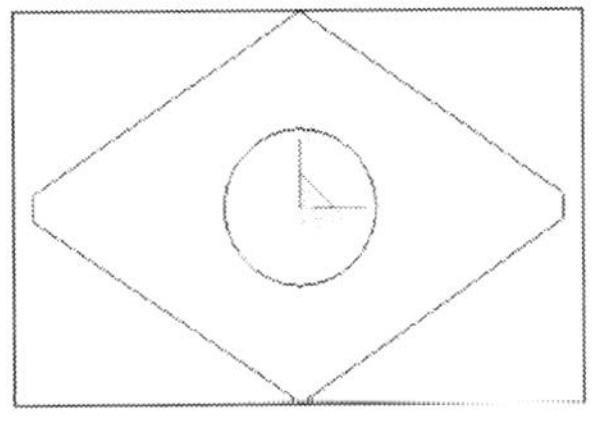

图7.12 平面图形

4)平面区域粗加工

加工思路:首先粗加工菱形块,深度为20 mm,余量留0.5 mm。然后粗加工圆柱,深度为10 mm。

①加工菱形块

选择菜单“加工(N)”选项,再依次选择“常用加工”→“平面区域粗加工”选项,或者单击窗口上部第二行工具栏平面区域粗加工按钮,系统弹出“平面区域粗加工”对话框,如图7.13所示。

选择“平面区域粗加工”对话框中标签从左到右依次进行参数设置。

“加工参数”:按照图7.13所示设置加工参数。图7.13中,“轮廓参数”中的轮廓要选择菱形曲线。“ON”表示轨迹在轮廓线上,“TO”表示轨迹在轮廓线外部,“PAST”表示生成轨

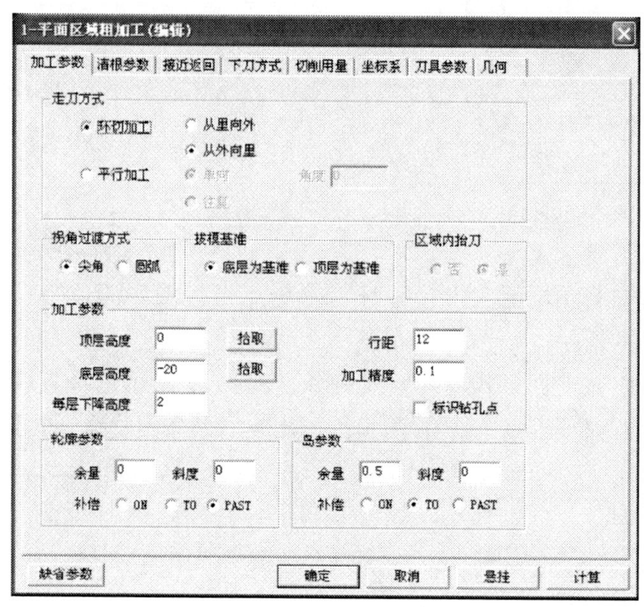

图 7.13　平面区域粗加工 加工参数设置

迹在轮廓线内部。此例为保证将毛坯铣削完全,选择“PAST”,因为铣削外形轮廓时,轮廓曲线就是毛坯的轮廓,本例中即为所画矩形。岛参数在本例中为菱形曲线,选择“TO”,则生成的轨迹在岛屿曲线的外部,即铣削外形。

“清根参数”:均按默认设置。

“接近返回”:粗加工不设定接近返回方式。

“下刀方式”:均按默认设置。

“切削用量”:主轴转速“1500”,慢速下刀速度“500”,切入切出速度“100”,切削速度“200”,退刀速度“500”(假设刀具材料为硬质合金)。

“坐标系”:按默认设置。

“刀具参数”:刀具类型为立铣刀,刀具直径为 $\phi 20$。

“几何”:单击如图 7.14 所示的按钮,“轮廓曲线”选择矩形(相当于选择毛坯),“岛屿曲线”选择封闭的菱形曲线。选择线条时单击第一条线后会出现一个红色的箭头,单击箭头系统会自动选择封闭图形的其他线条。

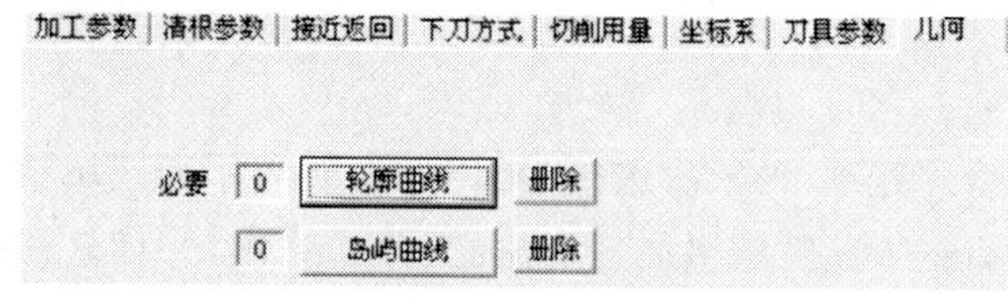

图 7.14　几何参数

单击鼠标右键,回到对话框,左键单击“确定”按钮,即生成绿色的加工轨迹。按“F8”键可显示轴测图形,立体观察加工轨迹,如图 7.15 所示。

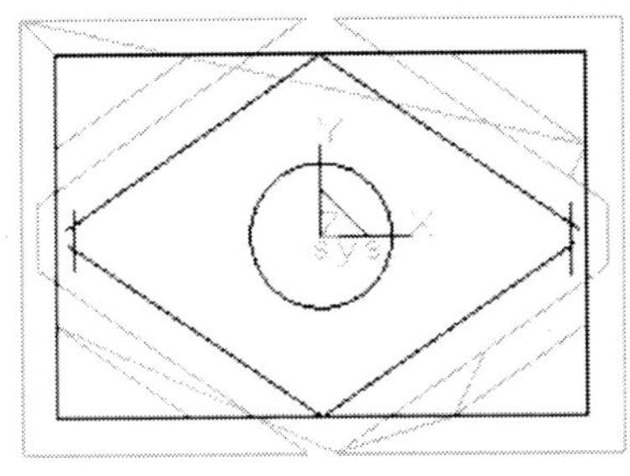

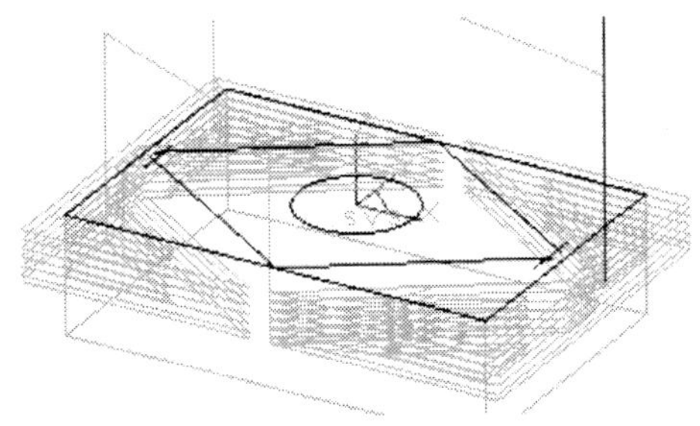

图 7.15　菱形粗加工加工轨迹

②加工圆柱体

圆柱体加工的操作步骤同上。

岛屿曲线选择在加工参数设置时，应将"底层高度"设为" -20"。轮廓曲线为菱形曲线（相当于圆柱铣削时的毛坯），岛屿曲线为整圆。清根参数选择"岛清根"，"岛清根余量"设为"0"，如图 7.16 所示。加工轨迹和仿真结果如图 7.17 所示。

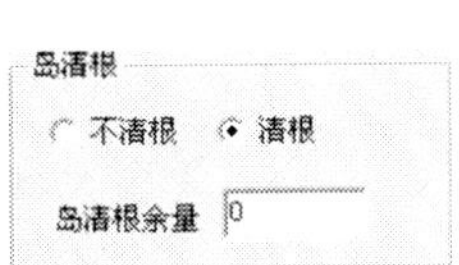

图 7.16　清根参数

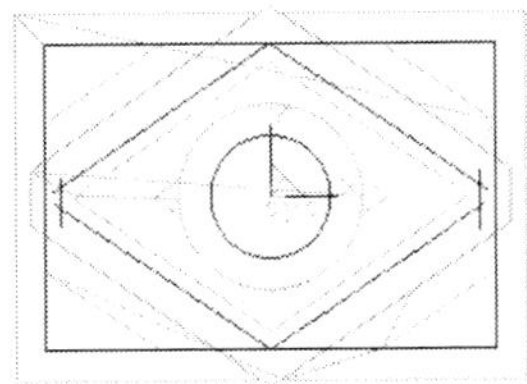

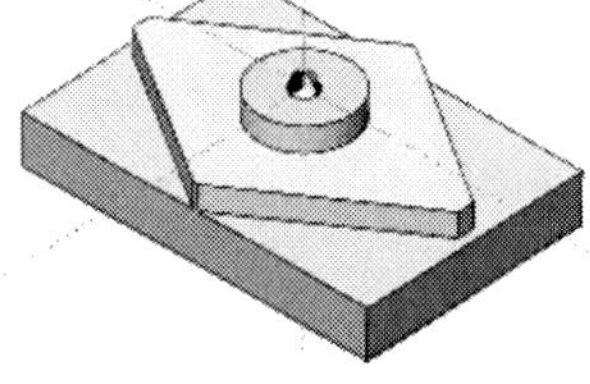

图 7.17　粗加工结果

5）实体仿真

为了观察加工过程，检查轨迹正确性和合理性，需进行实体仿真，仿真操作如下：

①设置毛坯尺寸

单击窗口右边命令框下部"轨迹管理"按钮如图 7.18 所示，弹出"轨迹管理"命令框如图 7.19 所示。左键双击图 7.19 中 毛坯二字，弹出如图 7.20 所示的"毛坯定义"对话框。按照图 7.20 所示设置毛坯尺寸和位置。基点坐标是以工件坐标系来确定的。本例工件原点位于毛坯上表面正中心。设置好后，单击"确定"按钮退出。

图 7.18　选择轨迹管理

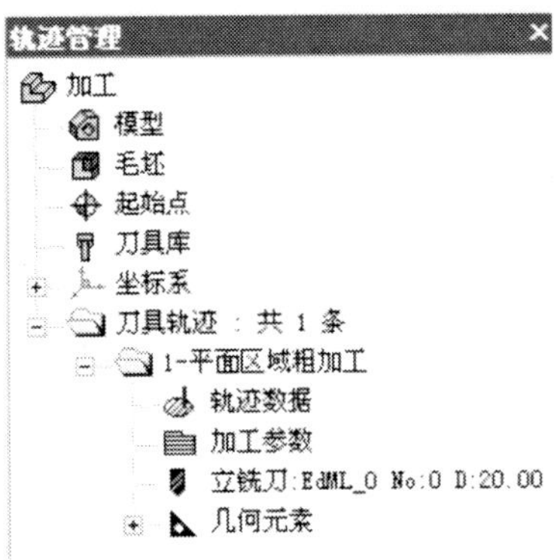

图 7.19　轨迹管理框

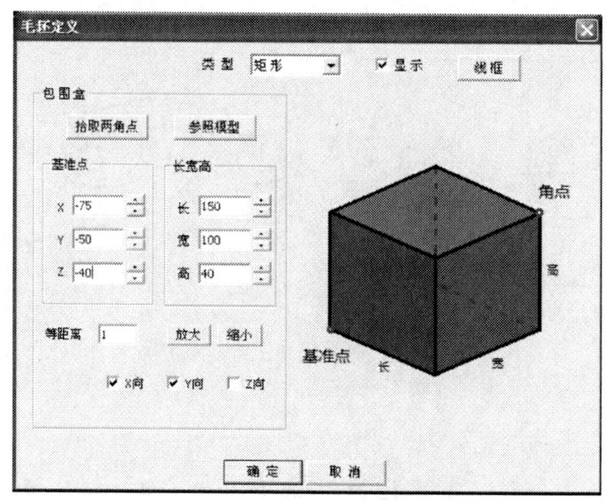

图 7.20　毛坯尺寸设置

②实体仿真命令

选择菜单“加工(N)”→“实体仿真(S)”选项，再选择加工轨迹，或者右键单击图 7.19 中的 1-平面区域粗加工，在弹出的右菜单中选择“实体仿真”选项，即弹出“实体仿真”界面，如图 7.21 所示。

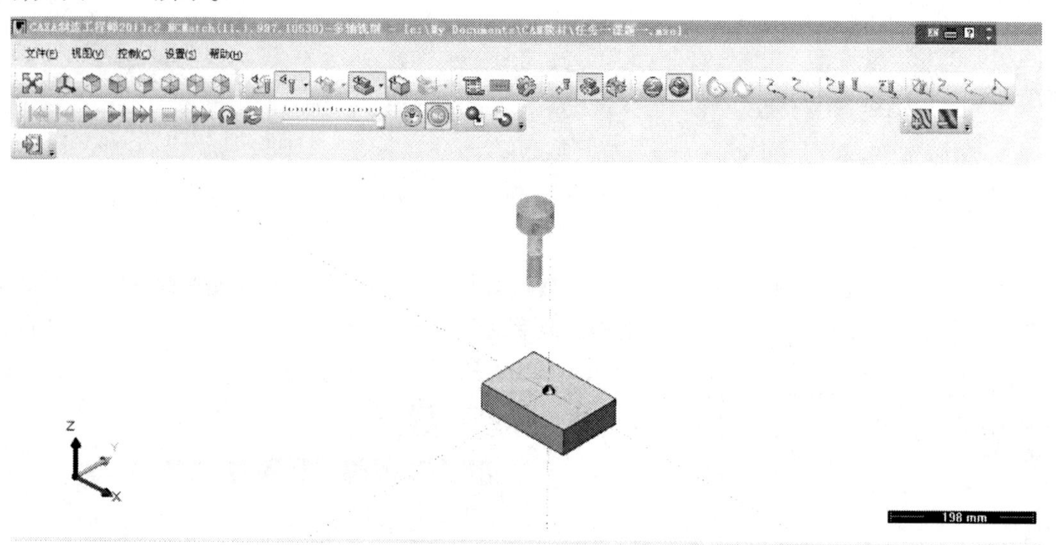

图 7.21　实体仿真界面

③开始仿真动画

单击图 7.21 中蓝色三角形运行按钮，即开始实体加工的动画演示。其加工结果如图 7.22 所示。

提示：滚动鼠标可以放大或缩小工件，按键盘上的箭头可以上下左右移动工件。用左键拖曳工件可对工件进行翻转。

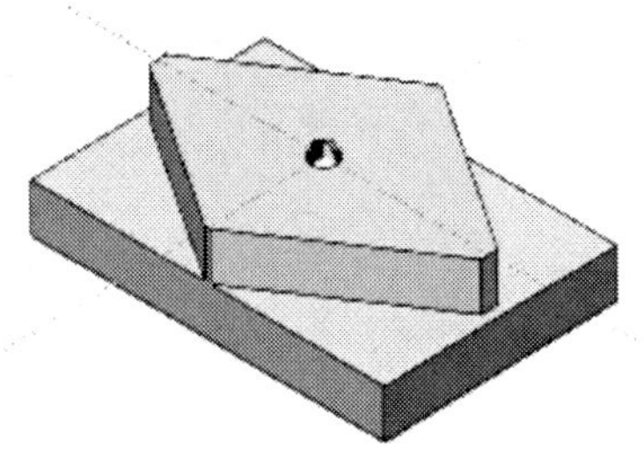

图7.22　实体仿真结果

6)后置处理

加工轨迹生成后,经过实体仿真验证便可生成加工程序,生成程序的操作如下:

①打开"生成后置代码"对话框:右键单击"轨迹管理"栏中的 1-平面区域粗加工,再依次选择"后置处理(Q)"→"生成G代码"选项,弹出"生成后置代码"对话框,如图7.23所示。

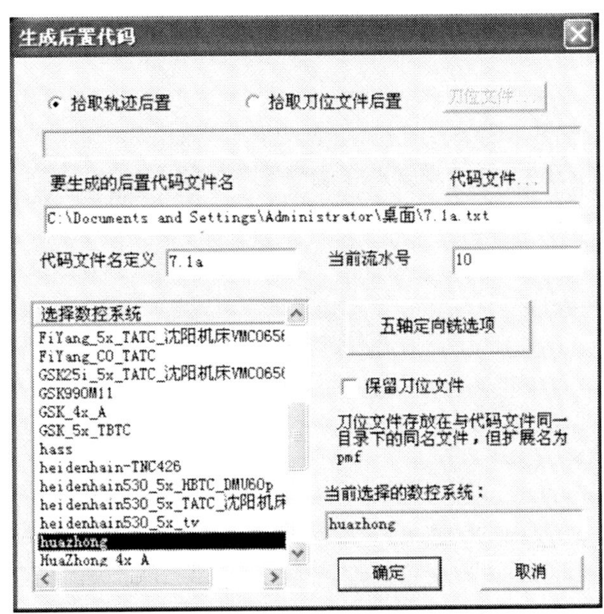

图7.23　生成后置代码

②选择数控系统,并修改代码文件放置位置:选择"huazhong"(华中数控系统),单击 代码文件... 按钮,按照如图7.23所示选择代码文件放置位置。可将代码文件的后缀名改为".txt",以方便修改。

③修改代码文件并保存:单击"确定"按钮后单击右键,即弹出代码文件,如图7.24所示。将文件中的第一段程序删除,保存文件。

7)平面轮廓精加工

生成精加工轨迹:之前已对工件进行了粗加工,精加工余量为0.5 mm,现采用平面轮廓精加工方式进行精铣。精铣顺序为先菱形块,后圆柱。刀具选择与粗加工相同,选择ϕ20平

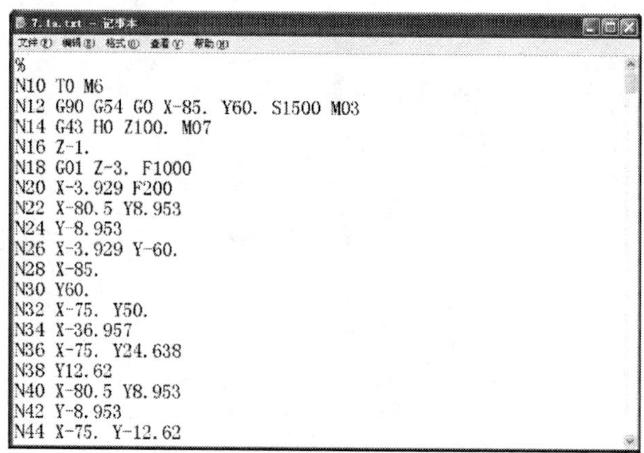

```
%
N10 T0 M6
N12 G90 G54 G0 X-85. Y60. S1500 M03
N14 G43 H0 Z100. M07
N16 Z-1.
N18 G01 Z-3. F1000
N20 X-3.929 F200
N22 X-80.5 Y8.953
N24 Y-8.953
N26 X-3.929 Y-60.
N28 X-85.
N30 Y60.
N32 X-75. Y50.
N34 X-36.957
N36 X-75. Y24.638
N38 Y12.62
N40 X-80.5 Y8.953
N42 Y-8.953
N44 X-75. Y-12.62
```

图 7.24　代码文件

底刀，进退刀点都采用默认值。

菱形块精加工：

①选择菜单“加工(N)”→“平面轮廓精加工”选项，弹出如图 7.25 所示的“平面轮廓精加工”对话框。

②加工参数设置：按图 7.25 所示进行设置，其他参数用默认值。

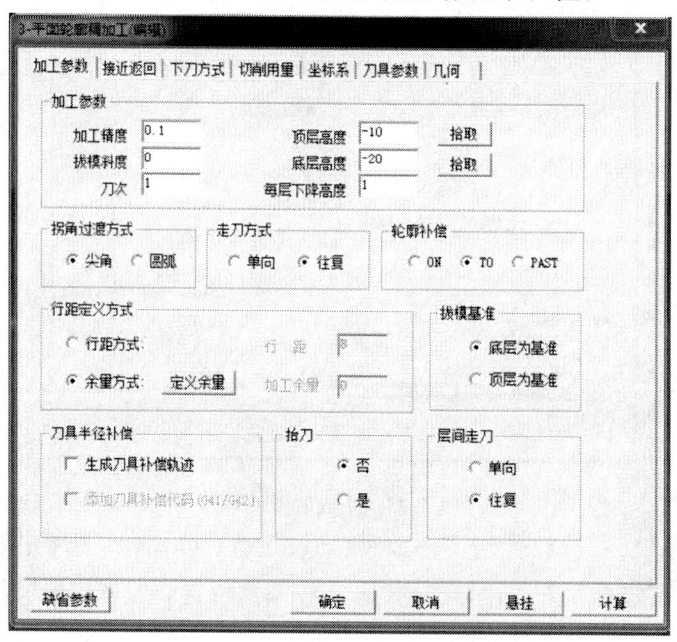

图 7.25　菱形块精加工参数设置

圆柱体精加工：

①圆柱体精铣与菱形块参数大致一样，只是顶层高度和底层高度不同，如图 7.26 所示。

②最后生成的精加工轨迹如图 7.27 所示。

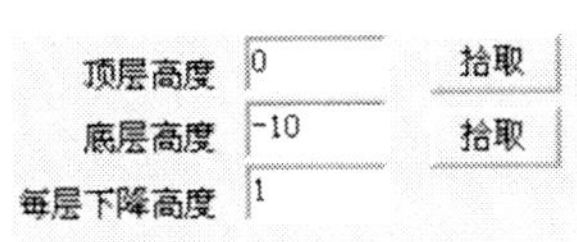

图 7.26　圆柱体精加工参数

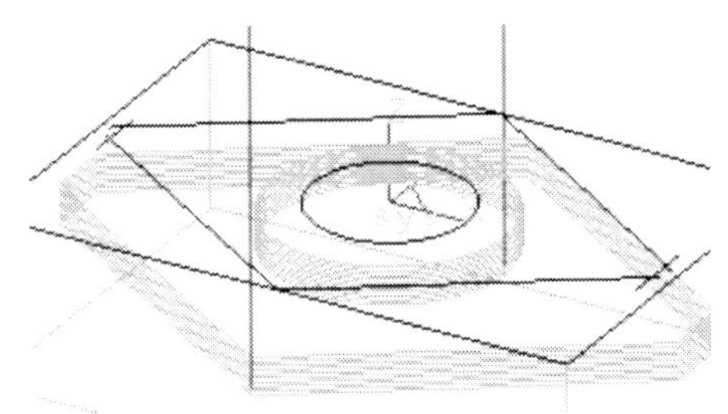

图 7.27　生成的精加工轨迹

8)实体仿真

依次选择 4 个加工轨迹进行实体仿真操作如下:

单击"轨迹管理"栏中 刀具轨迹：共 4 条,选中全部 4 个加工轨迹后,单击右键弹出右键菜单,选择菜单中的"实体仿真"选项,即可对全部加工过程进行仿真演示。

9)生成 G 代码

该工件粗、精加工均用 ϕ20 平底刀,为了在加工过程中调整加工参数,建议一个轨迹生成一个程序,共 4 个程序。

操作步骤如下:

①在"特征管理"栏中用右键单击"刀具轨迹:共 4 条"选择所有 4 个加工轨迹如图 7.28 所示。

②在弹出的右键菜单中依次选择"后置处理(Q)"→"生成 G 代码"选项,弹出如图 7.23 所示的对话框。设置好代码文件拉置,选择好数控系统之后,单击"确定"按钮,对话框关闭。再单击右键,则可生成代码文件如图 7.29 所示。

③将文件中第一行,即图 7.29 中拉黑部分删除,保存即可。

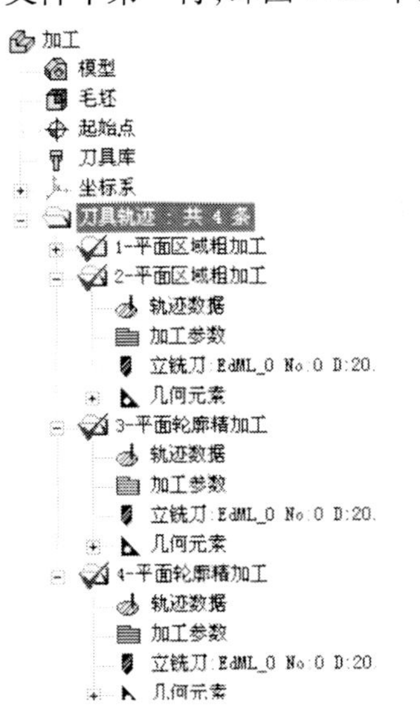

图 7.28　特征管理栏

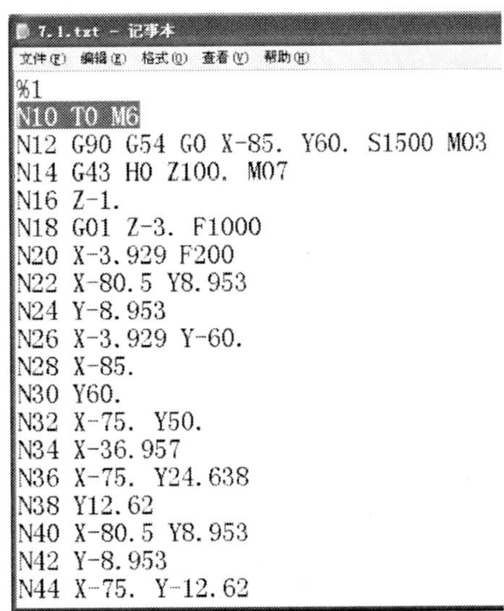

7.1.txt - 记事本

文件(F)　编辑(E)　格式(O)　查看(V)　帮助(H)

```
%1
N10 T0 M6
N12 G90 G54 G0 X-85. Y60. S1500 M03
N14 G43 H0 Z100. M07
N16 Z-1.
N18 G01 Z-3. F1000
N20 X-3.929 F200
N22 X-80.5 Y8.953
N24 Y-8.953
N26 X-3.929 Y-60.
N28 X-85.
N30 Y60.
N32 X-75. Y50.
N34 X-36.957
N36 X-75. Y24.638
N38 Y12.62
N40 X-80.5 Y8.953
N42 Y-8.953
N44 X-75. Y-12.62
```

图 7.29　代码文件

(3)评分标准

检测评分标准见表 7.1。

表 7.1 评分标准

序 号	考核内容	配 分	评分标准	学生自评		教师评价	
				考核结果	得 分	考核结果	得 分
1	正确选择绘图平面	5	绘图平面是否正确				
2	正确选择绘图原点	10	绘图原点是否合理,是否与工件原点重合				
3	平面图形	50	平面图形尺寸是否正确				
4	加工高度范围	10	圆柱和菱形块高度范围各 5 分				
5	其他参数设置	20	一处尺寸不正确扣 2 分				
6	文件保存	5	未按要求保存不得分				
合 计		100					

任务 7.2 等高线粗加工和等高线精加工

(1)实例概述

加工如图 7.30 所示的工件,要求作出实体造型,用等高线粗加工和等高线精加工方式生成加工轨迹,并生成粗、精加工程序。

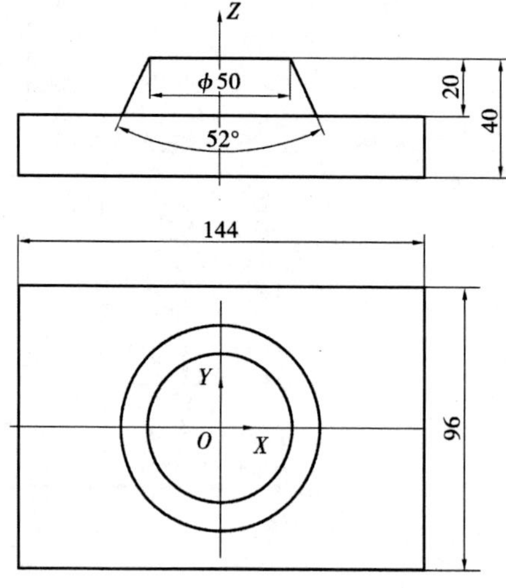

图 7.30 任务 7.2 工件

(2)操作步骤

1)锥台实体造型

①绘制 ϕ50 圆草图

创建草图平面,单击 **特征管理**,进入"特征管理"对话框如图 7.31 所示,右键单击 **平面XY**,再选择"创建草图"选项,即进入草图绘制界面。

以原点为圆心画 ϕ50 圆,形成草图如图 7.32 所示。

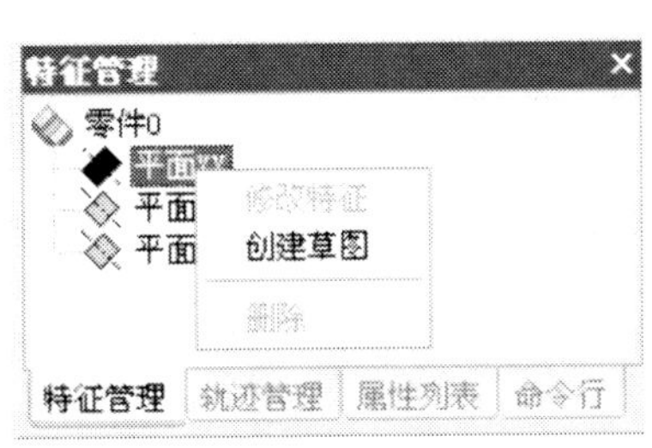

图 7.31 特征管理

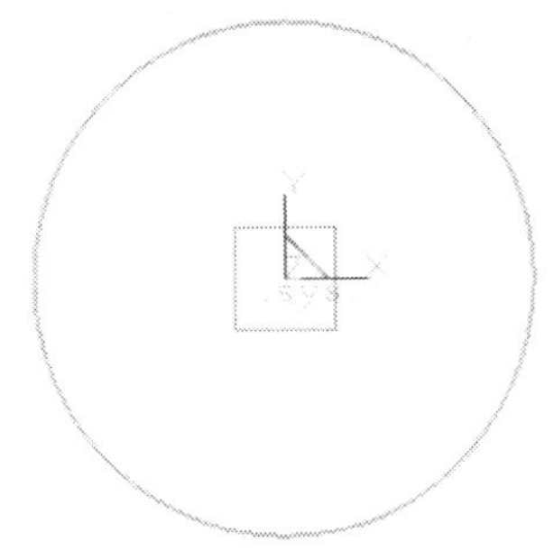

图 7.32 生成 ϕ50 圆草图

②拉伸增料生成锥台

单击左边状态控制栏中按钮,退出草图界面。选择菜单"造型(U)"选项,再依次选择"特征生成栏(F)"→"增料"→ 拉伸 选项,或单击上面工具栏中拉伸增料按钮,弹出"拉伸增料"对话框,如图 7.33 所示。按照图 7.33 设置参数,左键单击窗口中圆形草图,单击"确定"按钮,退出对话框,即生成拉伸增料 1-锥台实体,如图 7.34 所示。

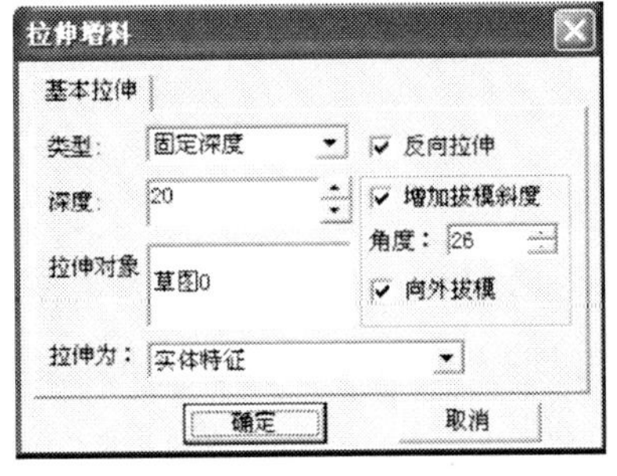

图 7.33 拉伸增料对话框

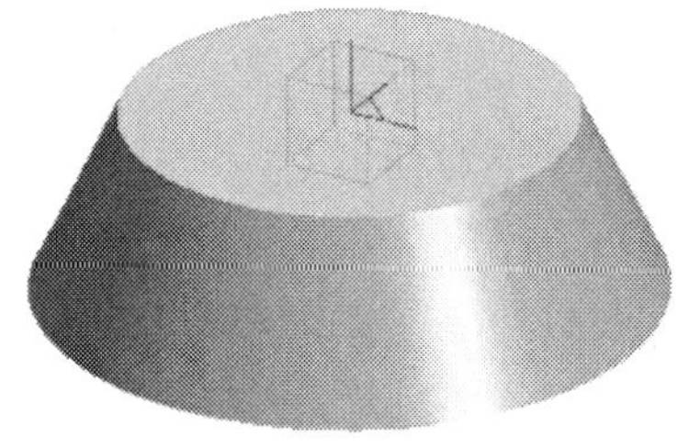

图 7.34 锥台实体

2)生成下部长方块实体

单击显示变换工具栏上"显示旋转"按钮,将工件翻转至如图 7.35 所示。右键选取锥体底面,选择"创建草图"选项,进入草图界面。按"F5"键,以原点为中心绘制中心长宽矩形 144×96。退出草图,按"F8"键,变换成轴测视图,按照图 7.36 所示拉伸增料,生成长方块实体,如图 7.37 所示。

注意:生成实体时要保证坐标原点在实体上表面。

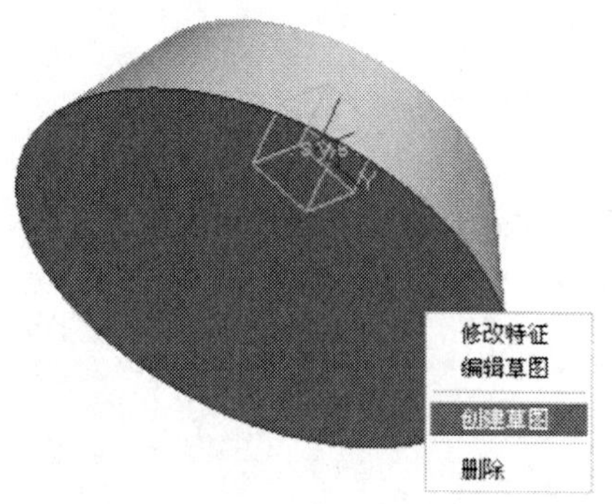

图 7.35　选择锥体底面创建草图

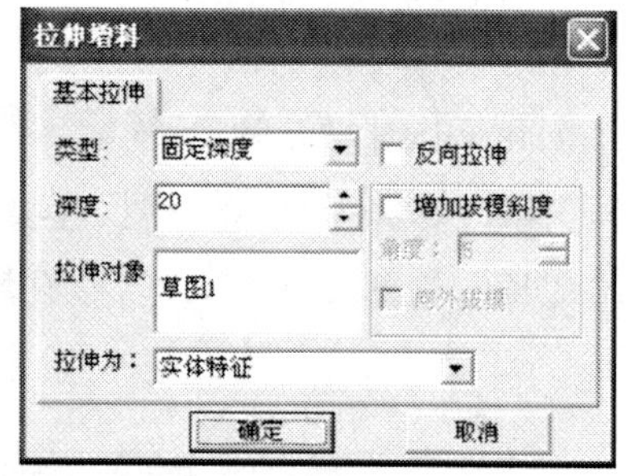

图 7.36　拉伸长方实体

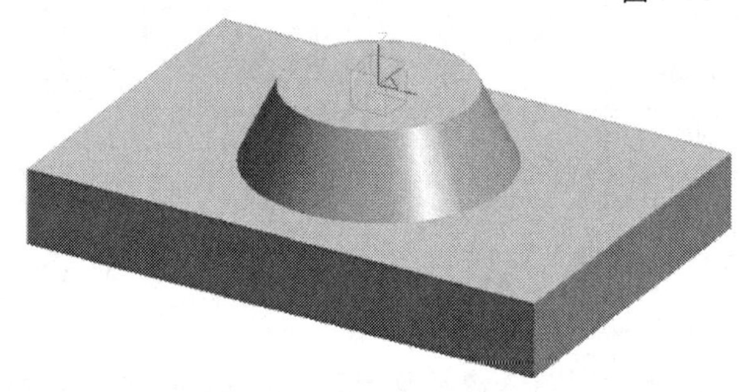

图 7.37　工件实体

3)加工制造

①定义毛坯

进入“毛坯定义”对话框,单击参照模型按钮,即可生成毛坯(只有在建立了实体模型后才能使用这种方法建立毛坯)。

②生成加工轨迹

A. 用等高线粗加工方式生成粗加工轨迹

单击右边图线生成栏中“相关线”按钮,弹出命令框如图 7.38 所示。单击黑三角按钮,选择“实体边界”选项,然后分别选取长方块实体四周边线,生成一个四边形,如图 7.39 所示白色矩形。再选取圆锥体底部圆形边界,生成一个圆,如图 7.39 所示白色圆。

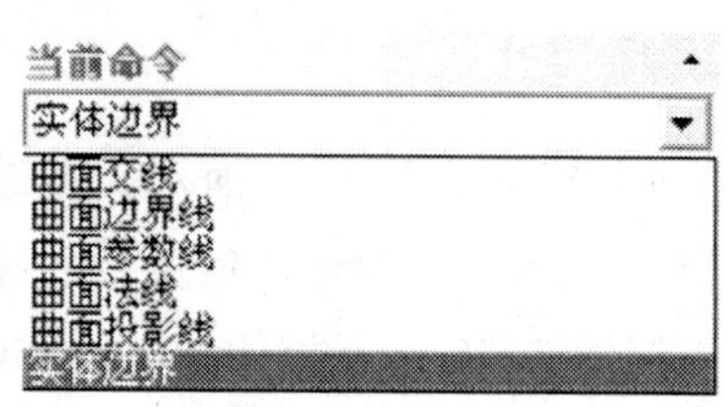

图 7.38　相关线对话框

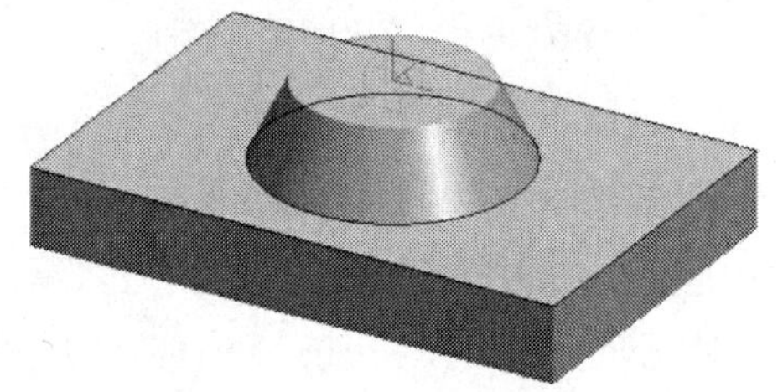

图 7.39　生成相关线

单击加工工具栏中的“等高线粗加工”按钮,弹出“等高线粗加工”对话框,如图 7.40 所示。按照图 7.40 所示对加工参数进行设置。单击“确定”按钮,退出对话框。

图 7.40　等高线粗加工

根据窗口右下角的操作指导 请拾取加工曲面(左键选取; 右键确认),拾取所建实体后,单击右键确认,即可生成粗加工轨迹,如图 7.41 所示。

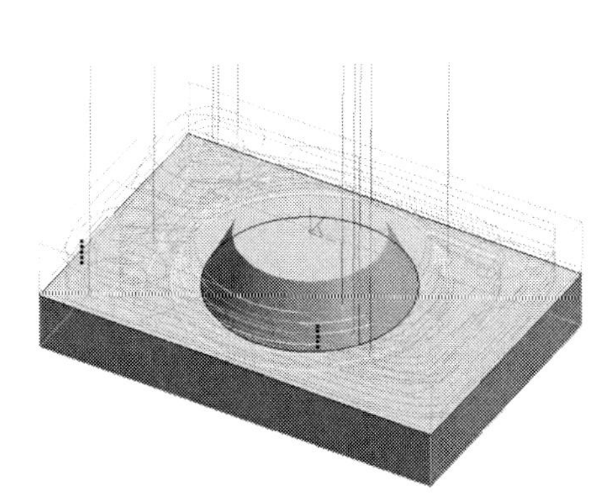

图 7.41　粗加工轨迹

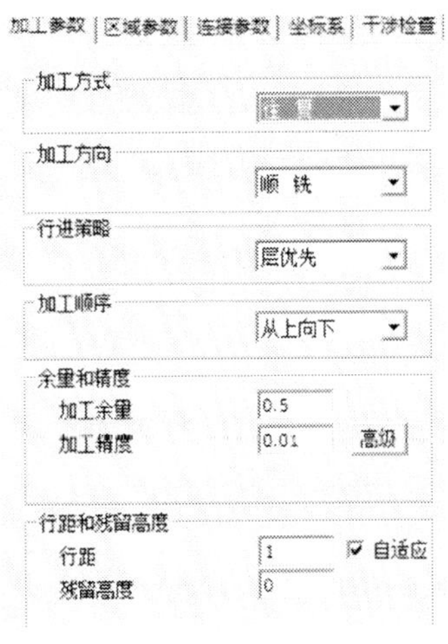

图 7.42　精加工参数

注意:粗加工时,加工边界应为毛坯界线,即生成的矩形区域。本例不用选取边界,系统默认的加工边界就是毛坯边界线。

B. 用等高线精加工方式生成精加工轨迹

单击加工工具栏中的"等高线精加工"按钮 ,弹出"等高线精加工"对话框如图 7.42 所示。按照图 7.42 所示设置加工参数。

区域参数设置如图 7.43 所示。其他的区域参数均采用默认值。

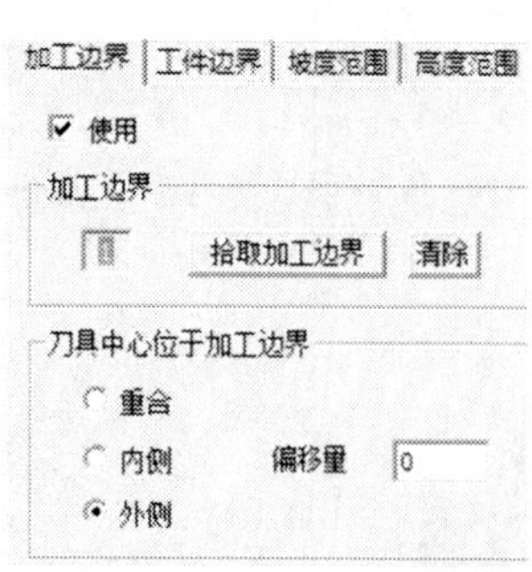

图 7.43　精加工区域参数

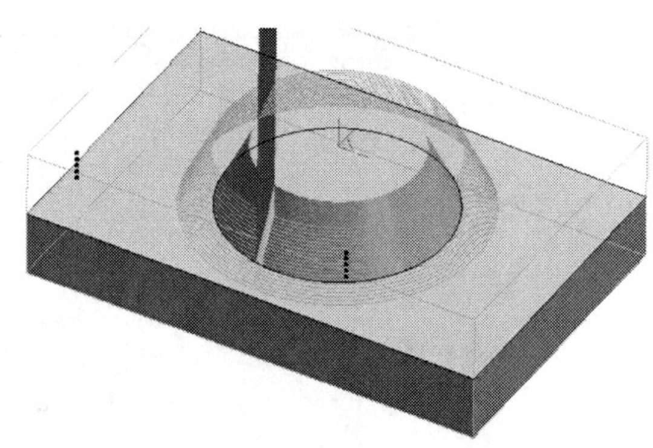

图 7.44　精加工轨迹

单击“确定”按钮之后，退出对话框，拾取实体，单击右键，按提示拾取圆形轮廓，单击右键即可生成精加工轨迹，如图 7.44 所示。

粗精加工实体仿真、程序生成方法同任务 7.1。

(3) 评分标准

检测评分标准见表 7.2。

表 7.2　评分标准

序　号	考核内容	配　分	评分标准	学生自评		教师评价	
				考核结果	得　分	考核结果	得　分
1	正确选择绘图平面	5	绘图平面是否正确				
2	正确选择绘图原点	10	绘图原点是否合理，是否与工件原点重合				
3	草图形状和尺寸	50	一处不正确扣 2 分				
4	实体	20	实体形状和尺寸				
5	粗加工轨迹	10	粗加工参数				
6	精加工轨迹	5	精加工参数				
合　计		100					

参考文献

[1] 孙中柏. MasterCAM 9.1 模具设计与加工范例[M]. 北京:清华大学出版社,2006.
[2] 向山东. MasterCAM 应用实例[M]. 重庆:重庆大学出版社,2007.
[3] 傅伟. MasterCAM 软件应用技术[M]. 北京:人民邮电出版社,2006.
[4] 张梦欣. 机械制图[M]. 北京:中国劳动社会保障出版社,2007.